河合塾
SERIES

生物用語の完全制覇

河合塾講師
汐津美文・大島えみし＝共著

河合出版

はじめに

空欄補充問題，いわゆる「穴埋め」問題は，センター試験，私大入試から難関国公立大の二次試験に至るまで，ほとんどの大学の入試で出題されています。しかしながら，多くの受験生は，この‘基本中の基本’で十分得点できていないのです。

例えば，最近数年間の河合塾の「全統記述模試」を分析した結果では，生物用語問題の平均正答率は，高３生では約50％，高卒生でも約70％しかありませんでした。さらに個別に生物用語を調べると，その結果は様々で，平均正答率が90％以上の用語がある一方で，正答率が10％に満たない用語もあることがわかりました。

生物用語の意味を理解し，それを正確に記憶することは，ただ教科書を読めばできるというものではありません。空欄補充問題を解きながら，本当にその用語を十分理解しているのか，チェックしていく必要があるのです。また，空欄補充問題を解くことは，空欄補充問題の対策としてばかりでなく，論述問題の解答文を書くためにも不可欠です。

近年の生物の入試問題では，最先端の研究成果がすぐに出題されています。2008年にオワンクラゲのGFP(緑色蛍光タンパク質)の研究がノーベル賞を受賞すると，翌年からGFPを用いた実験問題が急増し，2006年にiPS細胞の作製が発表されると，その２年後には出題されているといった具合です（iPS細胞は2012年にノーベル賞を受賞)。

「生物基礎」･「生物」の教科書では，扱われている分野も内容も新しく，かつ詳しくなり，生物用語も増加しています。教科書の索引をみてみると，「生物基礎」では400～700語，「生物」では900～1000語が掲載され，これらの合計は「生物Ⅰ」･「生物Ⅱ」で扱われていた用語数のほぼ1.3倍にもなっています。

このような状況のなかで，私たちは，生物用語の徹底的な学習を目的とした本書の作成を思い立ちました。実際の入試問題のなかには，教科書には記載されていない特殊な用語も含まれており，本書では，空欄を補充しながらこれに対応するための新しい知識を習得できるようにしました。

本書が皆さんの**『生物用語の完全制覇』**に役立つものと確信しています。

本書の特徴と使い方

データ編

⑴　データ編は4回分の演習問題がそれぞれ**100語の小問**で構成されています。各小問について，解答とともに河合塾の塾生(高卒生)の**正答率**のデータが示されています。

⑵　平均正答率が低い小問は，░░ 60％以下，▓▓ 40％以下のように示しています。また，各回について**得点分布**を示しました。自分の現在の力を相対的に知ることができると思います。

⑶　演習問題⑴と⑵，演習問題⑶と⑷はそれぞれよく似たテーマの問題です。問題編で演習を行う前に⑴と⑶にトライして現在の力を確認したうえで，演習終了後に⑵と⑷にトライしてみる，といったような使い方をすることもできます。

問題編

⑴　大学入試問題から生物用語の問題**213題を厳選**しました。問題文に新課程で新しく取り上げられた用語を小問として加えたために，問題文の一部を改訂しているものもあります。

⑵　**「生物基礎」**の範囲の問題は(＊)で示し，**「生物」**の範囲の問題は**無印**として区別しました。

⑶　問題は難易度によって**2レベル**に分け，基本問題を(A)，応用問題を(B)で示しました。問題では，**頻出用語**から，入試に出題された受験生がほとんど答えられない**特殊な用語**まで扱っています。また，特別なテーマの問題は，**トピック問題**として第11章にまとめました。

⑷　問題の中には選択肢を与えた問題もあります。用語や数値を問う問題は数字(1 ～ 30)で，選択肢を与えた問題はアルファベット(a ～ z)で示しました。

⑸　問題の文章は，新しい知識を得るうえでも，論述問題の解答文を書くうえでも，大いに参考になると思います。空欄を埋めただけで満足せずに，問題文を読み返して生物の総合力を高めてください。

〈目　次〉

データ編

問題編

生物用語の完全制覇

データ編

データ編　演習問題(1)

1 細胞

すべての生物は細胞からできている。ほとんどの細胞は［1］と細胞質をもち，細胞質の最外層は［2］である。細胞内には，呼吸の場となり有機物からエネルギーを取り出す［3］，物質の分泌に関係する［4］などがある。

単細胞生物は，種々の生命活動を１つの細胞で行っている。単細胞生物であるゾウリムシの細胞内の構造についてみると，摂食するための構造を［5］，食物を消化する構造を［6］，水分を排出する構造を［7］，運動する構造を［8］，生殖に関与している構造を［9］と呼ぶ。

単細胞生物のなかにはいくつかの細胞が集まって生活している生物が知られている。その集合体は［10］と呼ばれ，［10］を形成する種の１つとしてボルボックス(オオヒゲマワリ)がある。［10］は多細胞生物への進化の一段階と見られている。

2 重複受精

被子植物では，めしべの胚珠の中に［11］が形成され，これが減数分裂を行って４個の細胞となる。そのうち３個の細胞は退化し，１個だけが成長して［12］になる。［12］は３回の核分裂を行って８個の核を生じる。これらの核は１個の［13］，２個の［14］，３個の［15］，および［16］に含まれる２個の極核に分かれる。これらの細胞により胚のうが形成される。

花粉はめしべの柱頭に付着すると発芽して［17］を伸ばし，［17］を移動した［18］は，さらに分裂して２個の精細胞になる。

［17］が伸びて胚珠の珠孔に達すると，２個の精細胞は胚のうの中に送り込まれる。そのうち１個の精細胞の核は［13］の核と合体し［19］となる。他の１個は［16］の極核２個と合体し，後に増殖して栄養をたくわえ［20］となる。なお，胚のう内の［14］や［15］は退化して消失する。

3 遺伝子

1953年にワトソンとクリックがDNAの二重らせん構造のモデルを提唱して以来，DNAの情報がRNAを介してタンパク質へと変換される詳細な機構が急速に明らかにされてきた。DNAは，糖とリン酸と塩基とからなるヌクレオチドが結合した生体高分子である。DNAの塩基配列によって決定されている遺伝情報は，［21］と呼ばれる酵素によってDNAから［22］RNAに転写される。RNAの糖は［23］であり，塩基はDNAと同様に４種類であるが，チミンのかわりにウラシルが使用されている。［21］によって合成された［22］RNAの塩基配列は３個ずつが１個のアミノ酸に対応しており，この３個の塩基配列をコドンという。４種類の塩基が存在するので，コドンは［24］通り存在することになる。

タンパク質と［25］RNAからなるタンパク質合成装置では，［26］RNAとの共同作業により［22］RNA上に並んだコドンの順番にアミノ酸が結合しタンパク質が合成される。タンパク質合成は３種類の終止コドンで終わる。このように細菌などの原核生物では，［22］RNAの遺伝情報は，そのまま［27］されてタンパク質になる。

一方，真核生物では，核内のDNAを鋳型として転写されたRNAは，タンパク質に 27 されない 28 と呼ばれる部分が除かれ， 29 と呼ばれる部分がつながって，完成した 22 RNAとなる。この過程を 30 という。

4 光合成

植物にとって最も重要な代謝である光合成は，葉肉の細胞内の葉緑体で行われ，その速度は光の強さ， 31 の濃度，および 32 などの環境要因が制限要因となる。また，光合成速度は見かけの光合成速度に 33 を加えた値であり，両者の速度が同じになるときの光の強さを 34 といい，光が強まってもそれ以上光合成速度が上昇しなくなるときの光の強さを 35 という。

光合成の際の反応では，葉緑体の中の 36 に含まれる光合成色素が光エネルギーによって活性化され，これらが光化学系Ⅱにおいて水を分解し，H_2と電子が取り出され，残った 37 が放出される。光化学系Ⅰでは，取り出されたH_2が酸化型補酵素〔$NADP^+$〕と結合し，NADPHが生成する。この間に，電子が流れる際に放出されるエネルギーを用いて 38 が合成される。次に，葉緑体の中の 39 では，NADPHと 38 を利用して，取り込んだ 31 を 40 回路の反応過程で固定して有機物（炭水化物）を合成する。

5 進　化

生物の進化を証拠づけるものに化石があげられる。化石は過去の生物やそれが生息していた年代について教えてくれる。例えば脊椎動物は，化石の出現年代から，硬骨魚類→ 41 → 42 →哺乳類という一連の系列として並べることができる。維管束植物の場合も同様に， 43 →裸子植物→ 44 と陸上生活への適応が進む順に，それぞれの最古の化石が出現している。

進化の証拠は，現生の生物にもみることができる。過去に繁栄した原始的な生物が現在も生息する場合， 45 と呼ばれ，その中には進化途上の移行段階を示す古い型の生物が多い。カモノハシやシーラカンスはその例である。

異なる起源をもつ器官であっても，同一の環境や生活様式に適応したため，外見上類似した形態をもつことがある。このような器官は， 46 器官と呼ばれる。一方，起源が同じ器官であっても，異なる生活様式に適応したため，その外見が大きく異なることがあり，このような場合は 47 器官と呼ばれ，進化の証拠となる。例えば，様々な脊椎動物の前肢を比較した場合，外見は大きく異なるが，骨格の構造に共通性がみられることから 47 器官の存在は脊椎動物が共通の祖先から進化したことを裏付ける。また，近縁の生物で発達している器官がある生物では退化している場合，その器官を 48 器官といい，これも進化の証拠の1つとなる。

個体発生での変化に注目し， 49 は「個体発生は系統発生を繰り返す」という 50 説を唱えた。

6 視　覚

下の図はヒトの右眼の水平断面を示している。眼球は直径が約25mm の球形で，最外層は図中のAで示した丈夫な強膜で保護されており，その内側には図中のBで示した脈絡膜がある。図中のDは［51］と呼ばれる透明な組織で光を眼球内に入れ，眼球の前面を保護している。図中のEは［52］と呼ばれ，瞳孔から入った光を屈折し，図中のCである［53］の上に像を結ぶ。

図中のCには，［54］細胞と［55］細胞と呼ばれる２種類の視細胞がある。［55］細胞には，それぞれ青色，緑色，赤色の光を強く吸収して反応する３種類の細胞があり，そのうち，どの細胞が強く刺激されたかによって色の違いを識別できる。ヒトは約400～700nm の波長の光を受容することができ，この範囲の光を［56］という。一方，［54］細胞はうす暗いところで非常に弱い光でも反応できるが，色の識別には関与しない。

明るい所から急に暗がりに入ると，最初はほとんど見えないが，やがて見えるようになる。これを［57］という。これには［58］と呼ばれる視物質が関係している。図中のCの矢印**ア**(⟷)の部分は［59］と呼ばれ，［55］細胞が多く分布している。［54］細胞は［59］の周辺部に分布している。また，図中の矢印**イ**(↓)の部分は［60］と呼ばれ，視細胞が分布していないので，ここでは光を受容できない。

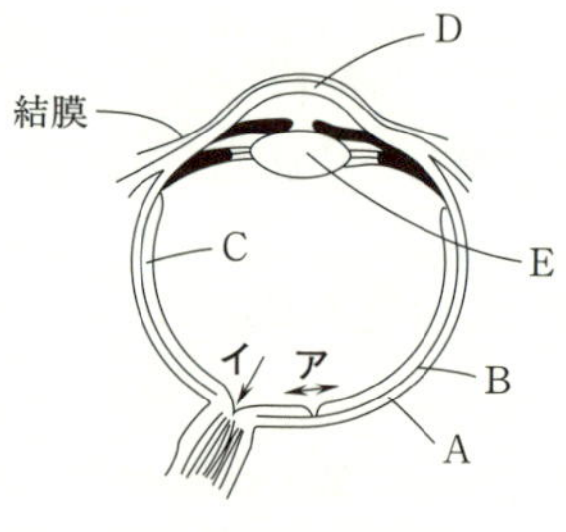

ヒトの右眼の水平断面

7 神　経

神経細胞の細胞膜の内外には［61］が存在しており，内側が外側に対して－70～－60mV 程度である。このように外部刺激を受けず神経細胞が興奮していないときの膜電位を［62］と呼ぶ。細胞膜のある場所が刺激を受けると局所的な膜電位の逆転現象が起こり，一瞬だけ内側が＋となるが，すみやかに再び内側が－の膜電位に戻る。このように膜電位が一瞬逆転する一連の電位変化を［63］と呼ぶ。

神経細胞にある一定の値(閾値)以上の強さの刺激を与えると発生する［63］の大きさは刺激の強弱によらずほぼ一定の値をとり，刺激が閾値より弱いと［63］の発生には至らない。このため，刺激による神経細胞の［63］は起こるか起こらないかの二者択一的であり，これを［64］の法則と呼ぶ。

１つの神経細胞内では情報が発生箇所から左右両方向に伝わり得るが，異なる神経細胞間では一方向にしか伝わらない。これは，［63］の到達した軸索末端の［65］から［66］が細胞外に放出され，隣接細胞の細胞膜上の［67］に結合した結果，今度は［67］の存在する細胞膜が［63］を発生させるからである。このしくみにより，神経細胞から隣の神経細胞へ情報が伝わる。また，無髄神経繊維では神経細胞の軸索に沿って連続的に［63］が伝播するが，有髄神経繊維では，［68］のない［69］の部位のみを断続的に伝播するので，［68］のある部位の距離をスキップして全体として速く伝播することができる。このしくみを［70］と呼ぶ。

8 血糖量調節

グルコースは呼吸の材料として重要であり，血糖量は自律神経系と内分泌系によって常に一定になるように調節されている。食事後に 71 が血糖量の増加を感知し 72 が刺激されると， 73 のランゲルハンス島の 74 から 75 が分泌される。このとき， 74 自体も血糖量の増加を直接感知して 75 を分泌する。 75 は各組織の細胞におけるグルコースの吸収と分解を促進するとともに，肝臓や筋肉でのグルコースからグリコーゲンへの合成を促進して血糖量を低下させる。血糖量が正常レベルに戻ると，フィードバック作用により 71 からの 72 への刺激が弱まり， 75 の分泌量も低下する。

一方，激しい運動の後などに血糖量の減少を 71 が感知すると， 76 が刺激され，その結果ランゲルハンス島の 77 からは 78 が，副腎髄質からは 79 がそれぞれ分泌される。 78 や 79 は肝臓に蓄えられているグリコーゲンの分解を促進することで，血糖量を増加させる。このほか，副腎皮質から分泌される 80 ，脳下垂体前葉から分泌される成長ホルモンも，血糖量の増加に働く。これらのホルモンの分泌量は，血糖量が増加すると，フィードバック作用により低下する。

9 植物の反応

植物体内の水は，根の 81 などの表皮細胞から吸収され，道管へと移動する。この水の移動は，根の組織・細胞の 82 の差による。さらに植物体内の水は，根に生ずる 83 ，道管や仮道管内の水の 84 ，葉で起こる 85 などによって，植物体の組織・細胞に行きわたる。植物体内での水のバランスは，葉での 85 量によって調節されているが，通常，陸上植物の場合には，それは気孔の開閉によって調節されている。気孔の開閉は， 86 の気孔側の細胞壁が気孔の反対側よりも 87 ため，吸水すると 88 が高まって気孔が開く。気孔の開閉には植物ホルモンも関与しており，気孔を開く植物ホルモンは 89 であり，気孔を閉じる植物ホルモンは 90 である。

10 生態系

一定の地域内に生活するすべての生物を 91 という。 91 とそれをとりまく無機的環境は，密接なつながりをもっており，この両者を1つのまとまりとしてとらえたものを生態系という。無機的環境から生物への働きかけを 92 といい，逆に無機的環境に対する生物の働きかけを 93 という。また，生物どうしの働き合いを 94 という。

生態系を構成している 91 は，生態系での役割によって， 95 ・ 96 ・ 97 に分けられる。 95 は，独立栄養の光合成植物などで，光合成によって無機物から有機物を合成する。 96 は，従属栄養の動物で，植物の合成した有機物を取り入れて生活している。 97 は，おもに菌類・細菌類で，動植物の遺体や排出物を無機物に分解して栄養を得ている。植物が光合成によって生産した有機物の総量を総生産量といい，総生産量から植物自身の呼吸量を引いたものが 98 である。 98 から枯死量と被食量を引いたものが 99 となる。動物では，摂食量から不消化排出量を引いたものを 100 という。

演習問題（1） 解答

1	核	2	細胞膜	3	ミトコンドリア	4	ゴルジ体	5	細胞口
6	食胞	7	収縮胞	8	繊毛	9	小核	10	細胞群体
11	胚のう母細胞	12	胚のう細胞	13	卵細胞	14	助細胞	15	反足細胞
16	中央細胞	17	花粉管	18	雄原細胞	19	受精卵（胚）	20	胚乳
21	RNAポリメラーゼ	22	m（伝令）	23	リボース	24	64	25	r（リボソーム）
26	t（運搬・転移）	27	翻訳	28	イントロン	29	エキソン	30	スプライシング
31	CO_2（二酸化炭素）	32	温度	33	呼吸速度	34	光補償点（補償点）	35	光飽和点
36	チラコイド	37	O_2（酸素）	38	ATP	39	ストロマ	40	カルビン・ベンソン
41	両生類	42	ハ虫類	43	シダ植物	44	被子植物	45	生きている化石（生きた化石）
46	相似	47	相同	48	痕跡	49	ヘッケル	50	発生反復
51	角膜	52	水晶体	53	網膜	54	桿体	55	錐体
56	可視光	57	暗順応	58	ロドプシン	59	黄斑	60	盲斑
61	電位差	62	静止電位	63	活動電位	64	全か無か	65	シナプス小胞
66	神経伝達物質	67	受容体	68	髄鞘	69	ランビエ絞輪	70	跳躍伝導
71	視床下部	72	副交感神経	73	すい臓	74	B細胞	75	インスリン
76	交感神経	77	A細胞	78	グルカゴン	79	アドレナリン	80	糖質コルチコイド
81	根毛	82	浸透圧（吸水力）	83	根圧	84	凝集力	85	蒸散
86	孔辺細胞	87	厚い	88	膨圧	89	サイトカイニン	90	アブシシン酸
91	生物群集	92	作用	93	環境形成作用（反作用）	94	相互作用	95	生産者
96	消費者	97	分解者	98	純生産量	99	成長量	100	同化量

演習問題(1)　得点分布と小問別正答率

得点分布

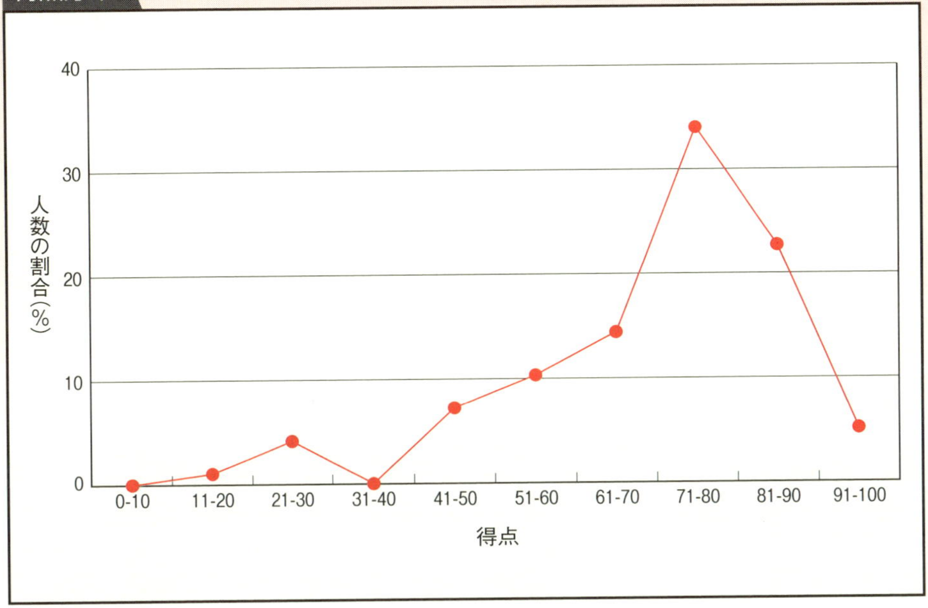

小問別正答率

正答率 60%以下　正答率 40%以下

1	1	2	3	4	5	6	7	8	9	10
	74.7%	90.5%	93.7%	91.6%	16.8%	30.5%	74.7%	86.3%	11.6%	57.9%
2	11	12	13	14	15	16	17	18	19	20
	54.7%	40.0%	83.2%	87.4%	81.1%	69.5%	96.8%	43.2%	67.4%	77.9%
3	21	22	23	24	25	26	27	28	29	30
	47.4%	90.5%	74.7%	82.1%	58.9%	66.3%	73.7%	74.7%	72.6%	80.0%
4	31	32	33	34	35	36	37	38	39	40
	97.9%	82.1%	66.3%	69.5%	71.6%	58.9%	87.4%	67.4%	65.3%	83.2%
5	41	42	43	44	45	46	47	48	49	50
	73.7%	62.1%	74.7%	91.6%	64.2%	67.4%	70.5%	35.8%	27.4%	29.5%
6	51	52	53	54	55	56	57	58	59	60
	86.3%	78.9%	97.9%	77.9%	86.3%	57.9%	86.3%	63.2%	96.8%	84.2%
7	61	62	63	64	65	66	67	68	69	70
	48.4%	93.7%	68.4%	96.8%	20.0%	64.2%	55.8%	77.9%	80.0%	81.1%
8	71	72	73	74	75	76	77	78	79	80
	56.8%	48.4%	94.7%	88.4%	91.6%	51.6%	88.4%	85.3%	67.4%	65.3%
9	81	82	83	84	85	86	87	88	89	90
	97.9%	89.5%	65.3%	50.5%	94.7%	73.7%	71.6%	86.3%	74.7%	72.6%
10	91	92	93	94	95	96	97	98	99	100
	23.6%	65.3%	61.1%	51.6%	82.1%	71.6%	78.9%	65.3%	35.8%	10.5%

データ編　演習問題(2)

1 細　胞

大腸菌は，主として人や動物の腸管内に寄生する微生物であり，[1]に分類される。[1]に寄生する微生物としてバクテリオファージが知られ，これは[2]に分類される。バクテリオファージは[3]とタンパク質からなる構造をしている。

染色した大腸菌の形態観察には[4]が用いられる。[4]の分解能は1mmの1/1000であり，この単位を[5]という。なお，[2]の形態観察には[6]が用いられる。その分解能は1/1000[5]であり，この単位は[7]という。

淡水に生息するゾウリムシのように体が1個の細胞からできている生物を単細胞生物という。そのため，ゾウリムシは様々な生命活動を1個の細胞内で行う。食物を取り込む細胞口，取り込んだ食物を消化する[8]，不消化物を排出する細胞肛門，浸透圧を調整する[9]，運動を行う[10]などの特殊な構造を1個の細胞内に発達させている。

2 遺伝子

核膜に包まれた核をもつ生物を[11]生物と呼ぶ。一方,大腸菌やシアノバクテリア(ラン藻)は,核をもたないことから[12]生物と呼ばれる。[11]生物の核染色体DNAは,[13]と呼ばれる塩基性タンパク質の粒子に巻きついており,[14]構造を形成している。

[11]生物と[12]生物では，遺伝情報物質としてDNAを利用している，同じ遺伝暗号を利用している，など共通点も多いが，転写機構や構造的な違いも数多く見られる。例えば，[12]生物の場合，DNAの転写はそのまま[15]の合成を意味し，伸長されつつある[15]に[16]が結合することによって翻訳も同時に行われている。一方，[11]生物のDNAには，翻訳されない[17]という領域が存在するため，転写が行われても合成されるのは[15]前駆体でしかない。その前駆体から[17]に対応する部分が除去されると同時に，[18]に対応する部分が結合する，いわゆる[19]という過程の後，先頭にキャップ構造が，末端にポリAと呼ばれる構造が付加されて[15]が完成する。こうして完成した[15]が[20]を通過して細胞質基質へと移動し，そこに存在する[16]において翻訳が開始される。

3 発　生

発生生物学の研究者である[21]は，イモリの初期原腸胚から[22]を切り出し，他の初期原腸胚の胞胚腔内に移植したところ，移植片自身は脊索などに分化し，移植片のまわりの[23]胚葉からは神経管が分化するとともに，最終的にほとんど完全な二次胚が形成されることを発見した。このように，胚の特定の部分が，その近傍の未分化の細胞群に作用して，特定の器官への分化を促す働きを[24]と呼び，そのような働きをする部分を[25]と呼ぶ。[24]の働きは，発生過程の様々な局面で見られ，その働きの連鎖により,それぞれの器官や組織が周囲の器官や組織とうまく調和するように形成されていく。

例えば，眼の形成過程においてもこの働きが知られている。神経管が形成された後に，眼が形成される過程で，さらに2回の[24]が起こる。脳の一部が左右にふくらんでできた1対の眼胞は[26]となり，この[26]が[27]から[28]を[24]する。さらにここで形成された［28］が［27］から［29］を［24］する。また，［26］そのものは［30］に分化し，全体として眼が完成することになる。

4 窒素同化

土壌中で生活しているある種の微生物は，大気中の窒素(N_2)を直接取り込み，［31］に変えることができる。このような働きを［32］という。生成された［31］は土壌中の化学合成細菌によって［33］に，さらに［33］は別の化学合成細菌によって［34］へと変えられる。この作用は［35］と呼ばれる。化学合成細菌はこの作用で得られたエネルギーを利用して炭酸同化を行うが，化学エネルギーを取り出す反応には［36］が必要で，化学合成細菌は好気的環境でよく生育する。

土壌中から植物に取り込まれた［34］は植物体内で還元されて［31］になり，アミノ酸の１種である［37］と反応して［38］となる。［38］とケトグルタル酸からは２分子の［37］ができる。このように，植物が外界から窒素成分を取り入れて，アミノ酸などの有機物を合成する働きを［39］という。マメ科植物は［40］と共生し，［40］がつくった［31］を直接利用することができる。

5 進 化

ラマルクは，［41］説を提唱した。ダーウィンは［42］という著書を表し，［43］による生物進化説を唱えた。ド・フリースは［44］説を，ワグナーは［45］説を唱えた。木村資生は分子進化に関し，［46］説を提唱した。

異なる種類の生物が発生起源を同じにし，別々の方向に進化したことを示す器官を，［47］という。外形や機能が似ているが，発生上の起源が異なる器官は［48］と呼ばれる。また，共通の祖先であるが，異なる環境や食性に適応した結果様々な系統に分かれることを［49］という。一方，異なる系統の生物が環境や食性が同じために類似した形態になることを［50］という。

6 視 覚

ヒトは，どのようにして外界を認識しているのだろうか。光は眼の網膜で感知されるが，網膜の部位によって光受容の性質が異なっている。細かいものを最もよく区別できるのは，網膜の中の［51］という部位である。網膜の中で光受容のできない部位は，［52］という部位である。［52］の部位を見つけるには，30cm 程度前方の紙の上に左右に伸びる直線を書き，その中央に×印を書く。例えば，左眼で×点を見つめて右眼を閉じて，小さな物体をその直線上で動かしてみると，見えない点が見つかる。その点は×点の左右のうち［53］側に位置する。

眼の遠近調節に関して，遠くに焦点を合わせるときには，［54］が［55］する。次に［56］が引っ張られ，その結果，［57］が薄くなると焦点が合う。また，眼に入る光の量は，［58］によって調節されている。

平衡感覚の受容器には２種類あり，それぞれが働く状況は異なる。例えば，スケートでスピンをして回転するときは，［59］にある細胞がよく反応する。また，体が傾いたときは 60 にある細胞がよく反応する。

7 神　経

イカの神経の巨大軸索を用いて興奮の伝導のしくみが調べられた。神経細胞の外側の電位を0とすると，刺激を与えないときの軸索内部の電位は－60mVから－70mVの負の電位であり，この電位を 61 という。軸索に刺激を与えると，刺激部の電位は一瞬＋40mV程度の正の値となり，すぐに元に戻る。この一連の電位変化を 62 と呼び，この 62 の発生を興奮という。電位の変化は軸索に沿った電流を生じ，興奮が軸索に沿って伝導していく。

脊椎動物の神経の多くは，その軸索が髄鞘というさやで被われている。髄鞘は軸索に 63 が巻きついてできたもので，ところどころに 64 というくびれがある。興奮はこのくびれの部分のみで起こるため，さやのない軸索に比べて伝導速度が大きくなる。このようなとびとびの興奮伝導を 65 という。

軸索に刺激を与えるとき，ある一定の強さ以上の刺激を与えないと興奮は起こらない。この興奮を起こす最小限の刺激の強さを 66 という。刺激の強さが 66 以上のとき，刺激の強さを変えても 62 の大きさは変わらない。このように，軸索は刺激に対して興奮するか興奮しないかのどちらかである。これを 67 という。

軸索の末端はごく狭い隙間をへだてて隣の神経細胞や筋肉などの効果器と接している。この細胞間の接続部を 68 という。ここでの情報の伝達は電気的ではなく，軸索の末端から瞬時に放出される神経伝達物質によってなされる。この神経伝達物質は交感神経では 69 であり，運動神経や副交感神経では 70 である。

8 血糖量調節

血液中のグルコースの濃度を血糖値といい，血液100mL中に， 71 mg程度で，ほぼ一定に保たれている。食事の後などで血糖値が上昇すると，視床下部がこれを感知し， 72 神経を経て高血糖の情報がすい臓のランゲルハンス島の 73 に伝わり， 74 が分泌される。 74 は細胞への糖の取り込みや，肝臓や筋肉でのグルコースから 75 への合成を促進して血糖値を下げる。血糖値が正常レベルに戻ると視床下部からの 72 神経への刺激が弱まり， 74 の分泌量も低下する。しかし，様々な原因で血糖値が恒常的に上昇してしまうと，糖尿病という尿中にグルコースが含まれてしまう病気になることがある。また，血糖値が低下すると，視床下部がこれを感知し， 76 神経を経て低血糖の情報がランゲルハンス島の 77 に伝わり， 78 が分泌され， 75 の分解を促してグルコースを血糖中に放出させる。さらに，副腎皮質から分泌される 79 や副腎髄質から分泌される 80 などのホルモンが働いて血糖値を上げる。

9 植物の反応

植物は外部の刺激に対して一定の反応を示す。植物が刺激の加わる方向とは無関係に決まった運動を起こす性質を， 81 という。オジギソウの葉は手で触れると垂れ下がる。これは葉柄の基部にある 82 の細胞の 83 が下がることにより起こる現象で

81 の一種である。

植物が水不足の状態になると，体内に 84 という植物ホルモンが増加する。このホルモンの作用で，気孔を構成する２つの 85 の 83 が下がり，気孔が 86 。これと反対の作用をする 87 という植物ホルモンがあり，それらが気孔の開閉を調節している。

オオムギの種子の胚でつくられた 88 という植物ホルモンは， 89 という酵素の合成を引き起こす。この酵素が 90 で働き，そこに蓄えられたデンプンを分解する。胚はこの分解産物を利用して成長する。

10 生態系

地球上の人口は20世紀の間だけでも約20億人から約60億人に激増した。この急激な人口増加はエネルギーの大量消費，すなわち 91 の大量消費をともない，その結果， 92 ，二酸化窒素，二酸化硫黄，一酸化炭素などが大量に放出され，これが地球生態系に様々な悪影響を及ぼしている。

地球の表面は太陽エネルギーを吸収して暖められるが，一方では地表面や大気から熱を放出することによって，地球全体の熱収支は長い間バランスを保ってきた。また，大気中の 92 やメタンなどは，地球表面から放出される熱エネルギーを吸収し，地表の熱が逃げるのを防いでいる。これを 93 という。ところが，20世紀の間に大気中の 92 濃度は確実に増加し，これと並行して地球の平均気温も上昇している。

また，窒素酸化物や硫黄酸化物は大気中の成分と反応してそれぞれ硝酸と硫酸に変わることがある。これが上空で雨滴に溶けると， 94 となる。一方，冷蔵庫の冷媒，半導体の洗浄剤，スプレーの噴霧剤など人間の生活の中で広く便利に使われてきた 95 は，地球上に暮らすヒトや動物を有害な紫外線から守るためのオゾン層を破壊することが知られている。南極上空のオゾン層は破壊されてちょうど穴が空いたようになっているため，これを 96 と呼び， 96 の真下では強い紫外線のために皮膚ガンなどの被害が起こりやすくなっている。

また，川や海に流れ込む有機物は，その量が少ないときには分解者の働きによって無機質や水に分解される。この働きは 97 と呼ばれる。この作用の限界をこえた有機物が流入するとそれらは水中に蓄積し，水質汚染を引き起こす。特に有機窒素や有機リンの濃度が高まると水質は 98 する。 98 が進行するとプランクトンの異常発生が起こり（赤潮や水の華），大量の魚介類が死滅する。さらに分解されにくい有機水銀や重金属類，DDTやダイオキシン類，トリブチルスズなどが外部から水中に流入すると，それらの物質は水圏生態系の中でプランクトンや水生昆虫から魚介類へ，さらに大型の魚類からヒトへと連なる 99 によって次々と移動し，高次の消費者の体内で高濃度に濃縮されることがある。このような現象を 100 という。

演習問題（2） 解答

1	細菌	2	ウイルス	3	DNA	4	光学顕微鏡	5	μm
6	電子顕微鏡	7	nm	8	食胞	9	収縮胞	10	繊毛
11	真核	12	原核	13	ヒストン	14	ヌクレオソーム	15	mRNA
16	リボソーム	17	イントロン	18	エキソン	19	スプライシング	20	核膜孔（核孔）
21	シュペーマン	22	原口背唇部（原口背唇）	23	外	24	誘導	25	形成体
26	眼杯	27	表皮	28	水晶体	29	角膜	30	網膜
31	アンモニア（アンモニウムイオン）	32	窒素固定	33	亜硝酸イオン	34	硝酸イオン	35	硝化作用（硝化）
36	酸素	37	グルタミン酸	38	グルタミン	39	窒素同化	40	根粒菌（根粒細菌）
41	用不用	42	種の起源	43	自然選択	44	突然変異	45	隔離
46	中立	47	相同器官	48	相似器官	49	適応放散	50	収束進化（収れん）
51	黄斑（中心窩）	52	盲斑	53	左	54	毛様筋	55	弛緩
56	チン小帯	57	水晶体	58	虹彩	59	半規管	60	前庭
61	静止電位	62	活動電位	63	シュワン細胞（神経鞘細胞）	64	ランビエ絞輪	65	跳躍伝導
66	閾値	67	全か無かの法則	68	シナプス	69	ノルアドレナリン	70	アセチルコリン
71	100	72	副交感	73	B細胞	74	インスリン	75	グリコーゲン
76	交感	77	A細胞	78	グルカゴン	79	糖質コルチコイド	80	アドレナリン
81	傾性	82	葉枕	83	膨圧	84	アブシシン酸	85	孔辺細胞
86	閉じる	87	サイトカイニン	88	ジベレリン	89	アミラーゼ	90	胚乳
91	化石燃料	92	二酸化炭素	93	温室効果	94	酸性雨	95	フロン
96	オゾンホール	97	自然浄化（自浄作用）	98	富栄養化	99	食物連鎖	100	生物濃縮

演習問題(2)　得点分布と小問別正答率

得点分布

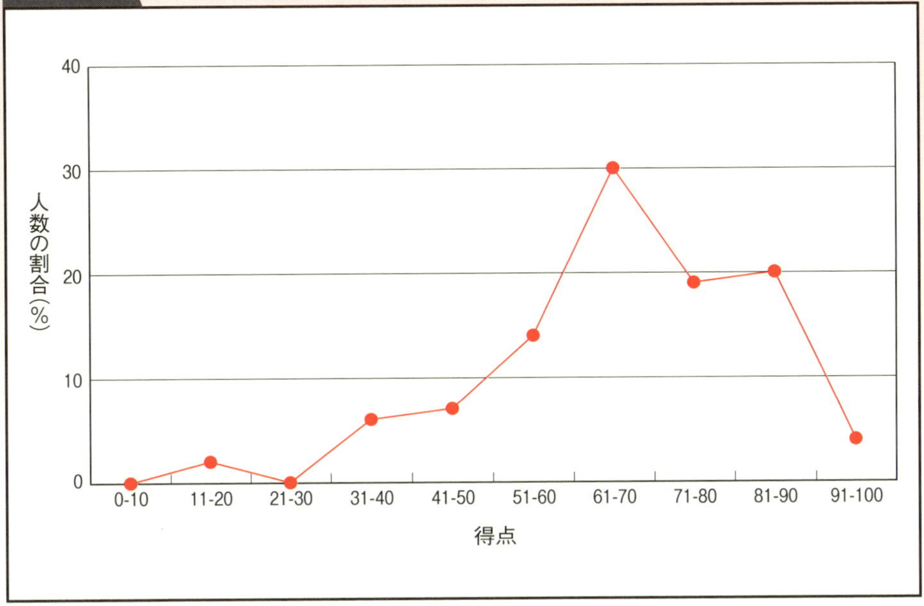

小問別正答率

正答率 60%以下　正答率 40%以下

1	1	2	3	4	5	6	7	8	9	10
	53.9%	52.9%	85.3%	75.5%	85.3%	77.5%	85.3%	65.7%	77.5%	75.5%
2	11	12	13	14	15	16	17	18	19	20
	98.0%	100.0%	67.6%	1.0%	65.7%	66.7%	69.6%	60.8%	78.4%	67.6%
3	21	22	23	24	25	26	27	28	29	30
	64.7%	72.5%	69.6%	91.2%	86.3%	86.3%	64.7%	67.6%	72.5%	64.7%
4	31	32	33	34	35	36	37	38	39	40
	72.5%	57.8%	53.9%	56.9%	44.1%	57.8%	37.3%	18.6%	59.8%	77.5%
5	41	42	43	44	45	46	47	48	49	50
	49.0%	60.8%	41.2%	38.2%	30.4%	34.3%	69.6%	70.6%	29.4%	29.4%
6	51	52	53	54	55	56	57	58	59	60
	95.1%	93.1%	48.0%	58.8%	27.5%	55.9%	94.1%	77.5%	83.3%	88.2%
7	61	62	63	64	65	66	67	68	69	70
	94.1%	86.3%	52.0%	96.1%	62.7%	77.5%	96.1%	93.1%	88.2%	94.1%
8	71	72	73	74	75	76	77	78	79	80
	68.6%	85.3%	92.2%	98.0%	87.3%	87.3%	93.1%	88.2%	74.5%	69.6%
9	81	82	83	84	85	86	87	88	89	90
	56.9%	9.8%	62.7%	67.6%	93.1%	86.3%	70.6%	58.8%	51.0%	44.1%
10	91	92	93	94	95	96	97	98	99	100
	51.0%	98.0%	33.3%	99.0%	85.3%	64.7%	41.2%	26.5%	89.2%	57.8%

データ編　演習問題(3)

1 細胞膜

1972年にシンガーとニコルソンが提唱した[1]モデルによると，細胞膜は[2]の二重層に粒状の[3]がモザイク状に分布して形成され，[2]と[3]は膜内を流動して移動できると説明された。なお，細胞膜の厚さは約[4]nm である。

細胞膜を貫通している[3]は，糖やイオンなどの選択的な輸送に関与している。輸送[3]によって形成されている通路は，[5]と呼ばれ，開放または閉鎖の2つの状態のいずれかをとる。物質は開放状態で高濃度から低濃度へ膜を透過し，エネルギー供給は不要である。この過程は[6]輸送と呼ばれる。しかし，ナトリウムポンプのように細胞膜を介して[7]を細胞内へ，[8]を細胞外へ輸送することにより濃度勾配が形成される場合にはエネルギーの供給が必要である。こうした場合には，[3]は[9]酵素としても働く。この過程は[10]輸送と呼ばれる。

2 発　生

受精卵は，[11]といわれる細胞分裂を繰り返して細胞数を増やす。イモリでは発生が進み[12]期になると，いろいろな器官を形成するようになる。胚のどのような部分が，どの器官に分化するかを調べるために，[13]は，イモリの胞胚の表面を無害な染色試薬で部分的に染め分け，染色された部分が将来どの器官になるかを追跡して[14]を作製した。

それぞれの原基ができるしくみを最初に実験で示したのは[15]である。[15]は，初期の原腸胚の[16]を，同じ時期の他の胚の胞胚腔に移植すると，[16]は自分自身の予定運命である[17]に分化しただけでなく，周りの外胚葉に働きかけて，[18]などを分化させた。このように，胚の他の部分に作用して分化を起こさせる部分を[19]という。このことは，初期の原腸胚においては，体の器官をつくるための中心的な部分がすでにできていることを示している。[16]は，予定中胚葉の一部であるので，中胚葉がいかにできてくるかが次に調べられた。ニューコープは，中期の胞胚の予定外胚葉と予定内胚葉をそれぞれ別々に取り出して培養した。その結果，予定外胚葉は表皮などの外胚葉性の組織に分化し，予定内胚葉は内胚葉性の組織に分化した。しかし，予定外胚葉と予定内胚葉を接着させて培養すると，予定外胚葉の一部が，筋肉や[17]に分化した。これを[20]という。この実験から，内胚葉には予定外胚葉を筋肉や[17]に誘導する働きのあることが明らかになった。

3 筋収縮

ヒトの筋肉は発生過程で[21]胚葉に由来し，成長にともない発達する。筋肉は，その構造から，顕微鏡下で横じまが見える[22]と，横じまが見えない[23]に分けられる。[22]は体の中で量の多い[24]と，少ない[25]とにさらに分けられる。

筋収縮のエネルギー源となるのは[26]である。血液中にある[26]を[27]と呼び，血液によって筋肉組織に供給され，筋収縮に用いられる。嫌気条件下での筋収縮の場合，[26]から[28]を経て，[29]が生成される。筋肉疲労の原因は[29]の蓄積である。[26]から[29]が生成されるように，生体内で複雑な物質が簡単な物質に分解される過程を[30]という。

4 バイオテクノロジー

組織培養は多細胞生物の組織を取り出して人工的な培地で培養する技術である。ニンジンの葉や根の一部を取り出して，必要な栄養分や植物ホルモンである[31]と[32]を含む寒天培地で無菌的に培養すると，組織の細胞は[33]して増殖し，[34]と呼ばれる未分化の細胞塊ができる。さらに[31]の濃度を高くすると根が分化し，[32]の濃度を高くすると茎や葉が分化して最終的には完全なニンジンをつくることができる。このような細胞の能力を[35]という。

植物の細胞は細胞壁によって囲まれているが，セルラーゼなどの酵素を用いて細胞壁を分解すると細胞膜に囲まれた[36]になる。異種の植物から得られた[36]を電気的あるいは化学的な方法で処理すると，核が1つになり，雑種細胞ができる。このように，異なる細胞どうしを人工的に合体させることを[37]という。この手法を用いて様々な雑種植物がつくり出されている。

遺伝子組換えは，異種のDNAを人為的に結合させることである。例えば，特定のタンパク質をつくるDNAを[38]によって切断する。また，遺伝子を目的の細胞に運搬する役割をもつベクターとして用いる大腸菌の[39]も同じ[38]によって切断し，両者を一緒にして[40]という酵素で連結し，大腸菌に導入して培養すると，その特定の遺伝子が大腸菌の中で発現する。現在はこの技術を用いて，ヒト成長ホルモンやヒトインスリンなどを大腸菌を用いて合成することができるようになった。

5 生物の系統

光合成を行う[41]栄養生物の系統関係を示したものが右の図である。このときのグループ名が図中にA～Gの記号で示してある。

Aは[42]で27億年以上前に地球上に出現したと考えられ，[43]と呼ばれる細かい層状構造からなる岩塊の形成にかかわってきた。ホイタッカーと[44]の五界説によると[42]と細菌類は[45]界に分類されており，核膜やミトコンドリア・葉緑体などの細胞小器官をもたない。Bはコンブなどに代表される[46]である。Cはアオサなどに代表される[47]であり，その祖先から進化したDの[48]では胞子がつくられ，維管束が発達していない。Eは[49]であるが，さらに進化したFやGをまとめて[50]と呼ぶ。

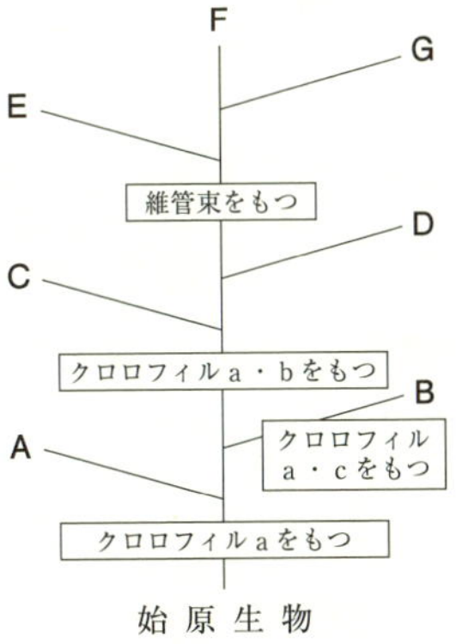

6 聴覚

ヒトの耳は外耳，中耳，内耳からなり，空気中を伝わる音波を聴神経の興奮に変換する。

ヒトの耳では，音波は 51 に反射して集められ， 52 を通り 53 を振動させる。 53 の振動は，中耳の 54 に伝わり増幅され，さらに，内耳の 55 内部のリンパ液を振動させる。リンパ液の振動は， 55 の中の基底膜を振動させる。それにともない基底膜上のコルチ器の 56 が 57 にふれることにより興奮し，その興奮を聴神経に伝える。また，内耳は，可聴域の周波数の頭骨の振動も聴神経の興奮に変換することができる。さらに，内耳には体の 58 を感じる 59 と，体の 60 を感じる半規管と呼ばれる２種類の平衡感覚器が存在する。私たちが眼をつぶっていても正確に姿勢を保つことができるのは，これらの平衡感覚器の働きによる。

7 動物の行動

動物の行動には，どのようなものがあるだろうか。動物の行動のなかで，生まれてからの経験を重ねることである条件に適応した行動をとるようになることを 61 という。また，生得的に決められている，種に特有な行動を 62 行動といい， 62 行動を起こすきっかけとなる刺激を 63 という。しかし，実際の動物の行動では，生得的に決められた要素と経験によって獲得した要素が巧みに組み合わされていることが多い。例えば，カモのひなは，ふ化後間もない時期に，身近にある動くものを見つけると，それについて歩くようになる。この現象を 64 と呼ぶ。この場合，動くものについて歩く行動は生得的であるが，何のあとについて歩くかは 61 によって決められる。

このような動物の行動は，どのような機構で起こるのだろうか。動物は，眼や耳などの 65 を通して環境から情報を集め，筋肉などの 66 を働かせて，適切な行動をとる。 65 と 66 を結びつけているのが 67 である。一般に，発達した 67 をもつ動物ほど，複雑な行動をとる。

集団を形成して生活している動物の行動には，個体間のコミュニケーションが重要な役割を果たしている。たとえば，カイコガの雌は 68 を分泌して雄を誘引する。また，ミツバチの社会では，太陽の方向を基準に方角をさだめる機構，すなわち太陽コンパスにもとづいて情報の伝達が行われている。花の蜜や花粉を持ち帰った働きバチは，巣箱の中に垂直に立てられた巣板の上でダンスを踊り，仲間に花のある餌場までの方向や距離を伝える。働きバチは餌場までの距離が約100m よりも短いときは 69 ダンスを，遠いときは 70 ダンスを踊る。

8 排　出

腎臓は血液中の不要な物質を尿として排泄する臓器である。ヒトの腎臓は左右に１対ある。腎臓に入る腎動脈は毛細血管が集まった 71 を形成する。この 71 を袋状の 72 が取り囲んでおり， 72 から 73 が伸びている。 71 と 72 を合わせて 74 という。さらに， 74 と 73 を合わせて 75 と呼び，腎臓の機能の最小単位となる。この 75 はヒトでは片側の腎臓に約100万個存在する。 71 から 72 へろ過されたものが原尿となるが，原尿は血しょうの 76 を除いた組成と同じである。この原尿が 73 を通る間に，グルコース，水分などの必要な成分が体内に再吸収され，肝臓で合成される 77 などの老廃物を含む尿がつくられる。尿は腎臓内の 78 に貯められ，輸尿管を経て，膀胱に送られ排出される。脳下垂体後葉から分泌される 79 は 80 に作用して，水の再吸収を促進し，尿量を減少させる。

9 免疫

人体には，自分以外の細胞や物質などが体内に侵入してきたとき，これを異物(非自己)と認識し，それを排除するしくみがある。これを生体防御という。異物が人体に侵入すると，81 が異物を処理することにより，その抗原情報を他の免疫細胞に伝達する。この情報を受けた 82 細胞は 83 細胞に抗体を作るように指令する。抗体は抗原と特異的に結合して，これを不活化する。この反応を抗原抗体反応と呼ぶ。抗体の構造はＹ字形をしており，２本の長い 84 鎖と２本の短い 85 鎖からできており，これらは互いに結合している。抗原と結合する部位を 86 と呼び，その他の部位を 87 と呼ぶ。生体に同じ抗原が２度入ると，２度目には生体側が過剰に反応してしまい，強い拒否反応やショックを起こすことがある。このような免疫反応を 88 と呼び，このような抗原を特に 89 と呼ぶ。

最近，臓器移植や骨髄移植など移植の話題が新聞紙上をにぎわしている。移植が成功するためには，臓器提供者と移植される人との間で遺伝性の抗原である 90 が一致することが重要である。これらの遺伝性抗原は，免疫反応において自分と他人を区別するために使われている。したがって通常，他人の移植片は自己にとって異物となり，他人の皮膚を自分に移植しても拒絶反応により排除される。

10 植生

世界の植生を相観にもとづいて分けたものを 91 といい，91 と気候要因の関係を示したものが右図である。

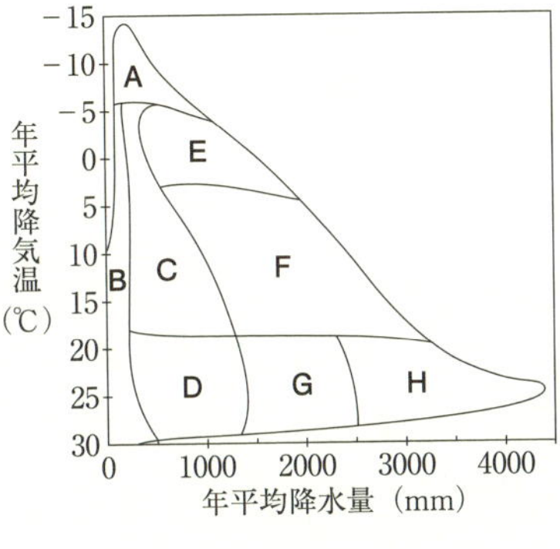

Ｂは熱帯や温帯で年平均降水量が200mm 以下の地域に発達する 92 で，多肉植物であるサボテンなどが生育している。Ｂよりも降水量がやや多い熱帯地域にはＤの 93 が発達する。Ｆは温帯林で，冬期の気温が低い地域に発達する。この温帯林は，暖温帯域に発達する 94 ，冷温帯域に発達する 95 に分けられるが，地中海沿岸地方などのように冬期に雨が多く夏期に雨が少ない気候の地域に発達する 96 もある。94 では葉の表面に 97 層が発達した種であるタブやスダジイなどが優占している。また，95 では冬期に 98 する種であるブナやミズナラなどが優占している。Ａは年平均気温が－５℃以下の地域に発達する 99 で，100 類やコケ植物が優占する。

演習問題(3) 解答

1	流動モザイク	2	リン脂質	3	タンパク質	4	10（8～10）	5	チャネル
6	受動	7	カリウムイオン	8	ナトリウムイオン	9	ATP 分解	10	能動
11	卵割	12	神経胚	13	フォークト	14	原基分布図（予定運命図）	15	シュペーマン
16	原口背唇部（原口背唇）	17	脊索	18	神経管（神経）	19	形成体（オーガナイザー）	20	中胚葉誘導
21	中	22	横紋筋	23	平滑筋	24	骨格筋	25	心筋
26	グルコース（ブドウ糖）	27	血糖	28	ピルビン酸	29	乳酸	30	異化
31	オーキシン	32	サイトカイニン	33	脱分化	34	カルス	35	全能性（分化全能性）
36	プロトプラスト	37	細胞融合	38	制限酵素	39	プラスミド	40	DNA リガーゼ
41	独立	42	シアノバクテリア（ラン藻）	43	ストロマトライト	44	マーグリス	45	原核生物（モネラ）
46	褐藻	47	緑藻	48	コケ植物	49	シダ植物	50	種子植物
51	耳殻	52	外耳道	53	鼓膜	54	耳小骨	55	うずまき管
56	おおい膜	57	聴細胞（有毛細胞）	58	傾き	59	前庭	60	回転
61	学習	62	本能	63	鍵刺激（信号刺激）	64	刷込み	65	受容器（感覚器）
66	効果器	67	神経系	68	性フェロモン	69	円形	70	8の字
71	糸球体	72	ボーマンのう	73	細尿管（腎細管）	74	腎小体（マルピーギ小体）	75	ネフロン（腎単位）
76	タンパク質	77	尿素	78	腎う	79	バソプレシン	80	集合管
81	樹状細胞（マクロファージ）	82	ヘルパーT	83	B	84	H	85	L
86	可変部	87	定常部（不変部）	88	アレルギー	89	アレルゲン	90	主要組織適合抗原（MHC・HLA）
91	バイオーム（植物群系）	92	砂漠	93	サバンナ	94	照葉樹林	95	夏緑樹林
96	硬葉樹林	97	クチクラ	98	落葉	99	ツンドラ	100	地衣

演習問題(3)　得点分布と小問別正答率

得点分布

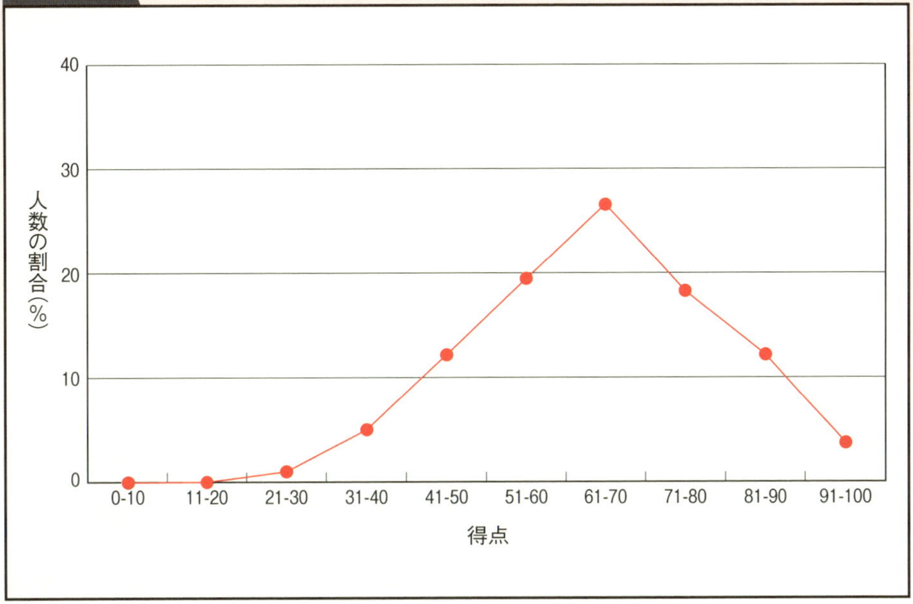

小問別正答率

正答率 60%以下　正答率 40%以下

1	1	2	3	4	5	6	7	8	9	10
	40.7%	59.3%	69.1%	29.6%	63.0%	96.3%	58.0%	58.0%	43.2%	95.1%
2	11	12	13	14	15	16	17	18	19	20
	84.0%	32.1%	82.7%	79.0%	65.4%	80.2%	67.9%	63.0%	71.6%	28.4%
3	21	22	23	24	25	26	27	28	29	30
	92.6%	90.1%	87.7%	71.6%	76.5%	71.6%	45.7%	71.6%	95.1%	49.4%
4	31	32	33	34	35	36	37	38	39	40
	55.6%	42.0%	40.7%	88.9%	65.4%	69.1%	42.0%	64.2%	44.4%	64.2%
5	41	42	43	44	45	46	47	48	49	50
	88.9%	51.9%	11.1%	18.5%	37.0%	42.0%	44.4%	45.7%	46.9%	51.9%
6	51	52	53	54	55	56	57	58	59	60
	81.5%	85.2%	93.8%	81.5%	86.4%	61.7%	55.6%	54.3%	75.3%	84.0%
7	61	62	63	64	65	66	67	68	69	70
	81.5%	88.9%	81.5%	88.9%	61.7%	76.5%	55.6%	27.2%	53.1%	79.0%
8	71	72	73	74	75	76	77	78	79	80
	77.8%	82.7%	74.1%	80.2%	79.0%	67.9%	80.2%	38.3%	93.8%	46.9%
9	81	82	83	84	85	86	87	88	89	90
	69.1%	81.5%	70.4%	74.1%	72.8%	67.9%	58.0%	44.4%	63.0%	13.6%
10	91	92	93	94	95	96	97	98	99	100
	21.0%	64.2%	55.6%	53.1%	44.4%	35.8%	96.3%	70.4%	79.0%	60.5%

データ編　演習問題(4)

1 精子形成

ヒトを含むほとんどの動物は，配偶子を形成する[1]生殖しか行わない。配偶子形成では，まず[2]が，[3]内に入り体細胞分裂を繰り返して多数の精原細胞をつくる。精原細胞は一時的に分裂を停止するが，個体が成熟すると，蓄えられていた精原細胞のうちの一部がやや成長して[4]となり，これが[5]分裂して精細胞になる。1つの[4]から[6]個の精細胞ができる。さらに，精細胞は変形して，[7]になる。[7]の頭部には核と[8]が，中片部には[9]と中心体が含まれている。受精の際は，尾部にある[10]を活発に動かしながら運動して，卵に近づいていく。

2 発　生

ウニの卵は，最初の3回の卵割まではほぼ等しい大きさの割球に分かれるが，4回目の卵割では，[11]側の割球は等しい大きさに分裂して8個の[12]割球となるのに対して，[13]側の割球は不均等に分裂して，その後中胚葉を形成する4個の[14]割球と内胚葉を形成する4個の[15]割球になる。その後，卵割を繰り返した胚は[16]胚となり，さらに卵割が進み，[16]胚は胞胚となる。

発生が進行すると，胞胚の1か所から胚の内部に向かって，表層の細胞群が移動していく[17]という現象が生じる。[17]によって新しく生じた空所を[18]，その[18]の入り口を[19]と呼ぶ。この時期の胚を[18]胚といい，その後プリズム幼生，次に[20]幼生となっていく。この時期に，外胚葉・中胚葉・内胚葉から，いろいろな組織や器官がつくられる。

3 筋収縮

骨格筋は[21]と呼ばれる細長い細胞が多数束となってできており，[21]は[22]の束からなる。この[22]では太い[23]フィラメントと細い[24]フィラメントが規則的に配列しており，横紋がみられる。この横紋は[25]と呼ばれる単位の繰り返し構造によって形成される。

筋収縮には[26]のエネルギーを必要とするため，[26]は絶えず供給されていなければならない。したがって，[26]は筋収縮に伴って分解されると，高エネルギー[27]をもつ[28]によって再合成されたり，好気条件下での呼吸や嫌気条件下での[29]によってADPから合成されたりする。[29]の過程ではグルコースから最終的に[30]が生じる。

4 遺伝子

図は遺伝子の発現調節を説明する模式図である。

細胞内のDNAの大部分は，タンパク質の[31]とともに何重にも折りたたまれた状態で存在するため，[32]が結合できず，ほどけた状態になっているDNA部分の遺伝子だけが転写される。細胞の核内には転写を助ける[33]が存在し，それらは実際に転写される遺伝子のすぐ近くの[34]に結合して，[32]を結合しやすくする。また，組織ごとに異なる遺伝子の発現が起こるので，これらを制御する［35］が存在する。［35］にはたくさんの種類があり，それぞれが異なる遺伝子の発現を制御している。［35］をコードしている［36］の発現も別の［35］によって制御されている。

遺伝子の周囲には，［34］の他にも，転写開始を調節する［37］がある。［37］に［35］が結合したときに，転写開始を調節できる。したがって，［37］に結合する［35］の種類と量によって，組織特異的な遺伝子発現が調節される。その結果，組織や細胞ごとに特徴的なタンパク質が合成されることになる。例えば赤血球では［38］が，水晶体では［39］が，表皮では［40］がそれぞれ特異的に合成されている。

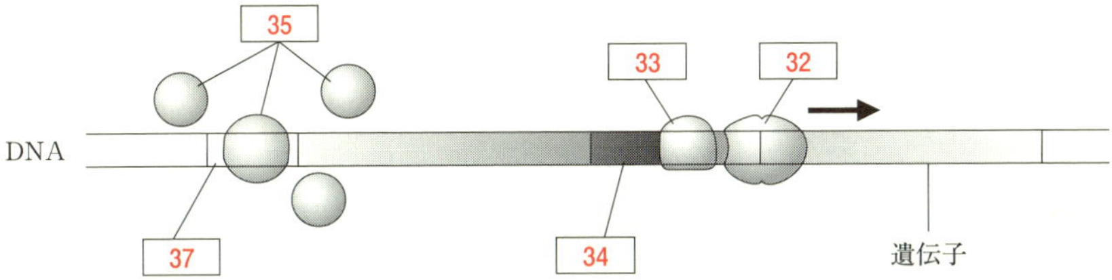

5 生物の分類

多種多様な生物を分類して整理することは，生物の類縁関係を理解し，各生物群がもつ特徴を研究するうえで重要なことである。このとき，生物をまとめたグループどうしについて，進化の過程からみて近縁かそうでないかという進化にもとづく類縁関係を［41］という。この関係を表した図は樹形に似て描かれることが多いので，［42］と呼ばれる。

生物を分類するとき，［43］を基本単位とする。［43］の名前は，学名によって表記される。学名は，［44］と［45］を並べた［46］で表し，ラテン語が用いられる。

原生生物界のなかで，光合成を行う独立栄養生物を藻類という。藻類は，光合成色素の種類などによって大別される。［47］は，クロロフィル a とクロロフィル c をもつもので，コンブやワカメが含まれる。［48］は，光合成色素としてクロロフィル a やカロテノイドのほかにフィコエリトリンやフィコシアニンをもつもので，テングサやアサクサノリが含まれる。［49］は，クロロフィル a とクロロフィル b をもつもので，アオミドロやアナアオサが含まれる。［50］は，クロロフィル a とクロロフィル c をもち，2 枚のケイ酸からなる殻をもつ。

6 聴 覚

ヒトは常に外界から様々な刺激を受けている。音，光，温度，重力，化学物質などの刺激はそれぞれ対応する感覚器(受容器)で受容され，電気的信号に変換される。これらの刺激の情報が感覚神経を介して中枢神経系に伝えられ，脳や脊髄で処理されてはじめて，ヒトは外界の状況を認知することができる。

例えば，空気の振動として伝わってきた音は外耳の［51］で集められて［52］を進み，［53］を振動させる。この振動は中耳の［54］で増幅され，［55］から内耳に伝わ

データ編

り，［56］の振動として［57］の中を伝わっていく。［57］は三重構造をしており，［56］の振動が［58］と鼓室階の間にある［59］を振動させると，その上にある［60］の聴細胞に興奮が生じ，振動が電気的信号に交換される。そして，この信号が聴神経を介して大脳に伝わり，音の高低や音色が知覚される。

7 体温調節

外界の温度が変化しても体温をほぼ一定に保つことができる動物を［61］といい，ヒトでは自律神経系と［62］系によって，体温が一定になるように調節されている。

体温調節の中枢である視床下部が外界の温度の低下を感知すると，［63］が興奮し，体表の血管を収縮させて体温の放熱を抑える。また［64］を収縮させると体毛が逆立ち，体表面の断熱性が高まると同時に，［65］を収縮させて体が震えることで熱を発生させる。外界温度の低い状態が続くと，甲状腺から［66］，副腎皮質から［67］，副腎髄質から［68］がそれぞれ分泌され，肝臓や脂肪組織における代謝が促進されて，熱の発生が促される。また，［63］の興奮や［68］の分泌は，［69］数を増大させて体温を上げる効果を促進する。一般に，［62］系による効果があらわれるのは，自律神経系による効果に比べると遅い。

一方，外界の温度が上昇すると，体表の血管が弛緩して熱が放出されると同時に，［70］が促進され，気化熱によって体温が下がる。

8 排　出

ヒトの腎臓は左右に１つずつあり，内部には［71］と呼ばれる尿生成の単位構造がそれぞれの腎臓に約［72］個ずつある。

［71］は腎小体とこれに続く細尿管とから成り，腎小体はさらに［73］とそれを包み込むボーマンのうから成る。血液が［73］を通過すると，血球や［74］以外の血しょう成分の大部分がボーマンのうへろ過される。ろ過された液は細尿管へ送られ，そこで［75］のすべてや［76］の大部分が毛細血管内に再吸収される。水分は細尿管とそれに続く［77］において毛細血管内に再吸収され，残りの液は尿として排出される。

脳下垂体の後葉から分泌される［78］というホルモンは，［77］からの水分の再吸収を促進する。また，［79］から分泌される［80］というホルモンは，細尿管に作用して［76］の再吸収を促進する。これらの作用によって，腎臓は体液の量と浸透圧の調節も行っている。

9 免　疫

外界には抗原となる極めて多くの異物がある。ヒトの体はこれら多種多様な異物に対する生体防御反応をもつ。このうち，獲得免疫には［81］細胞の産生する抗体が主たる役割を果たす［82］免疫と，Ｔ細胞が主たる役割を果たす［83］免疫がある。抗体は［84］と呼ばれるＹ字状をしたタンパク質分子であり，分子量の大きい［85］鎖と小さい［86］鎖の合計［87］本のポリペプチドで構成されている。また，無数に近い非自己物質にそれぞれ特異的に反応する抗体をつくることができるのは，抗体を産生する

[81] 細胞が分化する過程で，[85] 鎖，[86] 鎖とともに，可変領域の遺伝子群からそれぞれ１つずつ遺伝子断片が選ばれて，[88] が起こるからである。

[83] 免疫では細菌やウイルスなどに感染した細胞を破壊することで，病気を防ぐ。[83] 免疫を利用した予防接種として，BCG やポリオワクチンなどがある。また，臓器移植手術のときに起こる [89] という医療上の問題となる現象とも深く関連している。これは T 細胞が個体ごとに異なる [90] と呼ばれるタンパク質を異物として認識するからである。

データ編

10 バイオーム

同一地域に見られる互いに交配可能な同種の生物集団を [91] といい，さらに同一地域において相互に作用しあう [91] の集合を，[92] という。[92] を構成している植物の集団は [93] という。[93] は多くの種で構成されているが，そのうち空間を占有する割合が最も高かったり，あるいは個体数が最も多い種を [94] という。また，[93] の外観上の様相は [95] という。

森林を例にすると，世界の森林は [95] によって熱帯多雨林，[96]，[97]，[98]，針葉樹林などのバイオームに分けられる。このうち，熱帯よりやや緯度が高く気温が少し低い場所に発達する [96] では，ヘゴなどの木生シダ類が見られる。明瞭な冬が訪れる暖温帯に発達する [97] では，スダジイやタブノキが見られる。冷温帯に発達する [98] では，ブナやミズナラが見られる。[99] に発達する針葉樹林では，エゾマツやオオシラビソが見られる。

バイオームは標高によっても変化する。本州中部を例にとると，標高の低い方から順に，丘陵帯，[100]，亜高山帯，高山帯に分けられ，それぞれの分布帯ではバイオームに違いが認められる。

演習問題(4)　解答

1	有性	2	始原生殖細胞	3	精巣	4	一次精母細胞	5	減数
6	4	7	精子	8	先体	9	ミトコンドリア	10	べん毛
11	動物極	12	中	13	植物極	14	小	15	大
16	桑実	17	陥入	18	原腸	19	原口	20	プルテウス
21	筋繊維	22	筋原繊維	23	ミオシン	24	アクチン	25	サルコメア(筋節)
26	ATP	27	リン酸結合	28	クレアチンリン酸	29	解糖	30	乳酸
31	ヒストン	32	RNAポリメラーゼ(RNA合成酵素)	33	基本転写因子	34	プロモーター	35	調節タンパク質
36	調節遺伝子	37	転写調節領域	38	ヘモグロビン	39	クリスタリン	40	ケラチン
41	系統	42	系統樹	43	種	44	属名	45	種小名
46	二名法	47	褐藻	48	紅藻	49	緑藻	50	ケイ藻
51	耳殻	52	外耳道	53	鼓膜	54	耳小骨	55	卵円窓
56	リンパ(リンパ液)	57	うずまき管	58	うずまき細管	59	基底膜	60	コルチ器
61	恒温動物	62	内分泌	63	交感神経	64	立毛筋	65	骨格筋
66	チロキシン	67	糖質コルチコイド	68	アドレナリン	69	心拍(拍動)	70	発汗
71	ネフロン(腎単位)	72	100万	73	糸球体	74	タンパク質	75	グルコース
76	ナトリウムイオン	77	集合管	78	バソプレシン	79	副腎皮質	80	鉱質コルチコイド
81	B	82	体液性(液性)	83	細胞性	84	免疫グロブリン	85	H
86	L	87	4	88	遺伝子再構成	89	拒絶反応	90	主要組織適合抗原(MHC・HLA)
91	個体群	92	生物群集(群集)	93	植生(植物群落)	94	優占種	95	相観
96	亜熱帯多雨林	97	照葉樹林	98	夏緑樹林	99	亜寒帯	100	山地帯

演習問題 (4)　得点分布と小問別正答率

得点分布

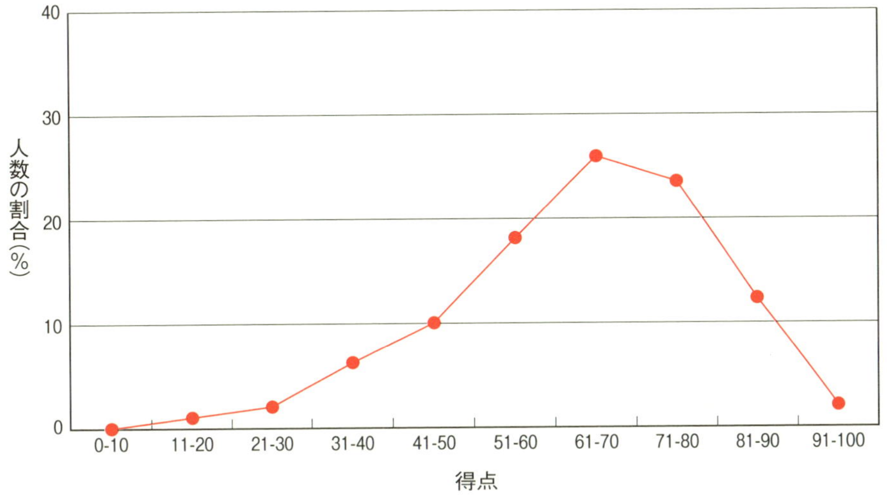

小問別正答率

正答率 60%以下　正答率 40%以下

1	1	2	3	4	5	6	7	8	9	10
	97.6%	72.0%	80.5%	56.1%	96.3%	95.1%	97.6%	37.8%	91.5%	89.0%
2	11	12	13	14	15	16	17	18	19	20
	74.4%	72.0%	69.5%	78.0%	85.4%	90.2%	93.9%	86.6%	92.7%	91.5%
3	21	22	23	24	25	26	27	28	29	30
	50.0%	73.2%	79.3%	78.0%	79.3%	91.5%	73.2%	37.8%	57.3%	61.0%
4	31	32	33	34	35	36	37	38	39	40
	69.5%	37.8%	12.2%	39.0%	19.5%	31.7%	3.7%	81.7%	36.6%	31.7%
5	41	42	43	44	45	46	47	48	49	50
	47.6%	51.2%	54.9%	40.2%	34.1%	54.9%	43.9%	53.7%	54.9%	30.5%
6	51	52	53	54	55	56	57	58	59	60
	86.6%	87.8%	93.9%	86.6%	35.4%	75.6%	78.0%	13.4%	67.1%	53.7%
7	61	62	63	64	65	66	67	68	69	70
	81.7%	31.7%	68.3%	80.5%	32.9%	81.7%	80.5%	78.0%	67.1%	81.7%
8	71	72	73	74	75	76	77	78	79	80
	86.6%	35.4%	79.3%	84.1%	79.3%	32.9%	67.1%	89.0%	72.0%	74.4%
9	81	82	83	84	85	86	87	88	89	90
	53.7%	81.7%	81.7%	73.2%	80.5%	82.9%	76.8%	4.9%	86.6%	4.9%
10	91	92	93	94	95	96	97	98	99	100
	51.2%	31.7%	57.3%	56.1%	32.9%	52.4%	59.8%	56.1%	30.5%	18.3%

生物用語の完全制覇

問 題 編

第1章　細胞・生体物質

1　顕微鏡操作(1)　＊A　　群馬大

まず［a］倍率の［b］を選び，［c］をのぞきながら［d］が明るくなるように［e］を調節する。次に観察する試料が［f］の中央にくるようにプレパラートをセットする。顕微鏡を［g］から見ながら，［h］とプレパラートをできるだけ［i］る。［j］をのぞきながら，［k］とプレパラートを徐々に［l］ていき，試料に焦点の合う位置を探す。［m］を調節し，試料が最もよく見える明るさにする。試料の細部を観察するために［n］倍率にするときには［o］をもって回転させる。

［語群］ (ア) 接眼レンズ　(イ) 対物レンズ　(ウ) 反射鏡　(エ) クリップ　(オ) 調節ねじ
(カ) ステージ　(キ) 絞り　(ク) レボルバー　(ケ) 低　(コ) 高
(サ) 視野の左側　(シ) 視野の右側　(ス) 視野全体　(セ) 上　(ソ) 下　(タ) 横
(チ) 近づけ　(ツ) 遠ざけ

2　顕微鏡操作(2)　＊A　　順天堂大

光学顕微鏡で標本を観察する場合は，まず低倍率の対物レンズを使用して焦点を合わせる。標本をのせたスライドガラスをステージにのせ，［a］，対物レンズと標本の距離をまず［b］ほどに近づけた後，［c］，対物レンズと標本が［d］ようにステージをゆっくり［e］，焦点を合わせる。より微細な部分を観察したいときは，対物レンズ，あるいは接眼レンズの倍率を上げて観察する。レンズの倍率を上げると視野に入る光量が［f］し，視野が［g］なるので，絞りを開閉することで適当に調節する。また，絞りは，開けると焦点の合う前後の距離(焦点深度)が［h］し，逆に絞ると［i］するので，観察の対象が最適に見えるように工夫することも大切である。

注：上の文章は，鏡筒(対物レンズが装着されている部分)は固定されていて，ステージが上下に動く顕微鏡についての説明。

［語群］ (ア) 上げて　(イ) 下げて　(ウ) 横から見ながら
(エ) 接眼レンズをのぞきながら　(オ) 近づく　(カ) 遠ざかる　(キ) 減少
(ク) 増加　(ケ) 明るく　(コ) 暗く　(サ) 1 cm　(シ) 2 mm

3　ミクロメーター　＊A　　鈴鹿医療大

光学顕微鏡では，対物ミクロメーターと接眼ミクロメーターを用いて観察している対象物の大きさを測定することができる。測定したい対象物を観察する前に，まず，対物ミクロメーターを観察して接眼ミクロメーターの1目盛の長さを求めておく。対物ミクロメーターと接眼ミクロメーターの目盛が［1］するところを2か所見つけて，その間の目盛数を数える。接眼ミクロメーターの目盛数をa，対物ミクロメーターの目盛数をb，対物ミクロメーターの1目盛の長さをxとすると，接眼ミクロメーターの1目盛の長さyは，

$$y = \frac{\boxed{2}}{\boxed{4}} \times \boxed{3}$$

で表される。

40倍の対物レンズを使用して対物ミクロメーターを観察したところ，図1のようであった。対物ミクロメーターの1目盛の長さは10 μm（0.01mm）なので，このときの接眼ミクロメーターの1目盛の長さ y は，［5］μm である。このようにして接眼ミクロメーターの1目盛の長さを事前に求めておけば，実際に観察したときに接眼ミクロメーターの目盛を使って対象物の長さを測定することができる。

このようにして接眼ミクロメーターの1目盛の長さを求めたあと，植物の細胞を観察したところ，図2の像が観察された。細胞の長径を接眼ミクロメーターで測ると［6］目盛あったので，この細胞の長径は［7］μm である。また，核の直径は［8］目盛なので［9］μm である。細胞質には矢印ⓐで示すような顆粒がいくつかあり，それらの顆粒の一部は細胞内を一定の方向へ絶えず移動し続けていた。このような細胞質の流れを［10］と呼ぶ。

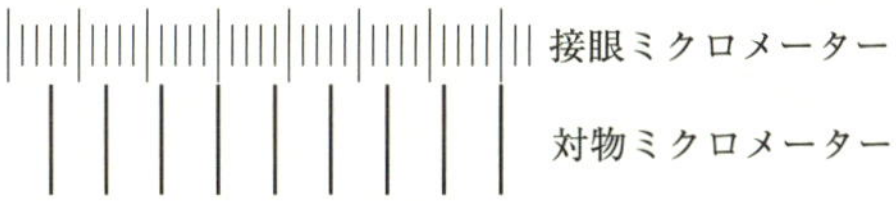

図1　ミクロメーターの観察像

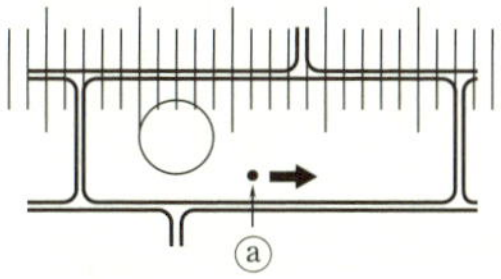

図2　植物細胞の観察

4　細胞観察の手順　＊B　　工学院大

タマネギのりん茎を用いて，以下の手順で体細胞分裂の観察を行った。

(1)　りん茎の底部を水につけて［1］させる。

(2)　根の先端約1cm を切りとり，酢酸と［2］の体積比が1：3の混合液に15分間程度つけ，［3］する。

(3)　この根を60℃に温めた4％［4］中に5分間程度浸して，細胞を［5］しやすくする。

(4)　蒸留水で洗った後，［6］ガラスにのせ，根の先端から3mm 程度を残し，他はすてる。残した根端部分を柄付き針でたたいて［7］をほぐす。

(5)　別の［6］ガラスを残った根端部の上に十文字に重ね，ろ紙をおいてその上から親指で静かに押しつぶす。ついで［6］ガラスを静かにはがす。

(6)　［6］ガラス上の根端部に酢酸オルセイン液を1滴落とし，数分間放置して［8］する。

(7)　［9］ガラスをかけ，ろ紙をおいてその上から親指で押しつぶし，細胞を一層に押し広げる。

(8) 光学顕微鏡を用いて，まず低倍率で［10］形に近い細胞の集団を見つけ出す。つぎに高倍率にして観察する。

5 細胞説 ＊A　中国学園大

イギリスの［a］は，生命の基本単位である“細胞”を初めて発見した(1665年)。しかし，彼が観察したのは働きを失った植物細胞の細胞壁であった。19世紀に入り，顕微鏡が改良されると，［b］が細胞には“核”があることを明らかにした(1831年)。そして，［c］が植物について(1838年)，［d］が動物について(1839年)，「すべての生物は細胞を基本としてできている」という“細胞説”を提唱した。この考えは，［e］が「すべての細胞は細胞から生じる」と唱えたことによって確立した(1858年)。

[語群] (ア) シュワン　(イ) シュライデン　(ウ) フック　(エ) パスツール
(オ) ブラウン　(カ) フィルヒョー　(キ) メンデル　(ク) モーガン

6 細胞の構造(1) ＊A　広島大

すべての生物は，生命の単位である細胞からできている。細胞の構造は，［1］と［2］に大別される。［1］は，細胞の生命活動をいとなんでいる部分で，核と［3］からできている。細胞内の微細構造を観察するためには，電子顕微鏡を用いるが，これは，一般に光学顕微鏡で光源として利用している可視光線のかわりに［4］を利用しているため，高い解像力をもつ。

電子顕微鏡で，生物の6種類の細胞(葉のさく状組織，コウボ菌，シアノバクテリア，ミドリムシ，ネズミの肝臓，スギナの精子)を観察したところ，核膜に包まれた核をもつ［5］と核膜が明瞭でなくDNAが裸で存在している原核細胞が観察された。原核細胞では，［6］，［7］，［8］などの細胞小器官も観察されなかった。いくつかの細胞では，たがいに直角に位置した円筒状の細胞小器官である［6］が，核の付近，［9］や繊毛の基部で観察された。コウボ菌は，発酵も呼吸もできるので，酸素があっても，なくても生育できる。そこで，コウボ菌を酸素のある状態とない状態で培養した後，それぞれの細胞小器官を観察したところ，［7］の形が大きく異なっていた。

電子顕微鏡で観察される2つの細胞小器官の起源については，約15億年前に細胞内に他の生物が共生することによって形成されたという仮説があり，これを［10］という。この仮説によると，緑色植物の祖先は，好気性細菌とシアノバクテリアの共生によって生じたと考えられており，共生したこれらの生物は，その後，好気性細菌は［7］に，シアノバクテリアは［8］に細胞内で進化していったと説明されている。

7 細胞の構造(2) A　宮崎大

細胞は，[1]と[2]に分けられる。[1]の構造は簡単で，膜で囲まれた核をもたない。これに対して，[2]の構造は複雑で，二重の核膜に囲まれた核を有する。核は球体に近い形をしており，ふつうは細胞の中に1個ある。核の内部には，カーミンやオルセインなどの塩基性色素でよく染まる糸状の物質と1～数個の[3]があり，その間は核液によって満たされている。糸状の物質は，細胞分裂のときに太く短くなって[4]となる。[4]は，生物の種類によって数や大きさ，形が決まっていて，その特徴を[5]という。核膜には，核膜孔と呼ばれる小さな孔がたくさんあいており，これによって核と細胞質とが連絡されている。

核をとりまく細胞質は，その表面が細胞膜となっている。細胞膜は，細胞の仕切りとなる薄い膜であり，細胞内外への物質の出入りに重要な役割を果たしている。細胞質内には，呼吸に関係する[6]，分泌作用に関係する[7]，細胞分裂の際に働く[8]などの構造物と，それらの間を埋める[9]がある。

植物細胞では，細胞膜の外側に，主としてセルロースからなる[10]がある。[10]には[11]と呼ばれる小さな孔があり，となりどうしの細胞質はこの孔を通して互いに連絡している。また，細胞質の中には，一般に細胞液で満たされた[12]が発達している。[12]内には，糖，アミノ酸，塩類のほか，[13]と呼ばれる色素や，いろいろな加水分解酵素が含まれている。緑色の葉や茎の細胞の細胞質内には，光合成を行う[14]がある。[14]は二重膜で包まれ，内部には扁平な袋状の[15]と，その間をうめている[16]とがある。[6]と同様，[14]は細胞内で分裂によって増える。

8 遠心分画法(1) A　富山大

細胞をスクロース水溶液中ですりつぶし，それを遠心機で，重力の700～800倍で10分間遠心すると[1]が沈殿し，その上澄みを集めて重力の8000倍で20分間遠心すると[2]が沈殿する。さらにその上澄みを重力の100000倍で1時間遠心すると[3]や[4]が沈殿物として得られる。[1]は多数の穴の開いた二重膜で包まれており，遺伝子の実体である[5]とタンパク質からなる染色質を含んでいる。[2]は細胞呼吸の場であり，エネルギー通貨と呼ばれる[6]を多量に合成する。また，[2]は[5]やタンパク質合成の場となる[4]をもち，増殖する。[3]には[4]が付着したものと，付着しないものとがある。[4]は，[7]とタンパク質よりなる。[2]と同じく[5]をもつ[8]は，緑色植物の細胞にしか存在しない。[8]は，水と[9]から，光エネルギーを用いて[10]を行い，炭水化物をつくり出す。

9 遠心分画法(2)　A　高知大

細胞は生物体を形づくっている最小単位である。電子顕微鏡で観察すると，細胞はさらに微細な細胞小器官などから構成されていることがわかる。細胞を機械的にすりつぶした後，細胞分画法によって細胞内に含まれている様々な細胞小器官をいくつかの画分に分けることができる。さらに細胞小器官を分離した後で，それぞれの働きや成分を調べることができる。

ホウレンソウの葉の細胞から細胞小器官を分離する実験をした。まず，葉の組織片に適当な液を加え，ホモジナイザーという器具を使って氷で冷やしながら細胞をすりつぶした。細胞をすりつぶした液を目の細かい布でろ過し，ろ液を遠心管に移した。遠心管を遠心機に装着して１回目の遠心を行った。遠心後，細胞をすりつぶした液は沈殿と上澄みに分かれた。次に，この上澄みを別の遠心管に移して２回目の遠心をしたが，このとき１回目よりも回転数を上げて遠心力を大きくした。２回目の遠心によって分離した上澄みを別の遠心管に移し，さらに大きな遠心力で遠心した。このように順次遠心力を大きくして上澄みを遠心分離し，最終的に５つの画分を得た。すなわち，１回目の遠心で分離した沈殿Ａ，２回目で分離した沈殿Ｂ，３回目で分離した沈殿Ｃ，４回目で分離した沈殿Ｄおよびその上澄みＥの各画分である。

画分Ａ～Ｅに何が含まれているかを調べるため，それぞれを切片にして電子顕微鏡で観察した。画分Ａ～Ｄにはそれぞれ図１～４(スケッチ)で示される構造が多数観察されたが，画分Ｅでは構造物は観察されなかった。

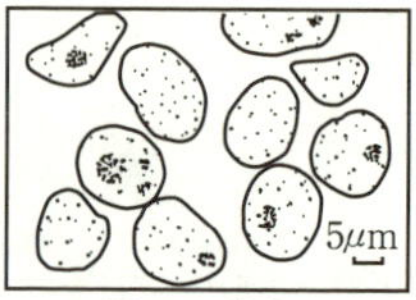

図１　画分Ａ

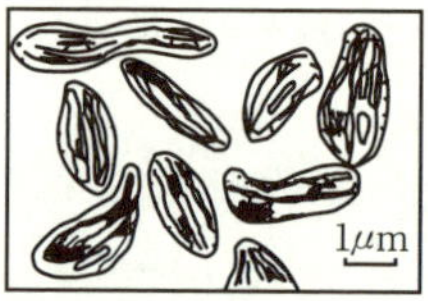

図２　画分Ｂ

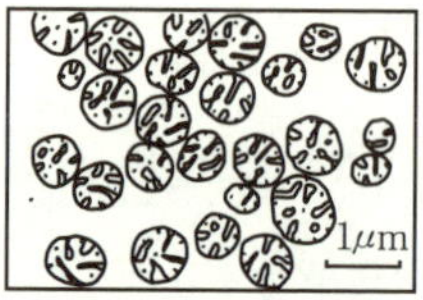

図３　画分Ｃ

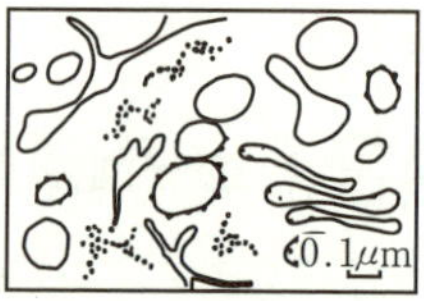

図４　画分Ｄ

画分Ａに存在する構造物は，内部にカーミンや[1]などの色素に染まりやすい[2]と１個ないし数個の[3]をもつ。周囲は[4]重の膜でおおわれているが，多数の小さな孔がある。遺伝情報を転写した[5]はその孔を通って[6]に移動して，画分[7]の一部に含まれる[8]と結合する。画分Ａの構造物をもたない生物を[9]という。

ピルビン酸は画分[10]に存在する構造物に入り，酵素の働きで[11]をへて段階的な変化を受け，水素と[12]に完全に分解される。この反応は画分[10]の構造物の[13]で起こり，ひと回りしてもとにもどる反応なので，[11]回路と呼ばれている。[11]回路と画分[14]に存在する経路である[15]から放出された水素は，画分[10]の構造物の[16]膜に運ばれ，そこで最終的に[17]と結び付いて[18]を生じる。

画分 [19] の構造物は [20] である。[20] は [4] 重の膜で包まれ，その内部には [21] と呼ばれる平たい袋状の構造が並んでいる。[21] の膜には，[22] などの種々の色素が含まれる。それらの色素を有機溶媒で抽出して，ペーパークロマトグラフィーによって分離，展開することができる。[20] のなかでは，連続した4つの反応が起こる。最初の反応は [23] であり，温度の影響をほとんど受けない。次に，[23] で活性化された [22] の働きによって，[18] が水素と [17] に分解し，それとともに [24] が合成される。最後に，[18] の分解によって生じた水素と [24] を用いて [12] から有機物を合成する。最後の反応過程は [25] と呼ばれ，[20] の [26] で起こる。

第1章

10 細胞を構成するタンパク質　B　京都府医大

細胞質には [1] と呼ばれるタンパク質でできた細い繊維が網目状に張り巡らされている。これには，微小管，中間径フィラメント，[2] フィラメントなどの種類があり，細胞の形の維持や細胞運動に働いている。微小管は，[3] モノマーが重合してできた管状の繊維で，[2] フィラメントは，[2] モノマーが重合してできた細い繊維である。微小管と [2] フィラメントの両方が関与した細胞運動として体細胞分裂がある。中間径フィラメントには，ケラチン，ビメンチンなどの種類があり，細胞に強度を与えている。

微小管に沿った物質の輸送では [4] タンパク質（運動にかかわるタンパク質）が働いている。細胞小器官や巨大分子に結合した [5] やダイニンという [4] タンパク質が微小管の上を動くことによって，細胞小器官や巨大分子は微小管に沿って動き，細胞内での物質の移動や細胞小器官の配置に役立っている。

筋収縮は代表的な [4] タンパク質である [6] と [2] フィラメントが働き合うことで起こる。筋収縮のためのエネルギーとしてATPが消費される。実験的に [7] 処理した筋肉では，ATPを加えるだけで筋収縮が起こる。しかし，生体の筋肉ではATPは細胞内にあってもそれだけでは収縮は起こらない。収縮を始めるには Ca^{2+} が必要である。神経細胞からの刺激が筋肉に到達すると，筋細胞の表面膜が興奮する。表面膜は筋細胞内部に入り込んでいて，興奮は細胞内部に伝わる。入り込んだ表面膜の両側には筋小胞体が並んでいる。筋小胞体から筋小胞体の膜上にあるカルシウム [8] を経て Ca^{2+} が放出され，Ca^{2+} 濃度が上がることによって筋収縮が起こる。筋小胞体の膜にあるカルシウム [9] による能動輸送によって Ca^{2+} は筋小胞体に取り込まれ，細胞内の Ca^{2+} 濃度が低下すると筋肉は弛緩する。

11 細胞への水の出入り(1) A 金沢大

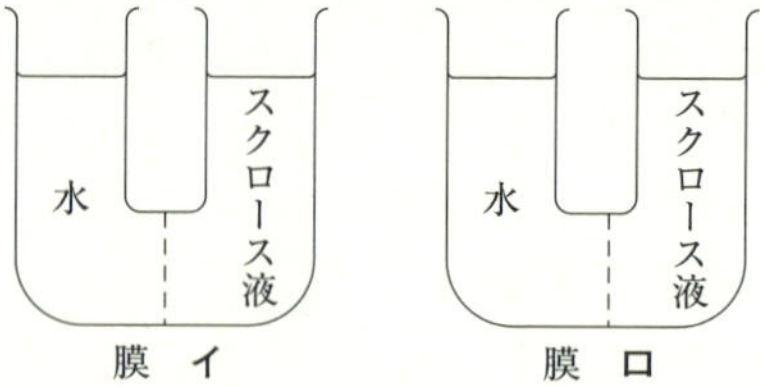

図のように，水とスクロース水溶液を入れた２つの容器を用意し，それぞれを性質が異なった２つの膜(**イ**，**ロ**)を介して連結させた。**イ**の膜で隔てられた容器どうしでは水分子やスクロース分子は，膜を通って２つの容器を自由に移動し，やがて両溶液は均一になった。このような性質をもった膜を［ 1 ］といい，物質が拡がってその濃度が均一になる現象を［ 2 ］という。**ロ**の膜を取り付けられた容器どうしでは，水分子は通るがスクロース分子は通らなかった。このような性質をもった膜を［ 3 ］という。この膜で２つの容器をつなぐと，水のみが入っている容器の水位は［ 4 ］が，スクロースが溶けている容器の水位は［ 5 ］，あるところで落ち着く。このように［ 3 ］を通して溶液中のある成分が移動することを［ 6 ］という。またこのときスクロースが入っている溶液は［ 7 ］をもつといい，その大きさは，水の［ 6 ］を妨げるために溶液側に加えた圧力によって表される。その圧力を［ 7 ］よりも大きくすると［ 7 ］の高い溶液から［ 8 ］だけを取り出すことができる。細胞の内部と外部を隔てている［ 9 ］は，この［ 3 ］の性質をもっている。ただし，細胞は，必要な物質を［ 10 ］を使って濃度の低い方から高い方へ移動させることがある。これを能動輸送という。

12 細胞への水の出入り(2) A 武庫川女大

細胞は，厚さ約［ a ］nmの薄い膜で包まれて外部としきられている。また，細胞は，水を溶媒としていろいろな物質を溶かしているので，その濃度に応じた［ b ］をもっている。したがって，［ c ］液に浸すと細胞内に水が移動し，［ d ］液に浸すと細胞外に水の移動が生じる。しかし，［ e ］液に浸したときは，見かけの水の移動は認められない。

ヒトの赤血球の形は，［ f ］%の食塩水の中では変わらないが，［ g ］の食塩水の中では脱水して縮み，［ h ］%の食塩水の中では細胞膜が破れて［ i ］。一方，植物細胞を［ g ］な液に浸すと，細胞内の水は［ j ］の性質をもつ細胞膜の外へ出て，原形質の体積が［ k ］なり，［ l ］の丈夫な細胞壁から離れ，［ m ］が生じる。その後，植物細胞を蒸留水に入れると，細胞はやがて［ n ］するが，さらに時間がたつと細胞の内部から［ o ］が細胞壁に加わるようになる。この［ o ］を受けて形を変えた細胞は，内部への水の［ p ］を妨げる力を生じるために，細胞膜は破れない。また，［ o ］と［ p ］する力が等しくなると吸水は止まる。

一般に，物質は濃度の［ q ］方から［ r ］方へと拡散する。しかし，ヒトの赤血球などの細胞では，細胞内の［ s ］イオン濃度が［ t ］中に比べて著しく高く，一方，［ t ］中では細胞内に比べて［ u ］イオン濃度が高い。これらの２つのイオンに対して細胞膜は，濃度の［ r ］方から［ q ］方に移動させる能力をもっている。このような物質の移動を［ v ］と呼ぶ。

［［ a ］～［ e ］の語群］
(ア) 1　(イ) 10　(ウ) 50　(エ) 100　(オ) 膨圧　(カ) 高張　(キ) 等張
(ク) 浸透圧　(ケ) 低張　(コ) 水

［［ f ］～［ i ］の語群］
(ア) 0.2　(イ) 0.65　(ウ) 0.9　(エ) 血液が凝固する　(オ) 血ぺいになる
(カ) 高張　(キ) 出血する　(ク) 低張　(ケ) 等張　(コ) 溶血する

［［ j ］～［ p ］の語群］
(ア) 大きく　(イ) 拡散　(ウ) 原形質復帰　(エ) 原形質分離　(オ) 浸透
(カ) 浸透圧　(キ) 全透性　(ク) 小さく　(ケ) 半透性　(コ) 膨圧

［［ q ］～［ v ］の語群］
(ア) カリウム　(イ) 血しょう　(ウ) 細胞　(エ) 受動輸送　(オ) 高い
(カ) ナトリウム　(キ) 能動輸送　(ク) 低い

13 細胞膜の構造　B　近畿大

細胞はその外周を細胞膜に囲まれ，内部には細胞膜と同じような構造に囲まれた複数の［ 1 ］をもつ。細胞膜の主要な構成成分は［ 2 ］と［ 3 ］である。［ 2 ］には，水になじみ易い［ 4 ］の部分と，水になじまない［ 5 ］の部分とがあり，［ 5 ］の部分が互いに内側に向かい合い，［ 4 ］の部分を外側に向けた［ 6 ］を形成している。［ 3 ］は，このようにして［ 2 ］が形成する［ 6 ］に組込まれ，あるいは［ 6 ］を貫通して存在しているが，これら［ 3 ］は［ 6 ］の面に沿ってある程度自由に移動できることがわかっている。このような細胞膜の構造概念を［ 7 ］モデルと呼ぶ。次ページの図は，［ 7 ］モデルに基づく細胞膜の構造を模式的に示したものである。

細胞膜には［ 8 ］と呼ばれる性質があり，酸素分子や尿素などは簡単に通り抜けるが，大きな分子やイオンなどはほとんど通さない。一方，細胞膜に含まれる［ 3 ］には，［ 6 ］を貫通して存在するものや，［ 6 ］の表裏を移動できるものがあり，それらには細胞外からの情報伝達に関わる［ 9 ］や，特定の分子やイオンの出入りに関わる［ 10 ］などが含まれる。膜を貫く［ 3 ］によって形成され，開放状態と閉鎖状態を切り換えることでイオンなどの出入りを調節する機能をもった通路構造を［ 11 ］と呼ぶ。

細胞膜を構成する分子のうち，細胞の外側に面するものの一部には，グルコースやガラクトース，あるいはマンノースと呼ばれる糖が一定の順序で並んだ多糖類が結合したものがある。図のGは，それらを模式的に表したものである。ヒトのABO式血液型を決定する物質は，このような細胞表面の多糖類の1種である。すべてのヒトの細胞にはH型と呼ばれる多糖類が存在するが，血液型がA型の人ではH型多糖の末端に*N*-アセチルガラクトサミンと呼ばれる糖が結合しており，B型の人では同じ位置にガラクトースが結合している。これは，A型の人はH型多糖の末端に*N*-アセチルガラクトサミンを結合させる機能を担う [12] をもち，B型の人は同じH型多糖にガラクトースを結合させる [12] をもつことを意味する。B型の人の細胞内にも*N*-アセチルガラクトサミンは存在するが，H型多糖にガラクトースを結合させる [12] が，ガラクトースの代わりに*N*-アセチルガラクトサミンを結合させることはない。これを，[12] の [13] という。

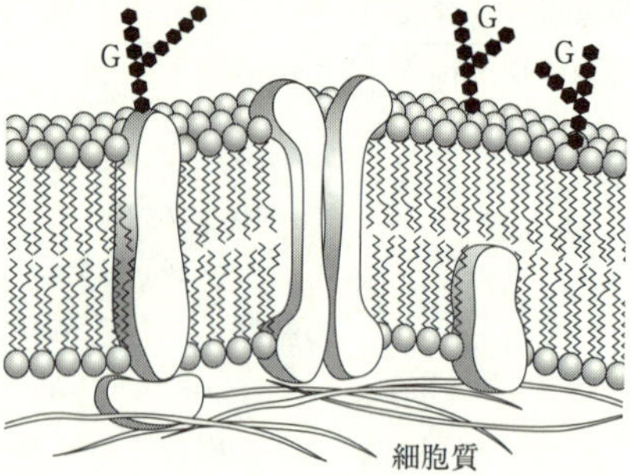

14 共役輸送 B　京都大

体内における小腸管腔(くう)内から血液への糖と Na^+ の輸送(吸収)は，管腔内面に一層に並んだ小腸上皮細胞の働きによって行われる。このとき，糖と Na^+ は，図で模式的に示したように，管腔側と血液側の計2枚の細胞膜を横切ることになる。血液側細胞膜は [a] を備えており，Na^+ はこの膜で濃度勾配に逆らって輸送(吸収)される。この [a] の働きによって，細胞内 Na^+ 濃度は細胞外に比べて [b] 保たれている。それゆえ Na^+ 吸収は，[c] 細胞膜では濃度勾配に従った [d] によって行われる。この膜には，グルコースと Na^+ の両者を同時にのみ輸送するしくみがある。それゆえ，この膜での糖吸収は，[e] を利用して [f] に逆らって，行われることになる。その結果，細胞内の糖濃度はかなり [g] なり，[h] 細胞膜での糖吸収は，濃度勾配に従った [i] によって行われる。

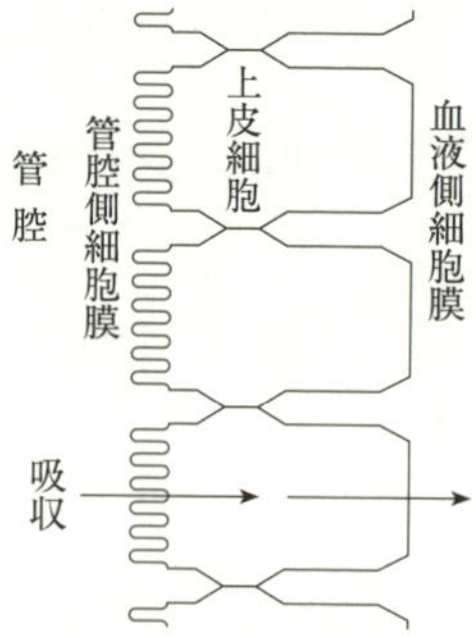

[語群] (ア) 管腔側　(イ) 血液側　(ウ) 両側　(エ) 糖濃度勾配　(オ) Na^+ 濃度勾配
(カ) 浸透圧勾配　(キ) 等しく　(ク) 高く　(ケ) 低く　(コ) カルシウムポンプ
(サ) ナトリウムポンプ　(シ) 飲作用　(ス) 交換輸送　(セ) 受動輸送
(ソ) 能動輸送

15 生体構成元素 B　甲南大

生体物質を構成している元素として，量的に多い4つの元素は [1]，[2]，[3]，および窒素である。生体物質の中で最も多量にあるものは [4] であり，その

70～80%を占めている。生体物質の主な有機物質には，タンパク質，[5]，[6]，および[7]がある。タンパク質は，[8]種の[9]が[10]といわれる結合様式で鎖状に結合した物質である。タンパク質は，筋肉などの生体の構造を形作るとともに，触媒として働く[11]ともなる物質である。[5]は[12]を構成単位とする物質であり，DNAおよびRNAの2種類がある。RNAはDNAのもつ遺伝情報に基づいてタンパク質合成のなかだちとして働く。[6]には，グルコースなどの単糖類，[13]などの二糖類，さらに単糖が多数結合したデンプンなどの[14]がある。[6]は生物が生きて行くために必要なエネルギー供給源として重要な物質である。[7]は，石油，エーテルなどに溶けるが，水には溶けない物質で，脂肪，[15]など種々の物質の総称である。脂肪は，[16]と[17]とが結合した物質であり，貯蔵エネルギー源としての役割をもっている。[15]は，細胞の内外の境界となる細胞膜，核の境界となる核膜などの[18]の成分である。生体物質としては無機物質も重要である。カルシウムは骨の主成分であり，[19]はヘモグロビンに，また[20]はクロロフィルに不可欠である。

16　単細胞から多細胞へ　＊A　　日本医大

[1]類のパンドリナは2本のべん毛をもつ単細胞生物であるが，ふつうは16個の細胞が集まって，[2]をつくって生活している。同じ[2]をつくって生活するボルボックス（オオヒゲマワリ）はさらに多くの細胞が集まり，光合成を行う細胞，生殖細胞をつくる細胞というようにそれぞれの細胞が役割分担している。多細胞生物はこのような[2]を経て単細胞生物から進化したものとされている。

多細胞動物の多くは，1個の受精卵からの発生過程で性質の異なる細胞が分化し，やがて1つの組織を形成する。脊椎動物の組織には上皮組織，[3]組織，筋（肉）組織および[4]組織の4種類があり，これらが組み合わさって器官を形成している。

1つの機能単位である組織がどのように成りたっているのか。植物の場合には，組織を構成する細胞は互いに[5]によって結びつけられている。これに対して，[5]をもたない動物は，組織によってさまざまな成りたちをしている。例えば，[3]組織のように細胞が自ら分泌した[6]に埋め込まれたものや，上皮組織のように細胞どうしが互いに接着（結合）して成りたっているものもある。

17　植物の組織（1）　＊A　　横浜市大

維管束植物の組織は分裂組織と[1]組織からなり，[2]や形成層は前者であり，後者は表皮系，維管束系，[3]系に分けられる。表皮は[4]細胞以外は葉緑体をもたず，空気に接する面は[5]でおおわれ，水分の蒸散を少なくしている。維管束は水や養分の通路にあたる部分で，木部・師部などからなり，その中に分裂組織の形成層が存在するが，単子葉類や[6]植物の維管束には形成層がない。木部には道管や仮道管があ

第1章

り，細胞壁は厚く，[7]が沈着している。師部の師管の中には多くの孔のあいた[8]がみられ，師管にそって伴細胞がある。表皮系と維管束系を除いたほかのすべての組織が[3]系であり，細胞壁の薄い柔細胞が集まっている。葉の[3]系には柔組織であるさく状組織や海綿状組織などがあり，そこでは光合成が行われている。茎や根には[9]や[10]などの柔組織があり，それらは養分の貯蔵所になっている。

18 植物の組織(2) ＊B　鳥取大

双子葉植物の体は[1]と茎と[2]の3つの器官からできている。これらの器官は[3]と呼ばれる管状の通道組織で結ばれており，この組織の[4]中を水や養分が流れ，[5]中を光合成産物が移動する。また，この組織は植物の体も支えている。

双子葉植物を草(草本植物)と木(木本植物)に大きく分けたとき，草の茎は芽生えのあと少し太るものの，木のように毎年太くなること(連年肥大成長)はない。木の太る理由について，マメ科の草本植物ソラマメの茎と木本植物ニセアカシアの枝の横断面を顕微鏡で観察し，比較した結果から考えてみることにした。

ソラマメの茎の横断面の一部を模式的に示したのが図1(図中の番号は説明文中の番号と同じである。また，(一次)は一次組織であることを意味する)である。茎の髄の部分はすでに中空になっており，この中空部(髄腔)を取り囲むように大小の[3]が環状に配列し，しかもこれらは[6]によって連結されていた。[3]の1つを拡大すると，[4]には直径の大きな[7]とそのまわりに厚壁の[4]繊維があり，[5]には[8]とそれに付随する[9]や厚壁の[5]繊維，デンプン粒や緑色の粒などが観察された。ところで，ソラマメの茎には[6]が存在していたが，その分裂機能は停止したままであり，[3]が大きくなることはなかった。そのためにソラマメの茎はある大きさ以上に太ることができなかったのであろう。

次に，ニセアカシアの今年つくられた枝(当年枝)の横断面の一部を模式的に示したのが図2(図中の番号は説明文中の番号と同じである。また，(二次)は二次組織であることを意味する)である。ソラマメの茎の形態とはかなり異なっていた。髄には[10]が詰まっており，髄を取り巻くようにリング状に接合した[3]中の円筒状の[6]は接合直後から活発な分裂活動を開始し，それによって新しく生まれた細胞が[6]の内側に[4]組織として堆積するとともに，その外側には[5]組織を形づくっていた。このようにして形成された部分が二次組織，すなわち二次[4]と二次[5]である。木の幹の大半は二次[4]によって占められており，これがいわゆる「木材」である。このように木本植物の二次組織は著しく発達しているのが特徴である。ニセアカシアの二次[4]には，水分の通道に適した直径の大きな[7]や幹を支える厚壁の[4]繊維が観察された。さらに，2年目の枝の横断面では，前年につくられた二次[4]の外側に今年つくられた部分が同心円状に堆積した結果，[11]が観察された。

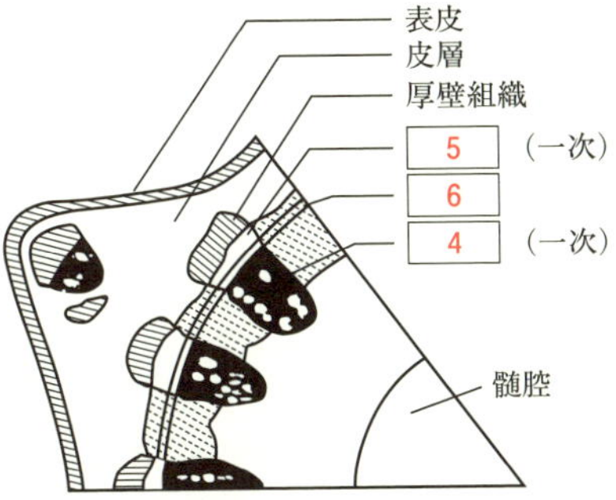

図1　ソラマメ

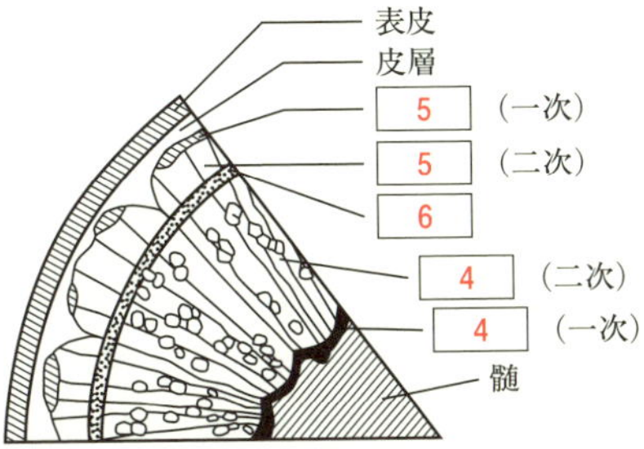

図2　ニセアカシア

19 動物の組織　＊B　　近畿大

動物の組織は4つに分けられる。[1]組織は，体の外表面や消化管の内表面などをおおうもので，物質の分泌を行う[2]細胞が集まったものもこれに属する。小腸の内表面をおおうものは，発生的には[3]胚葉性であるが，腹腔側の表面をおおうものは[4]胚葉性である。第2の組織は，組織間を連結したり，体を支持するもので，[5]組織と呼ばれる。これは[6]物質が多く存在していることが特徴である。最も普通にみられるものは[7]性[5]組織で，[6]物質として[8]細胞が分泌した[9]などを含んでいる。また，哺乳類などの[10]組織は非常に固く，[11]を主体とする無機物質と[9]からなる基質中に[10]細胞が同心円状に配列し，その中央に[12]管という孔があり，血管などを入れている。さらに，[6]物質が液体である[13]も特殊な[5]組織であり，その細胞成分は[14]と呼ばれ，成人では[15]でつくられる。第3の筋組織は，収縮する特性を有している。第4の組織は[16]組織で，[17]を伝える性質が特に発達した[18]胚葉性の[16]細胞と，それを支持して栄養を与える[19]細胞からなる。なお，これらの組織のいくつかから構成され，体のある部分に独立的に存在し，特定の機能を営むものを[20]という。

20 器官系　A　　奈良県医大

成人のヒトは約[a]塩基対のDNAをもつ約[b]個の細胞からなるが，たった1個の受精卵から出発している。細胞は細胞分裂によって増殖し，同じDNAの塩基配列をもつ細胞が，形や機能の異なる細胞に[1]している。これらの多数の細胞が組織をつくり，複数の組織が器官をつくり，いくつかの器官が協同で働く器官系を構成している。ヒトの体内には肺や気管などの[2]器官系，心臓や血管などの[3]器官系，腎臓やぼうこうなどの[4]器官系，副腎や脳下垂体などの[5]器官系，筋肉や骨などの[6]器官系，胃や小腸などの消化器官系といった多くの器官系がある。小腸は[7]

運動や［ 8 ］運動，消化液の分泌を，眠っているときでも［ 9 ］系によって調節している。

[語群] (ア) 60兆　(イ) 6兆　(ウ) 6000億　(エ) 600億　(オ) 60億　(カ) 6億

21 タンパク質の構造(1)　B　　近畿大

タンパク質を構成するアミノ酸は，炭素原子に，アミノ基，［ a ］基，水素，側鎖が結合してできている。最も単純な構造をしたアミノ酸は，側鎖として［ b ］が結合したグリシンである。また，ヒトの体内で合成できないアミノ酸のうち，イソロイシン，ロイシン，［ c ］は分岐鎖アミノ酸(BCAA)と呼ばれ，最近ではスポーツ飲料などに添加されている。

ペプチド結合は，1つのアミノ酸のアミノ基ともう1つのアミノ酸の［ a ］基が結合して，［ d ］1分子が除かれることによってできる。このようにしてできたポリペプチドにおいて，硫黄を含むアミノ酸である［ e ］は硫黄どうしで結合をつくる場合があり，この結合は水素を介する結合(水素結合)［ f ］。ポリペプチドが水素結合などにより，らせん構造やジグザグ構造をとる場合があり，このような部分的な構造を，［ g ］次構造と呼んでいる。タンパク質がアミノ酸に分解されると，［ h ］反応によって検出することができる。タンパク質の異常は，病気と関係することが知られている。例えば，鎌状赤血球貧血症では［ i ］に，牛海綿状脳症では［ j ］に異常があると考えられている。

[［ a ］～［ e ］の語群]

(ア) アルギニン　(イ) バリン　(ウ) アスパラギン　(エ) システイン　(オ) 水素
(カ) 酸素　(キ) リン　(ク) 炭素　(ケ) 窒素　(コ) カルボキシ　(サ) 水酸
(シ) アセチル　(ス) 亜硝酸塩　(セ) メタン　(ソ) アンモニア　(タ) 水

[［ f ］の語群]

(ア) より強い　(イ) と同等な強さである　(ウ) より弱い

[［ g ］～［ j ］の語群]

(ア) 一　(イ) 二　(ウ) 三　(エ) 四　(オ) ヘモグロビン　(カ) アルブミン
(キ) フィブリノーゲン　(ク) プリオン　(ケ) アセチル CoA　(コ) インスリン
(サ) ヒストン　(シ) ツベルクリン　(ス) ニンヒドリン　(セ) ヒル
(ソ) カルノア

22 タンパク質の構造(2)　B　　近畿大

生物の体には多様なタンパク質が存在し，それらの働きが生命活動を支えている。タンパク質は，多数のアミノ酸がつながった［ 1 ］からなる。タンパク質を構成するアミノ酸は［ 2 ］種類であり，それぞれ［ 3 ］の部分が異なる。一般に，［ 1 ］は折りたたまれて特定の立体構造をとる。このとき，［ 4 ］と呼ばれる一群のタンパク質が折りたたみを助けることがある。正しく折りたたまれたタンパク質に熱を加えると，その立体構造が壊れることがあり，これをタンパク質の［ 5 ］と呼ぶ。タンパク質の中には，アロステリック酵素のように立体構造の変化によりその働きが調節されるものもある。さらに，［ 6 ］と呼ばれる一群のタンパク質は，部分的に立体構造が異なるものが多種類つくられるので，体内に侵入した様々な異物を認識することができる。なお，細胞間接着に関わるタンパク質である［ 7 ］は，その立体構造を維持するために［ 8 ］イオンを必要とし，同じ型の［ 7 ］をもつ細胞が互いに接着して集合する。

第2章 代 謝

23 酵素(1) A 神戸大

生物の体内では様々な化学反応が起こっている。これらの反応は主に酵素と呼ばれる生体物質によって引き起こされる。酵素が作用する相手の物質は［ 1 ］と呼ばれる。それぞれの酵素は特定の［ 1 ］に作用し，反応の結果［ 2 ］と呼ばれる物質をつくる。通常酵素は［ 1 ］となるもの以外には作用せず，化学変化を起こさない。この性質を酵素の［ 3 ］という。

スクロース分解酵素は，スクロースをグルコースとフルクトースに分解する酵素である。種々のスクロース濃度溶液に対して一定量のスクロース分解酵素を添加すると反応が起こる。一定時間内に生じるグルコースやフルクトースの量がこの酵素の反応速度を示す。スクロースの濃度が高くなるにつれて反応速度は［ 4 ］するが，スクロース濃度がある一定以上になると，反応速度は［ 5 ］に近くなる。このときの反応速度を，一定の酵素濃度での［ 6 ］といい，酵素分子に対して［ 1 ］の分子が［ 7 ］に存在している状態を示す。また，酵素の反応は，［ 8 ］と呼ばれる比較的分子量の小さい物質を反応液に添加しないと起こらない場合がある。一方，［ 1 ］と化学構造がよく似た［ 9 ］と呼ばれる物質を反応液に添加すると反応速度が低下する場合がある。

哺乳類由来の酵素の反応速度は普通の化学反応と同様に温度とともに高まるが，40℃あたりの［ 10 ］以上では逆に低下し，60～70℃になると，多くのものは活性を失ってしまう。これは，酵素がタンパク質であることに由来する性質によるためである。温度以外に反応液中の［ 11 ］も酵素の反応に影響を及ぼす。例えば，胃液中に含まれる［ 12 ］は強い酸性条件で高い活性を示す。また，だ液中にあり，デンプン分解を行う［ 13 ］は中性付近で高い活性を示す。このように，最も高い活性を呈する［ 11 ］は［ 14 ］といわれる。胃液は強い酸性，だ液はほぼ中性であるため，このような酵素の特性は，それぞれが働く環境に適応したものであると考えられる。

24 酵素(2) A 名古屋市大

酵素は生体のつくる［ 1 ］であり主としてタンパク質でできている。酵素は反応の活性化エネルギーを［ 2 ］させ反応を進みやすくしている。タンパク質はアミノ酸がある特定の順序で［ 3 ］によってつながった高分子であり，特定の立体構造をとる。酵素の活性にはこの立体構造が必要である。酵素の作用をうける［ 4 ］と酵素とは［ 5 ］で結合する。一般的に基質と酵素とは構造上［ 6 ］な関係になっている。したがって，1つの酵素の作用を受ける物質も限られ，これを酵素の［ 7 ］という。構造の基質と類似したものが阻害作用を示す場合［ 8 ］阻害であることが多い。

酵素反応は速いことがその特徴の1つである。例えば，カタラーゼ分子1個が20℃で毎秒過酸化水素分子50万個を分解する。もう1つの特徴はその活性を発揮するpHが限られた範囲にあることである。消化酵素のペプシンは［ 9 ］でしか働かない。他方トリプシンが働くのは［10］である。

酵素の中には金属イオンを［5］に組み込んでいるものがある。補酵素と呼ばれる比較的小さい分子を必要とするものもある。補酵素には［11］の仲間が多い。補酵素は反応に直接関わる。例えば，乳酸脱水素酵素が乳酸を［12］してピルビン酸にする際，補酵素は［13］される。

酵素をその触媒する反応で分類することがある。アミラーゼのような［14］酵素とカタラーゼのような［15］酵素などに分けられる。

25 生命活動 ＊A　　お茶の水女大

生物は，体外から取り入れた物質をさまざまな形につくりかえることによって生きていくことができる。生体内での物質の化学的変化を［1］という。［1］は，2つの過程に分けて考えると理解しやすい。1つは，取り入れた物質を生物にとって有用な物質につくりかえる過程で［2］と呼ばれ，この過程には［3］が必要とされる。もう1つは，簡単な物質に分解する過程であり，［4］と呼ばれ，ここでは，［3］が放出される。

［2］の代表例としては，高等植物でみられる［5］がある。この場合には，葉の［6］から取り入れた［7］と根から取り込んだ［8］を用いて有機物がつくられる。［4］の代表例は，ほとんどすべての生物にみられる呼吸である。この過程で使われる材料としては，糖質が用いられることが多いが，［9］や［10］も用いられる。

26 呼吸の経路(1)　A　　弘前大

微生物が酸素を用いずにグルコースなどの炭水化物を分解する現象を発酵という。酵母によってグルコースからエタノールと二酸化炭素を生じる［1］や，乳酸菌がグルコースを乳酸に分解する［2］が代表的な例である。［1］や［2］において共通の中間生成物である2分子の［3］が生じる。この過程は［4］と呼ばれる。［4］でグルコース1分子につき［5］分子のATPが生産されるが，2分子のATPがグルコースの活性化に消費されるので，差し引き［6］分子のATPが生産されることになる。

一方，呼吸によってグルコースが完全に分解される過程は，多くの種類の酵素が関与したきわめて複雑な反応であり，三段階に分けられる。

第一段階は［4］である。第二段階は［7］である。［4］で生じた［3］は，［8］内に取り込まれる。［3］はC_2化合物になり，C_4化合物と結合して［9］となる。［7］では水が加わり，酵素の働きによって脱水素反応や脱炭酸反応が起こって再びC_4化合物が生じる。これらの反応過程で［3］は完全に分解され二酸化炭素と多量の［10］を生じる。また，グルコース1分子につき［11］分子のATPが生成される。第三段階は［12］である。［4］と［7］で生じた［10］は受容体によって［8］の［13］に運ばれ，［14］と［15］になる。［15］は［13］にあるシトクロムなどの間

第2章

を伝達され，エネルギーが放出される。最後に［ 15 ］を受け取った酸素が［ 14 ］と結合して水を生じる。このとき働く酵素は［ 16 ］である。［ 12 ］では，［ 17 ］の働きによってグルコース１分子あたり［ 18 ］分子の ATP が生産される。したがって，呼吸ではグルコース１分子あたり［ 6 ］＋［ 11 ］＋［ 18 ］＝［ 19 ］分子の ATP が生産されることになる。

27 呼吸の経路（2） B　金沢大

次ページの図に示すように，グルコースは大きく３つの過程によって，CO_2 と水に酸化分解され，そのとき生活活動に必要な ATP を生成している。その第１過程は，グルコース１モルが［ 1 ］モルのピルビン酸になるまでの反応過程で，［ 2 ］の有無とは関係なく，細胞の［ 3 ］内で進行し，［ 4 ］モルの ATP を生成する。この過程で生成された［ 5 ］モルの XH_2 は第３過程に送られる。

第１過程で生成されたピルビン酸は，［ 6 ］内に存在する酵素群によって酸化的に脱炭酸されて分解される。１モルのピルビン酸が酸化的脱炭酸され，［ 7 ］と XH_2 になる。この［ 7 ］が第２過程でオキサロ酢酸と結合して［ 8 ］となり，さらに酸化的脱炭酸を受け，オキサロ酢酸を再生成する。また，第２過程が進行する中で２モルの CO_2，３モルの XH_2，１モルの ZH_2，１モルの ATP を生成する。

第１，第２過程を通じて生成された XH_2，ZH_2 は，第３過程によって酸化されＸになる。第３過程も［ 6 ］内に存在し，［ 9 ］などの酸化還元物質を含んでいる。XH_2 や ZH_2 の水素の［ 10 ］がこれらの酸化還元物質を介して受け渡しされ，最後に［ 2 ］に渡され，これが水素イオンと結合して水を生成する。このとき，１モルの XH_2 あたり３モルの ATP，１モルの ZH_2 あたり２モルの ATP を生成する。したがって，第３過程でグルコース１モルあたり［ 11 ］モルの ATP が合成される。この量はグルコース１モルを全過程を通じて生成される全 ATP 量の約［ 12 ］％に相当する。

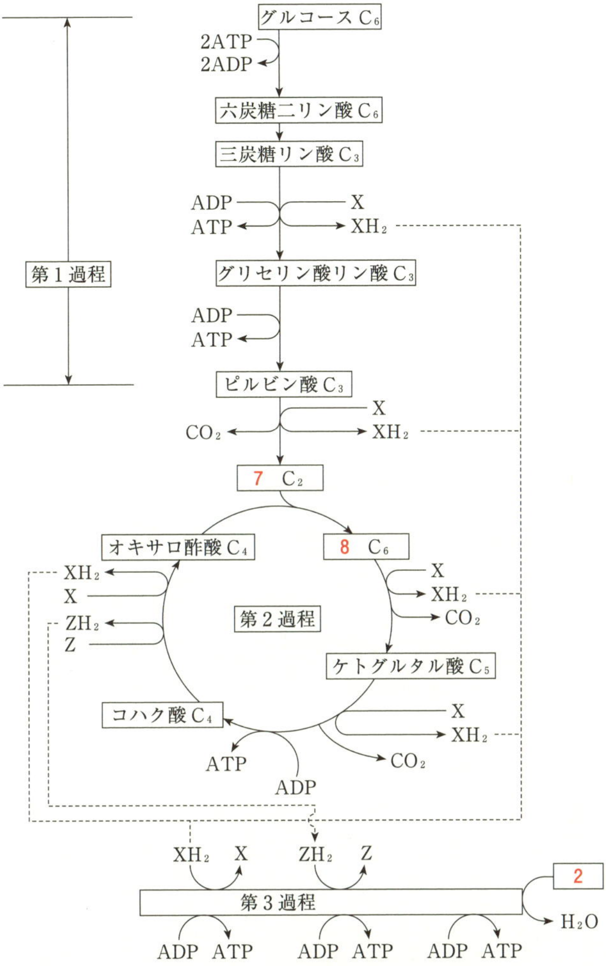

図中の C_2 ～ C_6 は物質の炭素数を示す。

28 発 酵 B　　東海大

生物は，体内にある炭水化物，脂肪，タンパク質などの有機物を分解して，エネルギー源である ATP を生成し，これを用いて生命活動を営んでいる。その際，酸素を用いるものを呼吸，酸素を用いないもので，微生物が行う反応は発酵と呼ばれ，酵母菌の働きによるアルコール発酵，乳酸菌の働きによる乳酸発酵などがある。筋肉で酸素を用いずにグルコースから［ 1 ］を生じる反応は［ 2 ］と呼ばれる。酵母菌が行うアルコール発酵の反応では，グルコース分子が，細胞質基質中に存在するおよそ10種類の酵素により段階的に分解され，[3]という中間生成物に異化される。この過程は[4]と呼ばれている。具体的には，まず1分子のグルコースが，2分子のATPからエネルギーを得て，2分子の活性化されたC_3化合物になる。この活性化された2分子のC_3化合物は，それぞれ[5]の働きによって[6]が奪われる。その際，この[6]は補酵素X(酸化型)に渡され，補酵素Xは還元型となる。その後，いくつかの段階を経て2分子の[3]が生成され，その過程で4分子のATPが生成される。しかし，グルコースの活性化のために2分子のATPが既に消費されているので，実際には，1分子のグルコースの分解により，2分子のATPが産生されることになる。[4]によって生成された[3]は，次に[7]により二酸化炭素が奪われた後，補酵素X(還元型)から[6]を受け取ることにより還元され，最終的に[8]になる。[6]を渡してしまった補酵素X(酸化型)は，再び[4]の過程で生じた[6]を受け取ることにより[4]を継続的に進めることができる。このように，酵母菌は酸素が不足している状況でも，アルコール発酵によりATPを産生し，生存し続けることができる。

29 呼吸商　B　　愛知教育大

生物は，生命活動を維持するために必要なエネルギーを呼吸によって獲得する。呼吸の際に消費する酸素と発生する二酸化炭素の体積比$\left(\dfrac{CO_2}{O_2}\right)$を呼吸商といい，それは次のような実験によって測定することができる。

よくそろって発芽したある植物の種子を，図のような二つの容器A，Bに10個ずつ入れた。一定時間後に目盛(1目盛が10μLを示す)のついたガラス細管中の赤インクの移動を調べた。その結果，容器Aでは，赤インクは10分後に目盛3，20分後に目盛1まで移動し，一方容器Bでは，10分後に目盛4.4，20分後に目盛3.8まで移動した。なお，測定開始時，赤インクは目盛5の位置にあり，測定中の大気圧，容器内外の温度の変化はなかった。

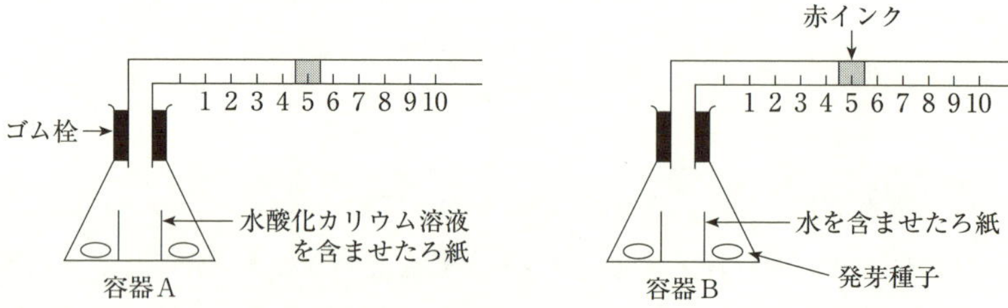

呼吸商の値は，呼吸基質の種類によって異なることから，呼吸商を測定することによって，おもにどのような呼吸基質が使われたかを推定することができる。炭水化物であるグルコースが呼吸基質として用いられたときの化学反応式は，[1] + [2] ⟶ [3] + [4]となり，呼吸商の値は[5]となる。脂肪の一種であるトリパルミチン($C_{51}H_{98}O_6$)が用いられたときは，$C_{51}H_{98}O_6$ + [6] ⟶ [7] + [8]となり，呼吸商の値は約

[9]となる。また，タンパク質はまず[10]に加水分解され，さらに[10]から[11]がとれて，[12]になり酸化される。タンパク質の場合は，呼吸商の値は0.8前後を示す。したがって，上の実験で用いた発芽種子では，呼吸基質として炭水化物，脂肪，タンパク質のうち[13]がおもに用いられたと推定される。

30 呼吸の実験　B　　日本医大

次の短文は発芽をはじめたダイズを材料とし，下図のような器具を用いて行った実験①～③を説明している。

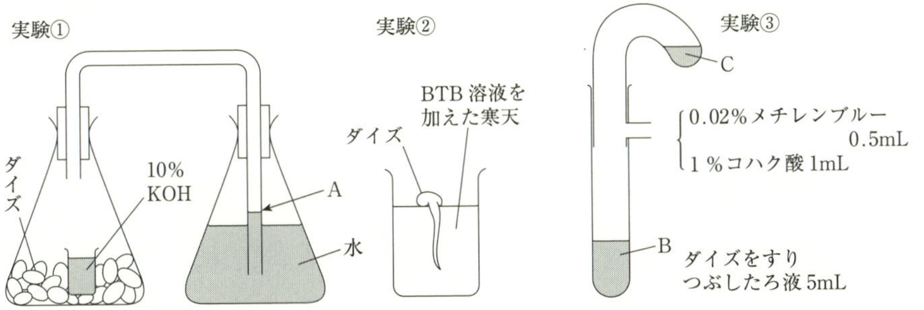

実験①のように器具をセットして室温に放置したら，水面Aは[1]に移動した。これはダイズの[2]によって放出された[3]が[4]に[5]された結果である。

実験②のようにダイズの根を寒天にあけた穴にさしこんでおくと，その根の周辺が黄色に変わった。これは根から出された[6]によって[7]性になったためである。

実験③の[8]管の内部の空気をアスピレーターで除去した後，Cをまわして密栓し，Cの溶液をBの方へ流しこんで混合した後，室温に放置したらメチレンブルーの[9]色が[10]色になった。これは混合液の中で生じた[11]によってメチレンブルーが[12]されたためである。

31 筋収縮　B　　愛知学院大

骨格筋は[1]と呼ばれる細胞が束になってできている。細胞の内部には太さ1 μm程度の[2]が多数並んでいる。さらに[2]はZ膜で仕切られた[3]という単位構造が縦方向に繰り返されている。この構造単位をさらに詳細に見ると，太いフィラメントと細いフィラメントが規則正しく並んでいる。太いフィラメントは[4]と呼ばれるタンパク質が多数結合してできている。細いフィラメントは[5]と呼ばれるタンパク質が多数結合して主要な繊維状構造を形成し，筋肉の収縮を制御するタンパク質であるトロポニンとトロポミオシンが結合している。隣り合う[2]のZ膜どうしがある種のタンパク質でつながれており，繰り返し構造が横方向にそろう。そのために，骨格筋の細胞には縞模様が見られる。骨格筋が[6]と呼ばれる所以（ゆえん）である。

筋収縮は[7]の加水分解のエネルギーを利用して行われる。生体のエネルギー通貨とも呼ばれるこの分子は[8]結合をもち，その結合が切れると[9]が放出されエネルギーが出る。したがって，加水分解反応の式は次のようである。

[7] + H_2O ⟶ [10] + [9] +エネルギー

筋収縮の制御は[11]イオンによる。このイオンの濃度が低いときには細いフィラメントのトロポニンとトロポミオシンが，[5]と太いフィラメントの[4]が相互作用することを阻害している。軸索末端に存在する[12]から神経伝達物質である[13]が放出され，筋肉の細胞膜上の伝達物質依存性[14]に結合すると，[15]イオンが細胞内に流入する。その結果，細胞膜内外の電位が逆転し[16]が発生する。その刺激が[17]に伝えられると，そこから[11]イオンが細胞質基質に放出される。放出されたイオンが細いフィラメントのトロポニンに結合すると，細いフィラメントと太いフィラメントは互いに[18]運動を行い，収縮が起こる。[11]イオンが[17]内に再吸収されると筋肉は弛緩する。筋収縮のしくみをこのように解明した説を[18]説という。

32 発光・発電 B　千葉大

生物が運動，発光，発電，生体物質の合成などの生命活動をするときには，ATP の化学エネルギーを利用する場合が多い。

骨格筋が収縮するときに利用される ATP は呼吸でつくられるが，酸素を用いない解糖で得られることもある。筋繊維を構成する筋原繊維は，[1]からなる細いフィラメントが[2]からなる太いフィラメントの間に滑り込むことで収縮する。筋肉の運動が盛んになると，酸素が不足して[3]がたまる。休息にはいると，余裕の生じた酸素によって[3]の一部がピルビン酸になり，最終的に[4]と[5]に分解される。このとき生じたエネルギーで大部分の[3]は[6]に合成され，呼吸基質として再び貯蔵される。

ホタル，ウミホタル，ヤコウチュウ，ある種のキノコなどは発光する。ホタルでは発光細胞内で[7]によりルシフェリンが ATP と酸素から[8]型ルシフェリンと ADP と光エネルギーになることで発光する。シビレエイ，シビレウナギ*では筋細胞などの特殊化した[9]が直列に連なって電気柱を形成し，電気柱が並列に多数ならんで[10]を形成する。

33 光合成色素 A　静岡大

光合成反応において光を吸収する色素は細胞小器官である葉緑体に含まれているが，メタノールなどの溶媒を用いて容易に抽出することができる。抽出した色素は薄層あるいは[1]クロマトグラフィーを用いると，緑色の[2]類と黄色や橙色をした[3]類に分離することができる。一方，花の赤や青の色素は水に溶けやすい［4］で［5］に存在し，光合成色素とは区別される。

34 光合成曲線 ＊A　宇都宮大

光エネルギーを利用して光合成を行う植物は，光の強さと光合成速度に関して以下のような特徴が見られる。

光が弱い場合，光合成による二酸化炭素の［1］量よりも呼吸による二酸化炭素の［2］量の方が多いために，植物は二酸化炭素を［2］しているように見える。適当な光の強さのもとでは，呼吸による二酸化炭素の［2］量と光合成による二酸化炭素の［1］量がつり合い，見かけ上は二酸化炭素を［2］もせず，［1］もしない状態になる。このときの光の強さを［3］という。温度や二酸化炭素の濃度が一定の条件で，光が強くなるにつれ，光合成による二酸化炭素の［1］量は上昇する。しかし，光がある強さに達すると，それ以上光を強くしても，二酸化炭素の［1］量は一定になる。このときの光の強さを［4］という。

弱い光条件で生育する植物を［5］といい，強光条件で生育する植物を［6］という。この両タイプの植物の光の強さと光合成速度との関係を比較してみると，［3］や［4］に違いが見られる。

また，光の強さと光合成速度の関係は，光以外に［7］，［8］などの環境要因が関係している。光合成速度に関係するいくつかの要因のうち，１つの要因によって反応が制限されているとき，その要因を［9］という。

35 光合成の経路　A　弘前大

電子顕微鏡で観察された葉緑体の内部には，［1］という膜の部分と，その間を埋める［2］という部分がある。［1］が部分的に積み重なった構造を［3］という。葉緑体の［1］には各種の色素があり，光合成に必要な光のエネルギーを吸収している。これらの光合成色素の種類は植物の類縁と関係があり，高等植物の葉緑体の光合成色素には［4］など４種がある。［4］は太陽光線の［5］と［6］の波長の部分を効率よく吸収する。

光を照射した透明な容器に植物を入れて，そこに一定速度で空気を通す。容器の空気の入口と出口で空気中の二酸化炭素量を測ると，その差が光合成で吸収された二酸化炭素量になる。この値を“見かけの光合成量”という。暗所でこの値を測定すると，植物体から発生した二酸化炭素量(呼吸量)が得られるが，明るい所では，光合成と呼吸が同時に行われており，両者を区別することはできない。また，呼吸量と光合成量が等しいときには，見かけの光合成量はゼロになる。このときの光の強さを光合成の補償点という。見かけの光合成量は，光の強さが増すと大きくなるが，ある強さ(光飽和点)で一定の値に達する。

第2章

この光飽和点は，温度や二酸化炭素濃度を変えるとそれに応じて変化する。このことから，光合成は単一の反応ではなく，その中に光の強さによって決まる［7］と，光には直接関係なく二酸化炭素と関係のある［8］とから成り立っていることがわかる。そのあらましは，以下の通りである。

〈第1過程〉 光合成色素が吸収した光のエネルギーは［4］に集められて，これを活性化する。このエネルギーによって，光化学反応が引き起こされる。この光化学反応は，［9］に影響されない。

〈第2過程〉 光化学反応に引き続いて［10］が分解され，酸素と［11］が生じる。以上の反応は葉緑体の［1］で行われる。

〈第3過程〉 上のような反応が進むとともに，［12］と［13］から，ATPが合成される。この反応は［14］で行われるが，［15］を直接必要としない。

〈第4過程〉 ［11］とATPは，二酸化炭素の固定に使われる。この二酸化炭素が固定される反応の経路は［16］回路と呼ばれている。この二酸化炭素の固定は，葉緑体の［2］で行われる。

36 C_4植物・CAM植物 B　　鳥取大

地球上の生命をエネルギー的に支えているのは，主として緑色植物による光合成である。光合成とは，太陽の光のエネルギーを利用して二酸化炭素と［1］から［2］を合成することをいう。光合成は細胞内の［3］で行われることが分かっている。光合成によってつくられた［2］は，デンプンに変わり，さらにスクロースに形を変えて，［4］を通って植物体各部へ［5］され，それぞれの器官の成長に利用される。

緑色植物は気温，降水量，土壌などの自然的条件に適応して，地球上の広い範囲に分布している。光が十分に強い状態での光合成速度は，［3］への二酸化炭素供給速度および暗反応による二酸化炭素の還元過程速度に限定されている。緑色植物による二酸化炭素固定には，3つの固定様式があることが明らかになっている。

大部分の緑色植物はC_3植物であり，光合成の暗反応は［6］回路で行われ，二酸化炭素固定の初期生産物は［7］である。C_3植物には［a］・［b］などが属する。

C_4植物は，光合成能力が著しく高く，［c］・［d］などがこれに属する。これらの植物は葉肉細胞の他に，［8］にも［3］があり，初期生産物として［9］・［10］やアスパラギン酸が認められる。

CAM植物は，夜間に［11］を開き二酸化炭素を取り入れ，昼間は［11］を閉じて［2］を合成する。これらの植物は，極端な乾燥，昼間の高温，夜間の低温環境によく適応しており，［e］・［f］などがこれに属する。

[語群] (ア) トウモロコシ　(イ) サボテン　(ウ) コムギ　(エ) サトウキビ
(オ) ベンケイソウ　(カ) ダイズ

37 プロトンポンプ　B　　東京慈恵会医大

ミトコンドリアと葉緑体は，ともに代謝の場で，内部でATP合成が行われることも重要な共通点である。ミトコンドリアの[1]にある電子伝達系では，電子伝達に伴い水素イオン(H^+)が内膜の内部の[2]側から膜間腔(内膜と外膜の間の腔所)へ[a]排出される。排出されたH^+は膜間腔に集積し，その結果，膜間腔から[2]側へ[b]戻ろうとするため，このとき遊離するエネルギーによってATPが合成される。

葉緑体における電子伝達系は[3]膜に存在する。図に示すように，光エネルギーによって[4]が分解され，電子は光化学系Ⅱに入る。[4]の分解に伴ってH^+と[5]が発生する。続いて電子は電子伝達系に受け渡された後，光化学系Ⅰに受け取られる。光化学系Ⅰで光エネルギーによって活性化したクロロフィルから放出された電子は最終的に補酵素に結合する。光化学系ⅡとⅠを結ぶ電子伝達系でのATP合成のしくみはやはりH^+の[a]の輸送と[b]の輸送を伴うものでミトコンドリアでのATP合成のしくみとほとんど同一である。また，シトクロムなど電子伝達に関わる成分も共通したものが多い。これらの事実から，ミトコンドリアの電子伝達系と葉緑体の電子伝達系は進化的に共通のものと考えられている。

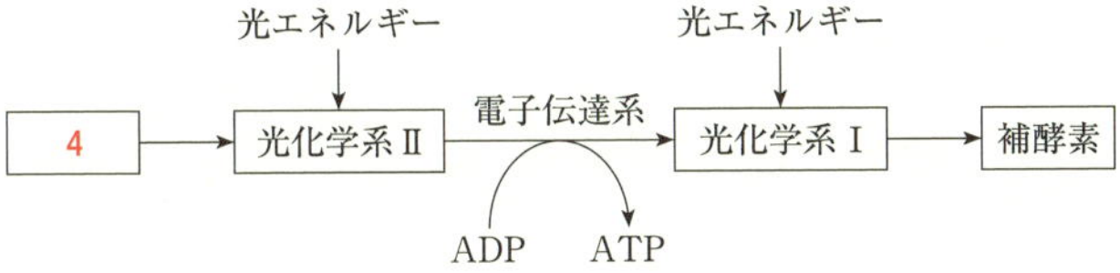

[語群] (ア) 濃度勾配に従って　(イ) 濃度勾配に逆らって

38 エンゲルマンの実験　A　　北海道大

エンゲルマンは白色光をプリズムで分け，その分光された光を各種の藻類に当て，さらにそこに好気性細菌を混ぜて顕微鏡で観察した。最も光合成に利用される波長の光が当たった部分では[1]がよく発生するのでその部分に細菌が集まることが期待される。このような巧妙な実験により，藻類の体色に対して補色の関係にある光の波長がよく光合成に利用される傾向のあることが見いだされた。例えば，緑藻類の体が緑色に見えるのは藻類の体が緑色の光を[2]または[3]し，その他の波長の光を[4]しているからである。その藻類がどの波長の光を[4]するかについて調べて横軸に波長，縦軸に[5]をとってグラフにしたものが[6]である。ただし，必ずしも藻類に[4]された波長の光がすべて光合成に利用されているとは限らない。どの波長の光が光合成に利用されているかをグラフに示したのが光合成の[7]である。この[7]に相当する結果を，上述の簡単な原理を使った実験で得たのがエンゲルマンであった。

下図(ア)～(エ)は糸状の緑藻類を用いてエンゲルマンの実験を再現した結果を表している。期待される結果は[a]と考えられる。ただし，葉緑体は均一に分布しているものとする。図中の細点は好気性細菌を表す。また，緑藻類の下に示されている色の表示は分光された光の色を表す。

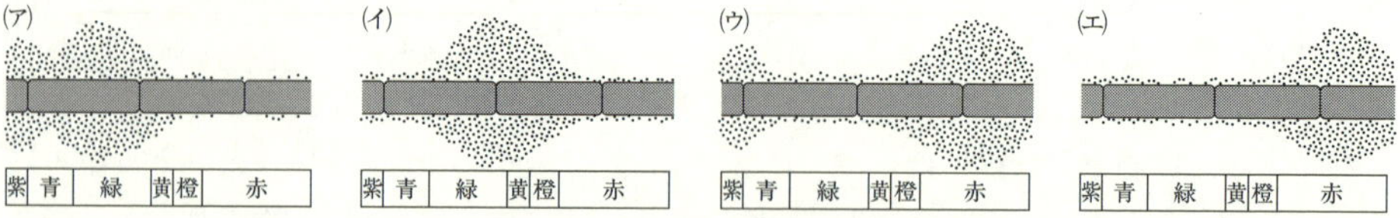

39 ヒルの実験・ルーベンの実験　B　　大阪府大

1939年にイギリスのヒルは，[1]を細胞から取り出して水中で光を当てると，[2]がなくても酸素が発生することを明らかにした。また，このとき，シュウ酸鉄(Ⅲ)などの[3]を受け取る物質を水に加える必要があることも発見した。1941年にアメリカのルーベンらは，[4]が自然界よりも高い割合で含まれる[5]と，通常の割合で含まれる[2]を緑藻の1種のクロレラに与えて，光合成で発生した酸素の中の[4]の割合を調べたところ，[5]に含まれていた割合と同じであることを見いだした。また，[4]が自然界よりも高い割合で含まれる[2]と，通常の割合で含まれる[5]を与えた場合には，発生した酸素には，[4]が[5]と同じ自然界の割合で含まれることも明らかにした。

40 炭酸同化と窒素同化　B　　千葉大

細菌には，光エネルギーや化学エネルギーを用いて炭酸同化を行う次のような種類がある。

緑色硫黄細菌や紅色硫黄細菌は，クロロフィルに似た[1]をもち，光合成を行う。緑色植物と違って，これらの光合成細菌は[2]源として[3]の代わりに硫化水素などを用いる。ある種の細菌は，無機物を酸化して生じる化学エネルギーを用いて炭水化物を合成している。この働きを[4]という。

様々な細菌や菌類のすむ土壌中で，動植物の遺体や排出物が分解されて[5]が生じると，普通，[6]菌，次いで[7]菌が，[5]を[7]にまで酸化する。この働きを[8]作用という。これらの細菌は，このときに生じる化学エネルギーで[9]をつくり，これを用いて，水と[10]から炭水化物を合成する。

[6]菌と[7]菌は，また，次のような窒素循環にも重要な働きをしている。植物は硝酸イオンを根から吸収すると，これを[11]イオンに還元してから，有機酸の一種の[12]酸と反応させ，アミノ酸の一種の[13]酸をつくる。そのアミノ基は[14]と呼

ばれる酵素によって有機酸に渡され，いろいろなアミノ酸がつくられ，さらにタンパク質などに合成される。このように硝酸イオンなどから有機窒素化合物を合成する働きを［15］という。

多くの植物は空気中の窒素を直接利用することはできないが，ある種の細菌やシアノバクテリアは，窒素ガスを取り入れて，［5］に還元することができる。この働きを［16］という。マメ科植物の根にすみついて，こぶ状の組織をつくる［17］菌も［16］を行い，植物から供給される糖を用いて有機窒素化合物をつくり，それを植物に与えている。そこにはマメ科植物と微生物の［18］が認められる。

無機物から体の構成成分や生命活動に必要な有機物質をつくりあげる栄養のとり方を［19］といい，無機物から有機物を合成できない［20］生物は，有機物を食物として取り入れなければならない。

41 窒素同化　B　広島大

植物は，窒素源の大半を硝酸塩に依存している。根から吸収された［a］イオンは葉に運ばれ，細胞質基質にある［a］還元酵素により［b］イオンに還元される。［b］イオンは，［c］にあるストロマに運ばれ，ストロマにある［b］還元酵素により，［d］に還元される。この還元作用に使われる還元物質は，チラコイド膜にある［e］の働きで［f］を利用してつくられる。生成した［d］は酵素反応によって有機酸と結合してアミノ酸が合成される。この有機酸は，細胞小器官である［g］に局在する［h］回路で生成される。

植物はすべての種類のアミノ酸を合成できるが，動物には体内で合成できないアミノ酸があり，それを［i］アミノ酸という。また，アミノ酸の種類によっては，動物と植物では合成経路が異なる場合がある。このように合成されたいろいろな種類のアミノ酸は，さらに［j］や，遺伝情報に関連した［k］などの物質をつくる材料となっている。

［語群］(ア) ミトコンドリア　(イ) 葉緑体　(ウ) 光エネルギー　(エ) 核酸
(オ) クロロフィル　(カ) 液胞　(キ) 酸化還元　(ク) 炭酸　(ケ) クエン酸
(コ) 制限　(サ) 必須　(シ) 限定　(ス) 硝酸　(セ) 亜硝酸　(ソ) アンモニア
(タ) タンパク質　(チ) 炭水化物　(ツ) カルビン・ベンソン

第3章　遺伝子

42 遺伝子の本体 ＊A　東京理大

肺炎双球菑には，マウスに注射すると発病する病原性株(Ｓ型菌)と，注射しても発病しない非病原性株(Ｒ型菌)とがある。Ｓ型菌を熱処理し菌体を壊したものを注射するとマウスは［ a ］。Ｓ型菌を殺して壊したものを，生きたＲ型菌に混ぜて注射するとマウスは［ b ］。Ｓ型菌を壊してタンパク質，DNA，RNA，多糖類などの成分に分け，それぞれ別々に生きたＲ型菌に混ぜて培養し，マウスに注射した。Ｓ型菌のタンパク質を混ぜた場合，マウスは［ c ］。Ｓ型菌の DNA を混ぜた場合，マウスは［ d ］。Ｓ型菌の RNA を混ぜた場合，マウスは［ e ］。Ｓ型菌の多糖類を混ぜた場合，マウスは［ f ］。これらの結果は，［ g ］菌の［ h ］によって［ i ］菌の遺伝形質が［ j ］したことを示している。

[［ a ］～［ f ］の語群]

(ア) 発病した　(イ) 発病しなかった

[［ g ］～［ j ］の語群]

(ア) Ｓ型　(イ) Ｒ型　(ウ) タンパク質　(エ) DNA　(オ) RNA
(カ) 多糖類　(キ) 変換　(ク) 転換　(ケ) 誘導　(コ) 変質

43 ファージの増殖 ＊A　埼玉大

大腸菌に感染する［ 1 ］であるバクテリオファージ T_2は，感染した大腸菌細胞の中で自分と同じものを多数つくり，やがて細胞を溶かして外に出てくる。このバクテリオファージは，タンパク質と DNA の２種類の物質だけからなる。

タンパク質の構成単位である20種類の［ 2 ］の中には［ 3 ］を含んでいるものがある。DNA は［ 4 ］という糖に４種類の［ 5 ］の結合したものが［ 6 ］のエステル結合でつながったヌクレオチド鎖からなる。

そこで，大腸菌に T_2ファージを感染させて，放射能を帯びたリン(^{32}P)の化合物を含む培地と，放射能を帯びたイオウ(^{35}S)の化合物を含む培地のそれぞれで増殖させると，タンパク質または DNA のどちらか一方だけが放射能を帯びている２種類の T_2ファージを得ることができる。このような T_2ファージは「放射性のリンまたはイオウで標識されている」という。

この２種類の T_2ファージをそれぞれ，今度は放射能のない培地中で大腸菌に感染させると，放射性の［ 7 ］で標識された T_2ファージを感染させたときだけ，大腸菌の細胞の中に放射能が入るのが検出された。

44 DNA の構造 ＊B　　大阪大

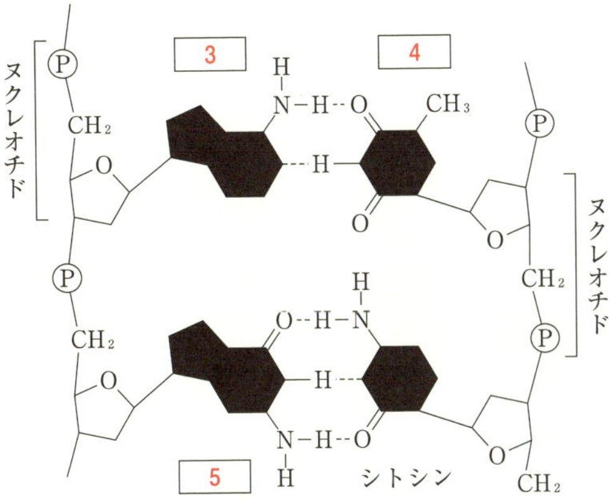

2本鎖 DNA の模式図

核酸の構成単位はヌクレオチドであり，DNA の場合は，ヌクレオチドの糖部分である [1] に，新たなヌクレオチドがリン酸部分を介して次々と共有結合して，長いポリヌクレオチド鎖となっている。このポリヌクレオチド鎖には方向性があり，図〔Ⓟはリン酸部分を，破線(-------)は水素結合を示す。〕に示しているように，遺伝子の本体である DNA は逆方向に並んだ2本のポリヌクレオチド鎖からなっている。この DNA は [2] 構造と呼ばれる立体構造をとっており，それぞれのポリヌクレオチド鎖の骨格からつき出した塩基の間に働く弱い結合力(水素結合)によって形成されている。この構造は温度を上げることで容易に壊れ，2本鎖の DNA は1本鎖となる。4種類ある塩基のそれぞれが対をつくる相手は決まっており，[3] は [4] と，シトシンは [5] と対をつくっている。これを塩基の [6] 性と呼び，遺伝子の働きを理解する上で基礎となっている。例えば，DNA の遺伝情報が RNA に転写される過程では，DNA の一方の鎖にある塩基配列を鋳型として，[6] 的な塩基をもつヌクレオチドを並べて1本鎖の RNA が合成される。ただし，RNA を構成するヌクレオチドの糖は [7] であり，塩基は [4] のかわりに [8] が使われている。

45 DNA の複製(1) A　　岩手大

1953年，[1] と [2] により DNA が [3] 構造をとることが提案され，世界中の注目を集めた。この構造を導き出すにあたっては，DNA 中の塩基であるシトシンと [4] の比率，アデニンと [5] の比率がいつも1対1であるという実験的な成果も参考にされた。さらに，彼らは [3] 構造から，DNA の複製が [6] 複製であるという仮説を提唱した。1958年，これを見事に証明したのが [7] と [8] である。彼らは，大腸菌を窒素の同位体である ^{15}N で標識した [9] を含む培地で14世代にわたって培養し，全 DNA の [10] 中に ^{15}N を組み込んだ。その後，この大腸菌を通常の窒素である ^{14}N のみを含む培地で数世代にわたり培養した。その間，世代ごとに大腸菌から DNA を抽出した。そして，塩化セシウム溶液中で遠心分離することで [11] に勾配をつくり，抽出した DNA を，^{14}N のみを含む DNA($^{14}N + {}^{14}N$)，^{14}N と ^{15}N を両方含む DNA($^{14}N + {}^{15}N$)，^{15}N のみを含む DNA($^{15}N + {}^{15}N$)に分離し，その比率を比較した。その結果，DNA は [6] に複製され，保存的複製および分散的複製ではないことを明らかにした。

46 DNAの複製(2) B　茨城大

遺伝子の本体はDNAである。DNAは[1]，[2]，[3]からなるヌクレオチドが長くつながった二重らせん(2本鎖)構造をしている。

DNAの複製様式が[4]であることは，1958年にメセルソンとスタールの大腸菌を用いた次のような実験で証明された。

まず，窒素源として重い窒素(^{15}N)だけを含む培地で大腸菌を培養して，大腸菌のDNAに含まれる窒素を全部^{15}Nに置き換えた。その後ふつうの窒素(^{14}N)だけを含む培地に移して培養し，1回目，2回目，…n回目の分裂が終わった時点で大腸菌からDNAを抽出し，重さを比較した。

その結果，1回目分裂後のDNAには，^{15}Nだけを含むもの，^{15}Nと^{14}Nとを含むもの，^{14}Nだけを含むものが，それぞれ[5]%，[6]%，[7]%，2回目にはこれら三者が，[8]%，[9]%，[10]%，さらに，n回目の分裂後には，それぞれ[11]%，[12]%，[13]%の割合で存在していた。

47 セントラルドグマ ＊A　長崎大

1953年[1]と[2]は[3]の分子構造を明らかにした。彼らの発見によって[3]は[4]構造をしていることが示された。この発見は生物の遺伝現象の機構を明らかにする上で極めて重要なものとなった。彼らの発見により[5]本の鎖のうちの一方の鎖の[6]配列が決まれば，もう一方の配列が決まることが示された。DNAの合成では新しく合成されたDNAの半分はもとのDNAがそのまま保持されているが，このようなDNAの合成のしかたを[7]という。

地球上の生物における遺伝情報の流れは右図に示すようにDNAからRNAへ，RNAからタンパク質へと伝えられていくことが示され，この情報の流れは地球上の生物に普遍的なことから生物界の中心教義(セントラルドグマ)と呼ばれている。

生物界の中心教義(セントラルドグマ)

この過程でDNAからDNAを合成することは[8]，DNAからRNAを合成することは[9]と呼ばれ，それぞれDNA合成酵素およびRNA合成酵素によって行われている。RNAからタンパク質の合成過程は[10]といい，細胞質内の[11]で行われている。RNAはその機能によっていくつかに分類されており，タンパク質合成の鋳型となるRNAを[12]，タンパク質合成でアミノ酸を結合して運ぶものを[13]と呼んでいる。

48 遺伝暗号(1)　A　　鹿児島大

ニーレンバーグ(1961)は，大腸菌のリボソーム，[1]，酵素，[2]，ATP を含むタンパク質合成系に，人工的に合成したウラシル(U)だけの鎖の[3]を入れたところ，フェニルアラニンからなるポリペプチドが合成された。同じくコラーナ(1963)は，アデニン(A)とシトシン(C)が ACAC…と交互に並んだ[3]をつくりタンパク質合成系に入れたところ，トレオニンとヒスチジンが交互に並んだポリペプチドが合成された。さらに，CAACAA…と並んだものをタンパク質合成系に加えると，グルタミンのみ，アスパラギンのみ，トレオニンのみのポリペプチドが合成された。このような実験からアミノ酸を指定するには[4]個の塩基の配列が必要であることがわかり，これを[5]説という。天然のアミノ酸は[6]種類で，4種類の塩基の組み合わせ配列でアミノ酸すべてを指定するには[7]通りあるので十分満足させることができるが，そのうちアミノ酸の意味をもつ暗号は[8]通りである。ポリペプチドの正確な合成には枠組みの最初と最後の基準を決める必要がある。ポリペプチド鎖の最初の暗号を[9]と呼び，最後の部分を決める暗号を[10]と呼ぶ。したがって，通常はアミノ酸の順番がずれることはない。

49 遺伝暗号(2)　B　　名古屋市大

DNA 上の遺伝情報は転写されて伝令 RNA に写し取られる。伝令 RNA は[1]上でタンパク質へと翻訳されるが，3個の塩基が1組になって1個のアミノ酸が決められる。遺伝暗号の解読のために，ニーレンバーグらは人工的に RNA を合成し，試験管の中でタンパク質を合成する実験を行った。ウラシル(U)とシトシン(C)を5：1にふくむランダムな配列の RNA を用いたとき，合成されたタンパク質のアミノ酸はフェニルアラニン，セリン，ロイシン，プロリンの4種類で，その中でフェニルアラニンが最も多く，プロリンが最も少なかった。セリンとロイシンはほぼ同じ量であった。また，別の実験から，U と C でできる遺伝暗号では1番目と2番目の塩基だけでアミノ酸が決定されること，UCU と UCC はセリンであることがわかった。この結果から，このときのフェニルアラニン：セリン：ロイシン：プロリンの量比は[2]：[3]：[4]：1となり，UUU と UUC は[5]，CUU と CUC は[6]，CCU と CCC は[7]に対応することがわかった。

50 タンパク質合成　A　　近畿大

生物の形質は遺伝子によって子孫へ伝えられる。遺伝子の本体は DNA であり，その構成単位は塩基と[1]と[2]からなるヌクレオチドである。DNA の塩基は[3]，[4]，[5]，[6]の4種類である。DNA の2本のヌクレオチド鎖は，塩基どうしが［7］結合で結ばれた［8］構造をとっている。DNA からタンパク質合成までの過程は以下の通りである。まず，DNA の塩基配列から［9］の働きで［10］がつくられる。この過程を［11］という。［10］は核膜孔を通って細胞質へ移動し，［12］に付着する。［12］は［10］上を移動しながら相補的な配列をもつ［13］を結合させる。［10］の連続する 3 つの塩基が 1 組となって［14］の種類を指定する暗号となっている。これを［15］という。［13］によって運搬された［14］が［16］結合によってつながれタンパク質が合成される。［10］からタンパク質ができる過程を［17］という。

51 鎌状赤血球貧血症　A　　奈良女大

ヘモグロビンタンパク質分子の異常が原因であるヒトの遺伝性の病気がある。その 1 つに鎌状赤血球貧血症がある。この遺伝病はヘモグロビン分子の［1］配列を指定する遺伝子が［2］を起こして，ヘモグロビン分子中の一か所のグルタミン酸がバリンに変わったことが原因となって異常ヘモグロビンができる分子病である。そのしくみは次のように説明できる。すなわち，［3］内にある遺伝子の本体である［4］の遺伝情報を転写した［5］が［6］に移り［7］に付着して遺伝情報の翻訳が行われるときに，グルタミン酸と結合した［8］が配列する順序の所がバリンと結合した［8］におきかわって異常ヘモグロビンができる。それは遺伝暗号である塩基配列が［5］についてはグルタミン酸を指定するのは GAA，GAG であり，バリンを指定するのは GUU，GUC，GUA，GUG であるから，グルタミン酸を指定する遺伝暗号の塩基配列中の［9］が［10］におきかわったためである。したがって，遺伝子である［4］については［11］が［12］におきかわったと考えられる。

52 真核生物の mRNA　A　　三重大

DNA(デオキシリボ核酸)は，A，G，C，T という 4 種の塩基を含む［1］が重合したもので，RNA(リボ核酸)は A，G，C，U という 4 種の塩基を含む［1］が重合したものであり，［1］に含まれる糖が DNA ではデオキシリボースであるのに対して RNA ではリボースである。ヒト遺伝子 DNA は，伝令 RNA に転写され，タンパク質に翻訳される領域を含む［2］と翻訳されない領域である［3］からなる。

［2］および［3］は共に，［4］の作用により RNA に転写されるが，その直後に，転写された RNA から［3］の領域が切り落とされ，［2］をつなぎ合わせるようにして再構成され，伝令 RNA となる。この過程を［5］という。［5］の際，切り落とされる［3］に対応する RNA の塩基配列は，GU から始まり，AG で終わることが知られている(GU-AG 則)。

53 原核生物の転写調節　B　奈良県医大

大腸菌はグルコースを含みラクトースが欠乏した培地で生育しているとき，ラクトースを代謝・吸収するために必要な3種類のタンパク質(βガラクトシダーゼ・βガラクトシドパーミアーゼ・βガラクトシドトランスアセチラーゼ)の合成レベルが非常に低い。これは［1］と呼ばれる調節タンパク質が，特定の塩基配列をもった［2］に結合することによって，その下流に位置する遺伝子発現が抑制されているためである。ところが，ラクトースが豊富でグルコースが欠乏した環境に変わると，ラクトース代謝物が［3］として調節タンパク質に結合し，調節タンパク質が［2］に結合するのを妨げる。その結果，［4］が［5］部位に結合できるようになり，上記3種類の酵素をつくる遺伝子の発現が誘導される。このような現象をもとにフランスの研究者である［6］と［7］により［8］説が提唱された。

54 真核生物の転写調節　B　弘前大

真核生物ではホルモンなどの働きによって［1］の発現量が上昇すると，［1］がある遺伝子Aの左側にある［2］配列に結合し，さらに［3］に結合している［4］およびRNAポリメラーゼと複合体を形成することで，転写が開始される。

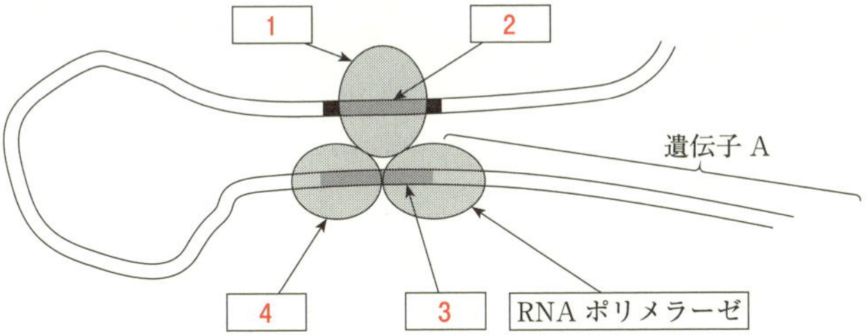

55 クローニング　A　愛知学院大

同一の遺伝情報をもつ生物集団を［1］という。このことばは分子遺伝学にも応用され，同一のDNAを大量に増やす操作をクローニングと呼んでいる。

クローニングをするには，目的のDNAを扱いやすい細菌(一般的には大腸菌)に入れて，その菌を増やした後に菌体内からDNAを取り出すという方法をとることが多い。まず，ある生物から目的のDNA断片を取り出し，そのDNA断片を運び手のDNAにつなぐ。そのために，DNAを切るはさみの役目をする酵素，それをつなぐ酵素が必要である。運び手には［2］がよく使われる。遺伝子を組換えられた［2］は，大腸菌が増殖するとともに増える。

最近では，細菌を用いず，温度を上げ下げするサイクルを20～30回程度繰り返すだけで，

第3章

試験管内でDNAを短時間に大量に増やすことができる[3]法が用いられることが多い。この方法では，少量の目的のDNAと，そのDNA領域の両端に[4]的な塩基配列をもつ[5]と呼ばれる短いDNA断片，さらに高温で生育する細菌から精製された酵素を反応チューブに入れておく。DNAの2本鎖間の結合は内側に張り出した[6]間の弱い結合によるので，温度を上げて95℃程度にすると解離する。次に温度を下げると，[5]が，解離した1本鎖それぞれに結合する。そこで，温度を酵素の[7]に上げると，酵素の働きによってDNA断片の先にヌクレオチドが付加されていく。このサイクルを繰り返すことでDNAを大量に増やすことができる。この方法によると，前のサイクルで合成されたヌクレオチド鎖が，次のサイクルでの[8]鎖として使われる。

56 遺伝子組換え(1) A 横浜市大

遺伝子の化学的本体は[1]である。生物の生存に必要な1組の遺伝子セット，またはそれを含む[1]全体のことを[2]という。ヒト[2]は，約30億塩基対からなる[1]である。したがって，1個のヒト精子に含まれる[1]は約[a]億塩基対であり，1個のヒト精原細胞に含まれる[1]は約[b]億塩基対である。最近，ヒト[2]の全塩基配列がほぼ決定された。

ヒト遺伝子は，大腸菌などの微生物を利用して簡単に増やすことができる。この技術を遺伝子[3]技術と呼ぶ。遺伝子の運び手(ベクター)として[4]がよく使用される。[4]は，比較的短い環状2本鎖の[1]であり，大腸菌の中で大量に増えることができる。遺伝子[3]実験において，[5]酵素は，目的の遺伝子の切り出しや，[4]の切断に使われる。こうして切断された断片は，[6]を使ってつなぎ合わせることができる。したがって，[5]酵素は[1]の「はさみ」として，[6]は「のり」としてはたらく酵素であるといえる。最近では，[7]法を使って，試験管内で，もっと短時間で遺伝子断片を増やすことができるようになった。この技術は，基礎実験だけでなく，社会的に幅広い用途に使われている。[7]法では，[8]でも変性しにくい[1]合成酵素(ポリメラーゼ)を使用する。この酵素は，[8]で1本鎖になった[1]を合成(複製)するための材料として繰り返し使うことができる。

[語群]　(ア) 15　(イ) 30　(ウ) 45　(エ) 60　(オ) 90　(カ) 120

57 遺伝子組換え(2) B 京都産業大

2008年ノーベル化学賞を受賞した下村脩(おさむ)らによって，1960年代にオワンクラゲから紫外線を照射すると緑色蛍光を発する[1]が分離精製された。その後1990年代にはその遺伝子(遺伝子Aとする)が同定された。この[1]を使って，紫外線を照射すると緑色蛍光を発する大腸菌を作製する手順は以下のようである。

1．オワンクラゲから伝令RNA(mRNA)を抽出・精製した。

2．精製したmRNAからレトロウイルスの［2］を働かせて，相補的なDNA（cDNA）を作製した。
3．作製したcDNAを鋳型として，プライマー，4種類のヌクレオチド，耐熱性の［3］などを含む反応液を調製し，［4］法によって遺伝子Aを含むDNAを増幅させた。
4．増幅されたDNAから遺伝子Aを［5］で切り取った。
5．用意したプラスミドを同じ［5］で切断した。
6．切り取った遺伝子Aとプラスミドを［6］によって結合させた。
7．GFP遺伝子Aを組み込ませたプラスミドを取り込んだ大腸菌は紫外線を照射すると緑色蛍光を発するようになった。

58 発生と遺伝情報の発現 ＊A　明治大

以下に述べることはキイロショウジョウバエに関する知見および実験である。［1］の細胞には［1］染色体という大きな染色体が含まれており，［2］で染色したこの染色体は，図1に示すようにしま模様と所々にふくらんだ部分を有している。このふくらんだ部分を［3］といい，これが生じる部位とふくらみの程度は幼虫期や前蛹期や蛹期などで違っている。また，［1］染色体は他の知見と照らし合わせると複製を繰り返した第Ⅰ，第Ⅱ，第Ⅲおよび第Ⅳ染色体が分離しないでそれぞれの束になった多糸染色体であるということがわかる。体細胞の染色体数（2n）は8であるにもかかわらず，［1］染色体がこのように4本であるのは［4］染色体が［5］しているためである。

一方，体液中の前胸腺ホルモンの濃度は幼虫期や前蛹期や蛹期などで違っており，その濃度は3齢幼虫期の中期（蛹化開始の約18時間前）と比べて3齢幼虫期の後期や前蛹期の後期は格段に高いという知見がある。そこでこのホルモンの濃度の高まりと［3］の出現に関連があるかどうかを知るために以下に述べる計測と実験を行った。まず，3齢幼虫期と前蛹期について第Ⅲ染色体の束の62E，63E，63Fおよび64Aという部位のふくらみの程度を調べたところ図2に示す結果が得られた。次に蛹化開始の18時間前の幼虫を解剖して［1］を取り出し，これを前胸腺ホルモンを含んだ培養液あるいは前胸腺ホルモンを含まない培養液につけた。その結果，5時間後の第Ⅲ染色体の束の一部分の形態は図3のようになった。この実験結果から前胸腺ホルモンの作用で［3］が形成される部位を図3から選ぶと［6］である。

このような計測や実験が行われてからほぼ40年が経過した。現在では以下のように考えられている。前胸腺ホルモンは標的細胞の［7］に存在する受容体（レセプター）と結合し，そのホルモンと受容体の複合体が［8］に移動する。その複合体は［9］に結合してその結果［10］がさかんに合成され，これは［11］を通って［7］に移動する。［12］という細胞内構造体で［10］と［13］とが働いて発育に関係のあるタンパク質が合成される。

第3章

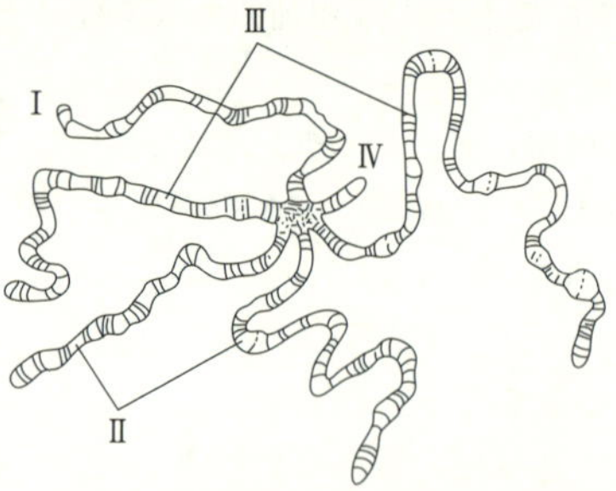

Ⅰ：第Ⅰ染色体の束　Ⅱ：第Ⅱ染色体の束
Ⅲ：第Ⅲ染色体の束　Ⅳ：第Ⅳ染色体の束

図１

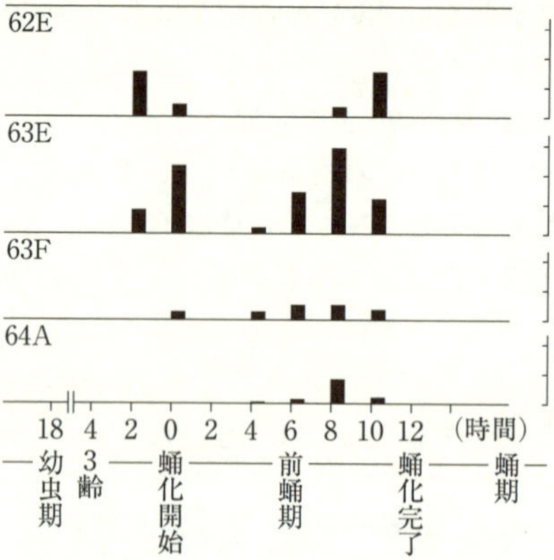

横軸：キイロショウジョウバエの発生の過程
縦軸：ふくらみの程度(ふくらんでいない状態を０，最もふくらんだ状態を４，その間を小さいほうから順に１，２および３と程度付けし，複数の試料を計測してその平均値をふくらみの程度とした。)

図２

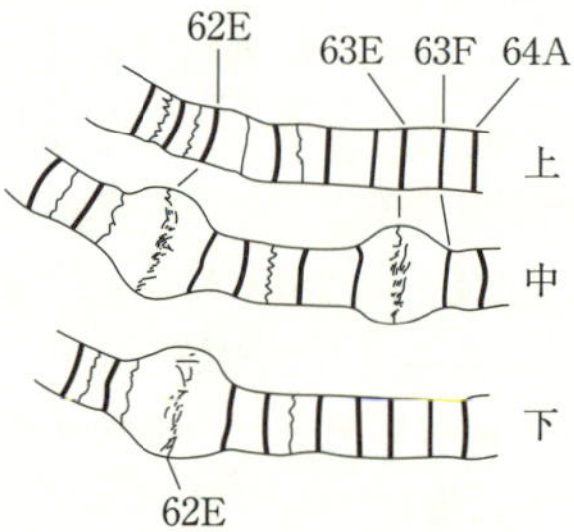

上：培養前，中：前胸腺ホルモンを含んだ培養液につけた場合，
下：前胸腺ホルモンを含まない培養液につけた場合

図３

59　クローン動物　B　鹿児島大

英国で1996年に［ a ］の体細胞クローンが誕生し，ドリーと名づけられた。その後，マウスなどの他の哺乳類でも体細胞クローン個体の作出が可能になった。いずれの場合にも，成体の乳腺や皮膚などから採取して培養した体細胞(ドナー細胞)をあらかじめ核を取り除いた［ b ］に移入して体細胞クローン胚を作出し，それを代理母の腹腔内にある［ c ］へ移植し，妊娠させて誕生させたものである。動物の場合には，植物と違って，体細胞には［ d ］がないので，クローンづくりの場合には［ b ］への核移植が必要である。この場合，ドナー細胞には，核の状況を受精卵と同じような状態に戻す［ e ］と呼ばれる操作が必要であり，それが高度な技術的ポイントとなる。［ e ］の結果，様々な組織に［ f ］していたドナー細胞は［ d ］をとり戻すと考えられている。体細胞クローン動物は［ g ］過程を経由しないで誕生するので，ドナー細胞を採った個体とは全く同じ［ h ］をもつ生物体である。一方，遺伝子工学の進歩に伴って，遺伝子組換え技術が発展

し，様々な遺伝子を人工的に合成し，かつ大量に増幅できるようになった。さらに，ある目的の外来性遺伝子を導入した動物を体細胞クローン技術と組み合わせて作出することが可能になってきた。これらの技術は生物のしくみや生命現象の本質を解明するための基礎的情報をもたらすばかりでなく，有用生理活性物質の生産や医療用素材の供給などの応用的側面から我々の生活を豊かにする可能性を秘めている。しかし，自然界に存在しないものをつくったり，ヒトの細胞を材料とする研究においては，[i]や[j]の観点から議論を継続する必要があろう。

[語群] (ア) RNA　(イ) 安全性　(ウ) 異化　(エ) イヌ　(オ) ウシ　(カ) 運動性
(キ) 肝臓　(ク) ゲノムDNA　(ケ) 再現性　(コ) 受精　(サ) 新規性　(シ) 腎臓
(ス) 精子　(セ) 子宮　(ソ) 生命倫理　(タ) 全能性　(チ) タンパク質
(ツ) 能動性　(テ) 反応　(ト) ヒツジ　(ナ) 不活化　(ニ) 分化　(ヌ) 卵
(ネ) リプログラミング

60 バイオテクノロジー(1)　B　　奈良県医大

最近のバイオテクノロジーの発展は著しい。[1]を取り除いた卵細胞に別の個体の[1]を移植することにより[1]を提供した個体と同じ遺伝子をもつ[2]生物をつくることが可能である。[2]生物は優良な肉牛と同じ遺伝子をもった牛を誕生させるなど，畜産への応用が期待されている。しかし，エネルギー産生に必要な細胞小器官である[3]は卵細胞由来であり，この方法では完全に親と同じ個体をつくることができない。最近，体細胞の性質を変えて，ほとんどすべての細胞に分化できるiPS細胞を作製する技術が報告された。iPS細胞は以前から研究が進められてきた[4]とよく似た性質をもっている。[4]は[5]と呼ばれる哺乳類初期胚から内部細胞塊と呼ばれる将来胎児になる部分の細胞を取り出し，あらゆる細胞に分化できる状態で培養し続けることにより得られる。マウスではiPS細胞や[4]から完全な個体を作製することも可能である。iPS細胞や[4]を特定の細胞や組織に分化させ，これを移植して失われた機能を回復させる[6]の可能性も検討されている。

iPS細胞の[6]への応用が可能になるといくつかの大きな利点がある。まず，卵や初期胚を使う必要がないため倫理的な制約を受けない。また，各個人から作成可能で[7]が同じ細胞を使用できるため，臓器移植において大きな問題となる[8]を気にせず移植を行うことが可能である。

61 バイオテクノロジー(2)　B　　名古屋大

遺伝子操作によって多くの遺伝子改変動物が作製された。遺伝子改変動物が最も数多くつくられた脊椎動物種はマウスである。遺伝子改変マウスには，受精卵や初期胚に外来性遺伝子を導入し，体を構成するすべての細胞に導入された遺伝子をもつ［ 1 ］マウスや，逆に体全体もしくは一部の細胞の特定の遺伝子を破壊してその遺伝子産物ができないようにした通称ノックアウトマウスなどが存在する。ノックアウトマウスの作製には，通常高い［ 2 ］と分化［ 3 ］をもったES細胞（胚性幹細胞）が用いられる。このES細胞に標的とする遺伝子に変異を加えた遺伝子を導入し，標的遺伝子と［ 4 ］を起こしたES細胞クローンを選別する。このようにして得た標的遺伝子に変異の入ったES細胞を，胚盤胞腔内に打ち込んで内部細胞塊と融合させ，それを代理母マウスの子宮内に移して発生させる。生まれてくるマウスには，胚盤胞内の内部細胞塊由来の細胞とES細胞由来の細胞が混ざり合った［ 5 ］マウスが現れてくる。ノックアウトしたい遺伝子が常染色体上にある場合，この［ 5 ］マウスの生殖細胞がES細胞由来であれば正常マウスとの交配によって［ 6 ］%の確率でその子孫に変異の入った遺伝子が伝えられる。初代の子孫ではどちらか一方の対立遺伝子に変異が入ったヘテロ接合体型であるが，そのヘテロ接合体型マウスどうしを交配させることによって［ 7 ］%の確率でホモ接合体型の変異遺伝子をもったノックアウトマウスができることとなる。このようにしてつくられたノックアウトマウスを調べることによってノックアウトされた遺伝子の機能を調べることができる。

62　細胞周期　＊A　　新潟大

細胞は分裂により増殖する。細胞の分裂には，体をつくる細胞が行う体細胞分裂と，[1]や[2]などの生殖細胞をつくる[3]分裂とがある。分裂する前の細胞を母細胞，分裂により新しく生まれた細胞を娘細胞という。体細胞分裂では，母細胞がDNAを半保存的に複製し，それが2個の娘細胞に分配される。

真核生物の細胞では，DNAは[4]と呼ばれるタンパク質と結合して[5]を形成している。分裂時の体細胞には形や大きさが同じ[5]が[6]本ずつ存在するが，これらは[7]と呼ばれる。ヒトの正常細胞には[5]が[8]本存在する。

母細胞が分裂して娘細胞になっていく一連の過程を細胞周期という。細胞周期は，実際に細胞が分裂する[9]期(分裂期)と，分裂期が終わって次の分裂が始まるまでの[10]とに分けられる。[10]は[11]期(DNA合成準備期)，[12]期(DNA合成期)，[13]期(分裂準備期)からなる。分裂により生じた娘細胞は，再び[11]期に戻るものと，分裂を行わず分化するものとに分かれる。

63　体細胞分裂　＊A　　静岡大

体細胞分裂では，まず[1]が起こり，細胞質分裂がそれに続く。[1]は4つの時期に分けられる。[2]では染色体が太く短くなり，[2]の終わりごろに核膜と[3]が消失する。[4]では染色体が[5]に並ぶ。[6]に入ると，染色体は紡錘糸に引かれるようにして移動を始め，やがて両極に集まる。[7]では両極に集まった染色体の形がくずれる。[7]の途中から細胞質分裂が始まる。

64　生殖法(1)　A　　信州大

生殖法は[1]生殖と[2]生殖とに大別できる。[1]生殖には，[3]，[4]，[5]などがある。[1]生殖で生まれてくる子供は親と[6]的に全く等しい。一方[2]生殖では，[7]と呼ばれる生殖細胞をつくり，2つの[7]の合体によって新しい個体ができる。この合体を[8]と呼び，合体したものを[9]と呼ぶ。

動物の[7]では，大きい方を[10]，小さい方を[11]と呼ぶ。[7]の染色体数が親と同じであると[8]によって子供の染色体数は親の倍になってしまう。これを防ぐために，[7]形成の際に特殊な細胞分裂を行って，染色体数を半減させる。この特殊な細胞分裂は[12]分裂と呼ばれ，2回の分裂を続けて行う。最初の分裂に入る前に各染色体はすでに複製を終えているが互いに離れないでいる。複製された染色体どうしを[13]染色体と呼ぶ。[12]分裂に入るときに両親由来の[14]染色体が並列するが，このことを[15]と呼ぶ。したがって，[15]しているときの染色体は[16]染色体と呼ばれ4本の染色体からできている。[15]時に[14]染色体間で[17]が起こり，同時に遺伝子の[18]が起こる。[10]形成の際，各分裂で生ずる小さい方の細胞は[19]と呼ばれ[7]として使われない。一方[11]形成の際は，1個の細胞から2回の分裂によって[20]個の[11]が形成される。

65 生殖法(2) B　帯広畜産大

あらゆる生物個体には限られた寿命がある。しかし，どの生物も新しい個体をつくりだすことによって，その種族を維持している。このような働きを[1]という。[1]の方法は2つに大別される。

1つは，生物体の一部が分かれて単独で新個体をつくる[2]と呼ばれる方法である。細菌類や原生動物などの[3]生物は，細胞が2つに分裂することで新しい個体をつくり個体数を増やす。また，ヒドラでは体壁の一部に小突起が生じ，これが成長して増えるので，これを[4]と呼び，分裂とは区別している。

植物のなかで，ジャガイモの塊茎やイチゴの走出枝などでは，栄養器官の一部から新しい個体がつくられるので[5]という。

さらに，菌類，藻類，コケ植物，およびシダ植物などは，特定の部位に性の区別のない[6]と呼ばれる[7]を形成して，それが単独で発芽して新個体となる[8]と呼ばれる増え方をするものもある。水中生活をする菌類や藻類のなかには，[9]をもった[6]を生じ，水中を運動するものがある。

一方，多くの生物は，[1]に雌雄の性が関係し，個体の特定の部分で[7]を形成する。雌雄の合体を行う[7]を[10]といい，[10]の合体である[11]によって生じた細胞である[12]が新しい個体になる[1]法を[13]という。

多くの生物の場合，雌性と雄性の[10]とでは，その大きさに違いがある。その場合，特に大きくて運動力のない雌性[10]を[14]，小さくて運動力のある雄性[10]を[15]と呼ぶ。この両者が[11]することを[16]という。動物の多くは成長にともなって，雌では[14]をつくる[17]が，雄では[15]をつくる[18]が発達する。

[13]の結果生じる子の[19]的性質は，どちらの親とも異なる新しい組み合わせのものとなり，多様性をもった子孫がつくられることになる。特に，親や祖先にみられなかった[19]形質が子に突然現れることを[20]という。そのなかには，環境が変化しても，その環境に適応して生き残れる個体が含まれている可能性がある。

66 動物の配偶子形成 A　鹿児島大

多くの種類の動物には雌雄の区別があり，それぞれ卵あるいは精子をつくる。卵や精子をつくるもとになる細胞は，始原生殖細胞と呼ばれる。始原生殖細胞は分裂を行って，雌の場合は[1]，雄の場合は[2]になる。

[1]は，[3]によって増殖するが，やがて分裂をやめ，胚の発生に必要な栄養分と

なる［4］を細胞内に蓄積して［5］となる。［5］は，減数分裂の第一分裂によって大形の［6］と小形の［7］に分かれる。さらに，［6］は第二分裂によって大小の細胞に分かれ，卵と［8］になる。

［2］は分裂して数を増やし，成長して［9］となる。［9］は１回目の減数分裂を経て［10］になり，２回目の減数分裂を経て［11］になる。［11］は変形し，運動性を有する下図のような精子となる。

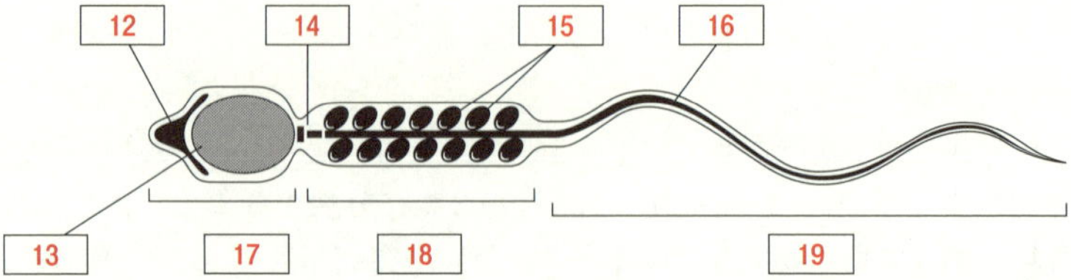

67 配偶子の多様性 B 京都工織大

キイロショウジョウバエは遺伝学の研究に最も重要な昆虫である。その理由のひとつに染色体数の少ないことがあげられる。キイロショウジョウバエの染色体数は２n ＝ ８で，ヒトの染色体数２n ＝［a］と較べると，その差は明らかである。染色体の重要な機能はその恒常性であり，遺伝子を構成するDNAの配置と構造を維持し，細胞分裂ごとに遺伝子の均等な配分を行う。

キイロショウジョウバエの［1］過程で［2］が起こらず，［3］がランダムに分離した場合，［4］に含まれる染色体の組み合わせは，［b］通りである。ヒトではそれが［c］通りになる。しかしながら，実際には［2］を生じるので，同じ染色体上の［5］の組み合わせはさらに増加する。これにより生物の多様性が生みだされる。ヒトですべての［3］間で１回の［2］が生じたとすると，その結果生じる［4］の種類は［d］通りとなる。キイロショウジョウバエの最も小さい一対の染色体は［2］を起こさない。したがって，それ以外の染色体で１回の［2］が生じた場合，組み合わせの数は［e］通りとなる。一方，ある生物種に新しい多様性を生みだす原因のひとつとして，突然変異がある。突然変異には，染色体の構造が変化する染色体突然変異と遺伝子の［6］に変化が生じる遺伝子突然変異がある。染色体突然変異のなかで，染色体数に変化が生じたものを［7］と呼んでいる。染色体数に変化はないが構造に変化が見られるものとして［8］，［9］，［10］，［11］などがある。

［語群］ (ア) 2^3　(イ) 2^4　(ウ) 2^5　(エ) 2^7　(オ) 2^{23}
(カ) 2^{46}　(キ) 23^2　(ク) 23^4　(ケ) 46　(コ) 46^2

68 倍数体作成　B　東京水産大

種(たね)なしスイカをつくるには，まず，ふつうの二倍体スイカの幼植物の成長点をコルヒチンで処理して四倍体の植物体をつくる。コルヒチンで四倍体ができるのは，この物質によって［1］の形成がさまたげられて，核分裂の［2］期に赤道面上に並んだ［3］の両極への分離・移動が起こらないからである。この四倍体の植物体は［4］倍性の配偶子をつくるから，その雌花に二倍体スイカの花粉をつけると［5］倍性の種子ができる。この種子から生じた植物体の雌花に二倍体スイカの花粉をつけると，その刺激で単為結実をするが，［6］が異常になって［7］の形成が阻害されるので，種なしスイカとなる。

魚類についてみると，排卵期に入った卵は減数分裂の第二分裂中期にあって，分裂が一時中断した状態になっている。このとき，卵に精子が進入すると，その刺激で分裂が再開・進行し，核の合体が起こる。このことから，二倍体の魚で人為受精する場合，精子をかけた直後の卵に適度の温度処理や圧力処理を施すと，植物でのコルヒチン処理の場合と同様に処理以後の分裂が進まず，卵は［8］倍性の状態で受精するから，［9］倍体の仔魚ができる。この場合，正常であれば第二分裂で起こるはずの［10］の放出はないことになる。もし，精子の受精能力を放射線照射などであらかじめなくしておき，この精子をかけた卵を温度処理または圧力処理すれば，卵は核の合体がないまま［11］発生して［12］倍体の仔魚となる。この仔魚の性比は，この魚の性決定様式が［13］ヘテロのXY 型であるとして，雌：雄＝100：［14］である。このような仔魚の雌に雄性ホルモンを与えると，完全に雄の性徴と機能をもった個体をつくることができる。このような手順でつくられた個体と正常な雌をかけ合わせると，次代の性比は，雌：雄＝100：［15］となる。

69 ウニの受精　A　東北福祉大

ウニは海水中に多くの［1］を放出して［2］受精を行う。放出された［1］は［3］の運動によって水中を泳いで［4］に近づく。［4］の近くにくると，［4］から分泌される物質によって［1］の運動はさらに活発化して，［4］に到達する。［1］が［4］の周りにあるゼリー層に到達すると，［1］の頭部にある［5］の中身が放出される。［1］の先端が細い糸状に伸び，その後，［1］が［4］の中に入ると，その部分から［6］が形成され，すぐに［4］全体を包み込む。［6］の形成は，他の［1］が侵入する［7］を防ぐしくみである。［4］の中に入った［1］の［8］は，卵の［8］と合体し，受精が完了する。

一方，多くの陸上生活をする動物では，［1］は交尾によって雌の体内に送り込まれ［9］受精を行う。

第4章

70 初期発生 A お茶の水女大

下の文章はいくつかの動物の発生段階をＡ期，Ｂ期，Ｃ期に分けて述べたものである。

〔Ａ期〕 受精によって発生を開始した卵は卵割という［ 1 ］を繰り返す。ウニ卵のように卵黄が一様に分布している［ 2 ］卵では卵割は［ 3 ］割であるのに対し，カエルやニワトリの卵のように卵黄がかたよっている［ 4 ］卵では［ 5 ］割である。ニワトリの卵のように極端に卵黄の多い［ 4 ］卵では卵割は胚盤の部分でのみ起こるので，特に［ 6 ］割という。昆虫の卵は卵黄が［ 7 ］にある［ 8 ］卵で，［ 9 ］割という独特の卵割を行う。

〔Ｂ期〕 卵割が進行すると，内部に［ 10 ］と呼ぶ空所をもった［ 11 ］になる。ウニではこの空所では胚の大きさに比べて広いが，カエルやニワトリの胚ではせまい。

〔Ｃ期〕 つづいて，胚の細胞は胚の表層にとどまる細胞群である［ 12 ］と内部に陥入する細胞群である［ 13 ］の２層になる。この段階の胚を［ 14 ］と呼び，陥入した細胞層で囲まれた部分を［ 15 ］という。ウニ胚では［ 15 ］の陥入は胚の植物極側から始まるが，カエルでは胚の赤道面よりやや［ 16 ］極寄りの所から始まる。

陥入の起こった所を［ 17 ］といい，将来幼生の［ 18 ］になる。ウニやカエルは幼生期ののち［ 19 ］して成体になるが，ニワトリでは［ 19 ］しないで成体になる。

71 ウニの発生 A 富山大

バフンウニでは，受精から変態の完了までに必要な日数は，16℃の水温で約40日である。１個の細胞である受精卵は，卵割と呼ばれる細胞分裂を繰り返し，細胞数を増加させ，変態して‘稚(ち)ウニ’になる。この間にいくつかの段階を経るが，受精卵が卵割を始めてからえさを取り始めるまでを胚という。胚の期間のうち，胞胚の時期には，［ 1 ］と呼ばれる広い空所が体の中央部にひろがり，［ 1 ］を取り囲むように一重の細胞層が体の表面に並ぶ。この細胞層は，胞胚壁と呼ばれ，それぞれの細胞にはやがて繊毛(せんもう)が生じ，胞胚は回転するようになる。回転し始めた胚は，まもなく孵化(ふか)し，繊毛によって泳ぐようになる。その後，胞胚の［ 2 ］側では，胞胚壁の一部の細胞が胚の内部へ移動して原腸をつくり，胚は［ 3 ］になる。このような細胞の移動は，［ 4 ］と呼ばれる。一方，原腸が形成される以前に，［ 2 ］付近の胞胚壁の一部の細胞は，［ 1 ］に出てくる。これらの細胞は一次間充織細胞と呼ばれ，［ 5 ］のもとになる細胞群である。

一次間充織細胞以外で［ 3 ］を構成する細胞は，その初期には［ 6 ］と［ 7 ］の２種類の細胞層に区別される。［ 6 ］は［ 3 ］の表面の細胞層であり，［ 7 ］は胚の内部に向かって［ 4 ］した原腸の部分である。原腸の開口部は［ 8 ］といい，将来，幼生の肛門になる。［ 3 ］の中期に，原腸の先端から二次間充織細胞が生じる。二次間充織細胞も，［ 5 ］のもとになる細胞群である。［ 3 ］の後期には一次間充織細胞から［ 9 ］がつくられており，その［ 9 ］の一部は成長して幼生の腕(わん)の中に伸びる。こうして，

[5], [6], [7] の細胞群が分化し，幼生の体づくりが進んでいく。

72 ウニとカエルの発生 B　神奈川大

ウニとカエルの卵を比べると，まずその大きさが違う。ウニ卵はせいぜい直径が [a] であるのに対し，カエル卵は約 [b] である。ウニ卵の卵黄は均等に分布しているが，カエル卵の卵黄は [1] 側にかたよっている。このため卵割や陥入の際に両者に違いが起こる。例えば，第３分裂の分裂面は，ウニ卵ではほぼ赤道面を通るが，カエル卵では [2] 側によっている。卵割が進み，[3] 期を経て胞胚期になると，ウニ卵では単層の細胞が胞胚腔をとりまき胚全体はボール状になる。一方，カエル卵では数層の細胞によって胞胚腔がとりまかれ，胞胚腔は [4] 側にかたよっている。

陥入の過程もウニ卵とカエル卵では異なる。ウニ卵では，まず [5] 側で細胞がバラバラと落ち込み，ついで互いにつながった細胞が，ポケットのようになって胞胚腔に落ち込む。その大部分は [6] に分化した細胞であり，やがて [7] を形成する。陥入が進むとポケットの先端部に仮足を出す細胞がみられるようになる。これらの細胞は [8] に分化した細胞である。陥入が終了し，ポケットの先端が接する部分は将来 [9] になる。さらに発生が進むと [10] 幼生，[11] 幼生を順に経て変態し，稚ウニとなる。

カエル卵では，赤道と植物極の間に原口ができ，陥入が始まる。陥入が進むにつれて，動物極側の細胞群が植物極側の細胞群を包み込むようにして外胚葉を形成する。その際，原口の動物極側にある細胞は活発に活動し，陥入後には [12] に分化する。一方植物極側の細胞は受動的で，その他の細胞の動きによって中に引き込まれ，陥入後には [13] に分化する。

[語群] (ア) 10μm　(イ) 100μm　(ウ) 1 mm　(エ) 10mm

73 両生類の器官形成 A　宇都宮大

両生類の受精卵は卵割することにより割球数を増やし，桑実胚，胞胚などを経て，将来の組織や器官のもとになる部分をつくりはじめる。初期原腸胚では陥入を開始し，陥入によってできた空所を原腸，原腸の入口を原口という。後期原腸胚になると外胚葉，中胚葉，内胚葉の三胚葉が形成される。発生が進み神経胚になると外胚葉の一部は神経板を経て [1] に分化し，将来，脳や脊髄がつくられる。[1] の形成に参加しなかったその他の外胚葉は主に [2] に分化する。一方，中胚葉からは脊索，[3]，[4]，[5]，などが分化し，[3] から骨格筋，[6] や皮膚の真皮がつくられる。[4] からは [7] や生殖腺が，そして，[5] から心臓や血管などがつくられる。また，内胚葉からは腸管が形成され，最終的には胃や小腸などの消化管やアンモニアを毒性の低い物質に変える機能をもつ [8] などがつくられる。

第4章

74 哺乳類の発生 B 京都大

マウスの卵母細胞は減数分裂の[1]期で停止したまま排卵され，精子の進入により減数分裂を再開する。その後，卵母細胞は不等分裂を起こし，大量の細胞質を含んだ卵と，細胞質の極めて少ない[2]を生じる。卵細胞質内に進入した精子の核と卵核が融合することにより，受精が完了する。受精した卵は卵割を繰り返し，桑実胚などを経て子宮内に[3]する。卵割期のマウスの卵は，割球が分離してもそれぞれから完全な胚が生じる。このような能力をもつ卵を[4]という。[3]した後，胚のまわりには胚膜がつくられる。胚膜は[5]，尿のう，卵黄のう，[6]からなり，胚を乾燥や衝撃から守る役割をもつ。[6]の一部と尿のうは母体とのガス交換，栄養分と老廃物の交換を行う[7]を形成する。

75 発生のしくみ(1) A 東京理大

クシクラゲには，くし板という運動器官が8列ある。[1]細胞期に分離した割球からは2列のくし板しか生じない。このように，割球の一部が除去されると，残りの部分でそれを補えない卵を[2]という。一方，割球の一部が除去されても，残りの部分でそれが補われる性質をもつ卵を[3]という。例えば，ウニの受精卵が4細胞期になったとき，一つずつに分離した割球からは，形は小さいが正常な胚が生じる。ホヤなどでは，2～4細胞期では[3]の性質を，8細胞期以後は[2]の性質を示す。したがって，両者の区別は本質的なものではなく，細胞の予定運命の決まる時期が動物の種類によって早いか遅いかの違いであると考えられる。

76 発生のしくみ(2) A 長崎大

個体発生の考え方については，古くから2つの考え方が存在していた。1つは卵または精子の中に，初めから小さなひな形が存在し，それが単に広がって大きくなるという[1]説で，もう1つは生物の形は初めから決定されているのではなく，発生の過程において次第にでき上がってくるという[2]説である。ドイツのルーは，カエルの卵の2細胞期に，一方の割球を焼き殺すと，残りの割球からは，体の半分に相当する胚ができることを発見し，これは[1]説を支持するものであった。ドイツのドリーシュは，[3]卵を用いて，割球の分離実験を行った結果，2細胞期，4細胞期の割球をバラバラにしても，いずれの割球も小さいながら完全な形の幼生になることを発見した。この結果は[2]説を支持するものである。

ドイツの[4]は，イモリの初期原腸胚を色素で染色し，各部が将来何になるかを示した。このような方法を[5]と呼ぶ。これによって，胚表の[6]を明らかにし，[6]図を作製した。シュペーマンは，イモリの初期原腸胚の原口背唇部を切り取って，同じ時期の他の胚の 7 内に移植したところ，移植片自身は中胚葉性の組織に分化するとともに，接する外胚葉性の組織からは神経管が分化し， 8 が形成されることを発見した。この神経管を誘導させる働きをする原口背唇部を， 9 と呼び，その働きを 10 と呼んだ。

77 眼の発生・再生　B　関西学院大

正常発生により得られた神経胚において，外胚葉から誘導された 1 の前方は脳へと分化し，脳の両側には 2 と呼ばれるふくらみができ，これは発生が進行すると杯状の 3 となった。やがて，この 3 は向かい合った表皮から 4 を誘導し，自身は網膜へと分化した。誘導された 4 はさらに表皮に働きかけて 5 の形成を誘導した。このように，組織が次々に別の組織の分化を誘導する一連の過程を 6 と呼ぶ。一方，成体では眼から 4 を摘出しても２～３週間で再生されることが知られているが，この再生した 4 は表皮ではなくおもに 7 に由来することが実験的に証明された。このように通常の細胞系譜から外れた経路で細胞分化が起こる現象を，細胞の 8 という。

78 キメラ　B　奈良県医大

多細胞生物の細胞の集まりや組織などを取りだして，人工的に生育させることを組織培養といい，生物学の発展に大きな役割をはたしている。ニワトリ胚より，皮膚，肝臓，腎臓の組織片を分離し，それぞれの組織片を 1 で処理して細胞間の接着を離したのち，各組織の遊離細胞を集めて混ぜ合わせ培養すると，皮膚の細胞は皮膚の細胞どうし，肝臓の細胞は肝臓の細胞どうし，腎臓の細胞は腎臓の細胞どうし集まって，もとの組織と同じような構造をもつ組織を形成する。また，発生中の黒いイモリの胚から表皮をとり，白いイモリの胚から神経板を切り取って 1 処理により細胞をばらばらにした後，混ぜ合わせて培養すると，黒い表皮細胞はしだいに表面に集まり，白い神経板の細胞は内部に集まり，それぞれ皮膚と 2 組織をつくる。このように同じ種類の細胞どうしが集まることを 3 と呼ぶ。ハツカネズミなどでは，遺伝的に異なった２つ以上の系統の個体の初期胚の 4 球をばらばらにしてから，互いに混ぜ合わせ，集合させて母体の子宮内にもどし，キメラと呼ばれる個体を得ることができる。このことは，哺乳類の卵が， 5 卵であることを示している。

79 ショウジョウバエの形態形成　B　神戸大

ショウジョウバエでは，初期胚の形態形成に働く様々な調節遺伝子が明らかになっている。

第4章

ショウジョウバエの前後軸(頭尾軸)形成に働く調節遺伝子の1つ，遺伝子Aについて，その遺伝子産物を調べてみたところ，未受精卵の前極に遺伝子Aから転写されたmRNAが局在しており，受精後にこのmRNAが [1] されて，前後軸に沿って遺伝子Aにコードされたタンパク質の [2] がつくられていた。また，突然変異により遺伝子Aの機能を喪失した劣性の対立遺伝子をaと表すと，ヘテロ接合体Aaの雌雄を交配して生まれた次世代は，どの個体も発生過程に形態的な異常は観察されなかった。しかし，ホモ接合体aaの雌と野生型の雄を交配して生まれた次世代は，体の前半部の形態が正常に形成されずに尾部のように変化した幼虫となった。野生型AAやヘテロ接合体Aaの雌とホモ接合体aaの雄を交配して生まれた次世代には異常は見られなかった。また，ホモ接合体aaの雌と野生型の雄を交配させて得られた受精卵の前極に，正常な受精卵の前極から得た細胞質を注入すると，正常な形態をもつ幼虫となった。このように，雌親の遺伝子型に従って受精卵における [3] 型が決まる遺伝子を「母性効果遺伝子」と呼ぶ。

ショウジョウバエの体は，頭部・胸部・腹部からなる。初期胚において，分節遺伝子の働きによって [4] と呼ばれる繰り返し構造が形成され，それぞれの区画に応じた器官がつくられる。これに対し，それぞれの区画に応じた正しい器官がつくられず，触覚ができるべき場所にあしがつくられる突然変異や，後胸部が中胸部にかわったために，はねが2対4枚つくられる突然変異など，体の一部が別の器官に置き換わる変異が知られている。このような変異は，[5] 遺伝子と呼ばれる調節遺伝子の異常によって起こる。様々な [5] 遺伝子に共通に見られる特徴的な塩基配列を [6] と呼ぶ。

80 被子植物の配偶子形成 A 琉球大

1億年あまり前に出現した被子植物は，それまで陸上で繁栄していたシダ植物と異なり，種子によって繁殖する。被子植物の茎の頂端部にある成長点は，葉が変形した器官が集合した [1] を形成する。[1] のおもな構成要素は，雌しべ，[2]，花弁，がく片である。[2] の先端にできる葯（やく）の中で1個の [3] 細胞から減数分裂の後に [4] 個の花粉ができる。花粉は，動物，風，水などの働きによって雌しべに運ばれる。一方，子房内にあり将来種子となる [5] の中にある [6] 母細胞は減数分裂により4個の細胞となるが，3個は退化し，残る1個が [6] 細胞となる。[6] 細胞では3回の核の分裂により [7] 個の核ができ，最終的に [8] 個の反足細胞，[9] 個の極核，2個の助細胞と [10] 個の [11] が形成される。雄原細胞と [12] をもつ花粉は，雌しべ上部の柱頭につくと，発芽・伸長して [13] をつくる。[13] 内の雄原細胞はさらに核の分裂によって [14] 個の [15] を形成する。[13] が [6] に達すると，[15] は極核および，[11] のそれぞれと合体して胚乳核と [16] をつくる。この現象は [17] 受精と呼ばれ，被子植物だけに見られる。その後，胚乳核は分裂を続けて [18] となり，[16] は胚となり，[5] は種子として発育する。完成した種子は，動物，風，水，重力などの働きにより，新しい生育地へと運ばれる。被子植物は，シダ植物に代わって地球上の様々な環境に進出し，繁栄をとげている。

81 裸子植物と被子植物の受精 A 徳島大

花が咲き，種子をつける植物を種子植物という。種子は，幼植物（胚）と貯蔵器官（胚乳）を種皮で包んだものである。種子植物には，[1]がむきだしの裸子植物と，[1]が[2]におおわれる被子植物がある。[1]が種子になるので，裸子植物の種子は裸出しているのに対し，多くの被子植物の種子は[2]が発達した果実の中にできる。裸子植物の[1]には，多数の細胞からなる胚のうが生じ，胚のうの中に造卵器ができる。イチョウとソテツでは花粉から伸びた花粉管は[1]に到達し，遊泳能力のある[3]が花粉管から出て，細胞液中を泳ぎ造卵器の２つの卵の１つと受精する。裸子植物では，受粉から受精まで数か月かかるが，[1]への栄養供給は，花粉が[1]内の花粉室にとどまっている受粉から受精の間に行われる。被子植物の受精では，花粉は雌しべの柱頭に付着し，花粉管は雌しべの中を伸びていく。花粉管の中で[4]は１回分裂して，２個の[5]になる。胚のうはわずか数細胞へと単純化しており，２個の[5]はこのうち卵細胞および２個の[6]をもつ[7]と受精する。この現象を[8]という。

82 植物の胚発生 A 千葉大

被子植物の受精は，[1]と中央細胞の２か所で行われ，[2]と呼ばれる。精細胞の１つは[1]と受精して細胞分裂を繰り返して胚となり，もう１つの精細胞の核は中央細胞の２個の[3]と融合して細胞分裂を繰り返して胚乳になる。[1]の核と[3]は[4]から核分裂によって生じたもので，同じ遺伝子型をもっている。体細胞の染色体数を２nとすると，胚の染色体数は[5]で，胚乳の染色体数は[6]である。胚は[7]，幼芽，胚軸，[8]に分化する。珠皮は[9]となり，内部に胚と胚乳をもつ種子がつくられる。植物の種類によっては，胚乳が発達せず，[7]の中に種子の発芽に必要な養分を蓄えるものがあり，[10]種子といわれる。それに対し，胚乳が発達し，そこに発芽に必要な養分を蓄えるものを[11]種子という。

第4章

83 メンデルの法則　A　　九州看護福祉大

図はエンドウの種子の形に関する1対の対立形質に注目して，異なる純系どうしを交雑したときの遺伝を示したものである。［1］によって形成された配偶子どうしを交雑すると，雑種第一代(F_1)では優性形質だけが現れる。これをメンデルの［2］という。F_1を［3］させるとき，対立遺伝子は分かれて別々の配偶子にはいる。このことを［4］という。各個体や配偶子がもつ遺伝子を遺伝子型といい，AAやaaのように同じ遺伝子が対になっているものを［5］，Aaのように対立遺伝子が対になっているものを［6］という。雑種第二代(F_2)の［7］の分離比は，丸：しわが3：1となる。

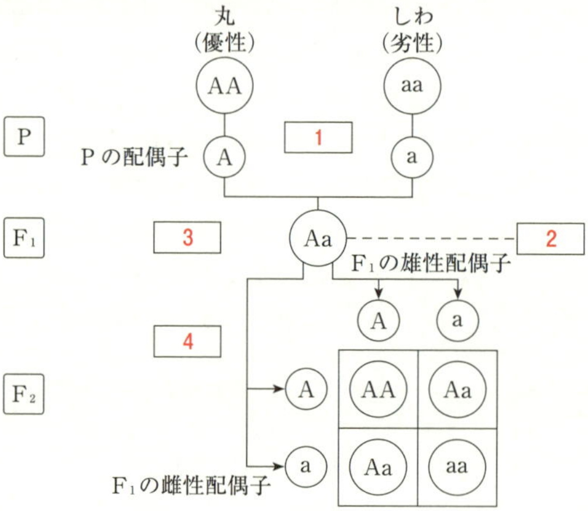

さらにメンデルは，エンドウの2つの対立形質に着目した交配実験も行った。丸で黄色の種子をつくる純系(AABB)と，しわで緑の種子をつくる純系(aabb)とを交雑すると，F_1には丸型で黄色の優性形質が現れた。A(a)とB(b)が異なる相同染色体上にあるとき，F_1の［3］の結果，F_2での［7］は丸・黄：丸・緑：しわ・黄：しわ・緑がおよそ［8］：［9］：［10］：［11］の分離比で現れた。

84 遺伝子の相互作用　A　　帯広畜産大

スイートピーの白花には3つの純系がある。このうち遺伝子型がCCppとccPPの個体を交雑したF_1の花の色はすべて［1］色であり，C(c)とP(p)が異なる相同染色体上にあるとき，F_1の自家受粉(自家受精)によるF_2では紫花と白花が［2］の比に生じる。これは遺伝子CとPが共存するときだけ，花の色を紫色にする色素が形成されるからである。CとPの関係にあるような遺伝子を，［3］遺伝子という。

カイコガのまゆには白色と黄色とがある。この2系統の個体を親として交雑すると，F_1はすべて［4］色になり，Y(y)とI(i)が異なる相同染色体上にあるとき，F_2では白まゆと黄まゆがおよそ［5］の比に分離する。これは，まゆを黄色にする遺伝子Yがあっても，その働きを抑える遺伝子Ｉがあると，色素ができないために白まゆになるからである。遺伝子Ｉのような働きをもつ遺伝子を［ 6 ］遺伝子という。

ハツカネズミには，毛の色が正常色(灰色)のものと黄色のものとがある。両者を交雑すると正常色と黄色が［ 7 ］の比に生じ，黄色どうしを交雑すると黄色と正常色が［ 8 ］の比に現れる。これは，黄色の優性遺伝子Ｙの同型接合体(YY)である個体が発生の初期に死ぬからである。Ｙ遺伝子のような遺伝子を［ 9 ］遺伝子という。

85 血液型の遺伝　A　　岐阜大

今日，ヒトの血液型には，最もよく知られているABO式をはじめとして，Rh式，MN式など，10数種報告されており，民族(大集団)によって，それぞれの血液型を支配している遺伝子の頻度(割合)が異なっていることが明らかにされている。また，上記の３種の血液型を支配している遺伝子は，いずれも［ 1 ］染色体にあることが知られている。

MN式血液型は，１対の［ 2 ］，ＭとＮによって支配されており，ＭとＮは［ 3 ］関係がなく，３つの［ 4 ］，Ｍ型，Ｎ型，MN型が存在する。Ｍ型とＮ型の［ 5 ］は，それぞれMMとNNで，これらを［ 6 ］という。また，MN型の［ 5 ］は，MNで，これを［ 7 ］という。

Rh式血液型は，輸血の際に注意しなければならない血液型の１つであり，１対の［ 2 ］，Ｄとｄによって支配されており，Ｄとｄには［ 3 ］関係があり，２つの［ 4 ］，Rh^+型とRh^-型が存在する。Rh^+型の［ 5 ］にはDDとDdがあり，Rh^-型の［ 5 ］はddのみである。

ABO式血液型も，Rh式血液型とともに，輸血の際に注意しなければならない血液型の１つであり，３つの［ 8 ］，Ａ，Ｂ，Ｏによって支配されており，ＡとＢは［ 3 ］関係がなく，Ｏは，ＡとＢのそれぞれに対して［ 9 ］である。そして，４つの［ 4 ］，［ 10 ］型，［ 11 ］型，［ 12 ］型，［ 13 ］型が存在する。これら［ 8 ］の組み合わせによる［ 5 ］で，AA，BB，OOは［ 6 ］で，AB，AO，BOは［ 7 ］である。AAとAOは［ 10 ］型を，BBとBOは［ 11 ］型を，ABは［ 12 ］型を，OOは［ 13 ］型を，それぞれ表す。

86 性染色体　A　　甲南大

雌雄が分かれている生物では，染色体の形や数が雌雄で異なっていることがある。キイロショウジョウバエの体細胞には８本の染色体があり，そのうち６本(３対)は雌雄に共通の染色体である。このような染色体を［ 1 ］という。残りの２本は，雌では形が同じ同形染色体の組み合わせであるが，雄では１本だけ雌と異なった異形染色体の組み合わせになっている。このような染色体を［ 2 ］という。［ 2 ］のうち，雌雄で共通な形の染色体を［ 3 ］，雄だけがもっている染色体を［ 4 ］という。

第5章

一方，ニワトリでは［ 2 ］が異形染色体の組み合わせになったとき雌になる。ニワトリの［ 2 ］のうち，雌雄で共通な形の染色体を［ 5 ］，雌だけがもっている染色体を［ 6 ］という。

87 性決定様式　A　　徳島大

ヒトの体細胞には［ 1 ］本の常染色体と［ 2 ］本の性染色体が存在する。性染色体にはX染色体とY染色体があり，［ 3 ］の性染色体の組み合わせの場合は女性に，［ 4 ］の場合は男性になる。性染色体上の遺伝子による遺伝は［ 5 ］と呼ばれる。性染色体上に存在する遺伝子の例として，［ 6 ］染色体上の性決定遺伝子がある。この遺伝子の働きにより男性になることが決定される。したがって，まれな例であるが，性染色体としてXXYの染色体構成をもつヒトの場合は一般に［ 7 ］性に，XO(X染色体を1本しかもたない)場合は［ 8 ］性になる。

88 伴性遺伝　A　　東北大

キイロショウジョウバエの性染色体は，ヒトと同じく［ 1 ］接合のXY型である。キイロショウジョウバエの眼の色の野生型は赤色であるが，まれに白眼の個体がみられ，この白眼を発現させる遺伝子［ 2 ］は，赤眼を発現させる遺伝子Aに対して劣性である。白眼の雌に赤眼の雄を交配したときに得られるF_1の［ 3 ］は赤眼，［ 4 ］は白眼である。F_2では雌雄ともに赤眼と白眼の比が［ 5 ］になることが予測される。また，ホモ接合体である赤眼の雌に白眼の雄を交配すると，そのF_1はすべて［ 6 ］となる。F_2の［ 7 ］は赤眼となり，［ 8 ］では赤眼と白眼の比が［ 9 ］の割合で発現すると予測される。このような遺伝様式は，赤眼と白眼を発現させる遺伝子がともにX染色体上にある対立遺伝子であることを示している。このような遺伝子により発現する形質は，性と密接な関連をもって遺伝するので，伴性遺伝をするといわれる。

89 だ液腺染色体　B　　島根大

ショウジョウバエやユスリカなど，双翅(し)目の幼虫のだ液腺・マルピーギ管などの細胞には，ふつうの細胞の染色体の100～150倍の大きさの巨大染色体がみられる。これらの細胞では，核分裂が起こらず，染色体が細胞分裂［ 1 ］期の状態にとどまっているために巨大となり，また，体細胞でありながら，［ 2 ］染色体が対合している。したがって，染色体数は見かけ上［ 3 ］である。

だ液腺染色体には多数の横じまがみられ，それらの数や位置は［ 4 ］によって一定している。異常のある個体では，特定の横じまが欠けた［ 5 ］や，位置が逆になっている［ 6 ］などの変異を示すものもある。これは，遺伝子が横じまの位置に存在することを示している。これらに基づいて[7]がつくられている。

一方，だ液腺染色体では，特定の位置がふくらんでおり，これを[8]と呼んでいる。これができる位置や大きさは，種類や組織によって違ったり，また同じ組織でも発生の時期によって異なっている。また，この部分では[9]が多量につくられており，この遺伝情報をもとにして特定の[10]が合成される。

90 染色体と遺伝子(1) A　　宇都宮大

生物は，その種に特有な染色体数をもち，一般的に同形同大の1対ずつの染色体からなる。この対になっている染色体を[1]という。[1]は，減数分裂の第一分裂前期になると[2]を起こし，[3]を形成する。

2つの遺伝子が同一染色体上にある場合を[4]しているといい，これらの遺伝子は行動をともにするので，メンデルの[5]の法則にしたがわない。しかし，ときには[2]中に染色体の[6]が起こり，一部分が交換されて遺伝子の組み合わせが変わることがある。この現象を遺伝子の[7]という。

例えば，スイートピーの花色と花粉の形を支配する遺伝子についてみる。花色に関する遺伝子(紫色B，赤色b)と花粉の形に関する遺伝子(長い花粉L，丸い花粉l)とは同一染色体に座乗している。紫色で長い花粉の個体(遺伝子型 BBLL)と，赤色で丸い花粉の個体(遺伝子型 bbll)とから得られる F_1 植物の体細胞遺伝子型は[8]であり，その表現型は[9]となる。この F_1 植物に赤色で丸い花粉の個体を検定交雑すると，得られた種子からは紫色・長花粉，紫色・丸花粉，赤色・長花粉および赤色・丸花粉の個体が8：1：1：8の割合で出現した。このことは，F_1 のつくる配偶子は紫色・長花粉，紫色・丸花粉，赤色・長花粉および赤色・丸花粉の遺伝子型をもつものが，[10]：[11]：[12]：[13]の比率で生じたことになる。この結果から，遺伝子の[7]価を求めることができ，その値は[14]%となる。この値は染色体上の遺伝子間の相対距離の単位としており，遺伝学者の名をとり[15]単位といい，染色体地図作成などに活用される。

91 染色体と遺伝子(2) A　　名城大

真核生物の細胞には染色体が複数存在する。異なる染色体上の遺伝子は互いに[1]しているというが，同じ染色体上に存在する遺伝子は[2]しているという。通常，[2]している遺伝子は同じ配偶子に入るから，これらの遺伝子が発現する形質は[1]しない。しかし，[3]の前期に相同染色体が対合してできた4本の染色体の2本の間で一部分が交換されると，一部の遺伝子の間で[4]が起こる。このとき，生じた全配偶子のうち[4]を起こした配偶子の割合を[5]という。

[2]している遺伝子のうち，A，B，Cを選び，そのうち2つ AB，BC，CA 間の[5]を求めたところ，それぞれ7%，5%，2%であった。この結果から，3種の遺伝

第5章

子の相対的位置は［6］の順になる。このような［7］の方法により染色体上の遺伝子の位置を示したものが［8］である。

92 種皮と胚乳の遺伝 A 北海道大

イネの種子は主に精細胞(n)の１つが［1］(n)と受精してできる胚(2n)，もう１つの精細胞(n)が［2］(n＋n)と融合してできる胚乳(3n)および母親の組織(2n)に由来する種皮からなる。ある対立遺伝子Ａとａについて，遺伝子型ＡＡのイネにaaの遺伝子型をもつイネの花粉を受粉する場合，それぞれ配偶子の遺伝子型は［3］と［4］になる。したがって，受粉して得られる種子の胚，胚乳および種皮の遺伝子型はそれぞれ［5］，［6］および［7］となる。このことから，F_1やF_2の種皮の色は種子をまいて育てることで確認できる形質であることがわかる。

93 細胞質遺伝 B 富山大

オシロイバナには斑入り(ふいり)葉(緑に白斑を生じる葉)をもつ品種がある。この品種では，１本の植物体の中に，緑色葉だけをもつ枝(「全緑枝」と呼ぶ)と白色葉だけをもつ枝(「全白枝」と呼ぶ)と斑入り葉だけをもつ枝(「斑入り枝」と呼ぶ)の３種類が混じって現れる。これら３種の枝に咲く花に受粉させてできた種子をまき，それぞれの子孫の間に葉の色がどのように遺伝するか調べたところ，次のような結果を得た。すなわち，雄親にどんなものを用いたかに関係なく，「全緑枝」についた種子からは全緑の子株(F_1)だけが生じた。その子株の自家受粉によってできた子孫(F_2)もすべて全緑であった。一方，「全白枝」についた種子からは全白の幼植物だけが生えたが，それらはその後，生育できず枯死した。また，「斑入り枝」の種子から生じた幼植物の中には，斑入りのものばかりでなく全緑や全白のものも混じっていた。この場合も受粉に用いた雄親の形質には無関係であった。

このように，オシロイバナの葉の色の遺伝様式はメンデルの法則に従わないが，現在では次のように理解されている。緑色植物の葉の色は，おもに，光合成反応に必須なクロロフィルという色素の色である。クロロフィルは細胞質に存在している葉緑体に含まれている。葉緑体は植物細胞に固有な［1］であり，通常は分裂によって，増殖して１個の細胞内に多数存在する。葉緑体には，自己複製能のある独自の［2］が含まれている。オシロイバナの斑入り品種の場合では，葉緑体の［2］上にある遺伝子に突然変異が生じることによって，クロロフィルが壊れてしまう葉緑体が生じ，これが正常な緑色の葉緑体とともに細胞内に混在している。このように同一の細胞の中に２種類の違ったタイプの葉緑体が混在しても，それぞれは互いに独立して増殖することができる。

植物細胞内に多数ある葉緑体が，［3］の結果生じる娘細胞にどのように配分されるかは，規則的ではなく偶然のチャンスによるので，分裂装置である［4］によって正確に等分される［5］の場合とは違っている。つまり，オシロイバナの斑入り品種の場合のように正常な葉緑体と突然変異型の葉緑体とが混在する細胞では，[3]が繰り返されてゆくにつれ，正常型(緑色タイプ)または突然変異型(白色タイプ)の葉緑体だけを含む細胞がある確率で生じてくる。「全緑枝」および「全白枝」が，それぞれ一方のタイプの葉緑体だけをもつ細胞からできているのに対して，「斑入り枝」は，両方のタイプの葉緑体が混在する細胞と，どちらか一方のタイプしか存在しない細胞とからできている。ところで，受精は，めしべの子房の中の[6]に[7]からの精核が送り込まれることによって起きるが，その際，雄親の細胞質は，[7]を通じて[6]に送り込まれることはほとんどない。こうして，受精卵に含まれる葉緑体のタイプは，雌親に由来する[6]がもつ葉緑体のタイプと同じとなると考えられている。

94 遅滞遺伝　B　　東京理大

モノアラガイでは大部分の個体は右巻きであるが，ときには左巻きを示すものがある。この貝は左巻きにらせん卵割した卵から発生したものである。交配実験による遺伝的解析から，右巻きと左巻きは対立形質で，右巻きが優性であることがわかっている。しかし，表現型の出現頻度はメンデルの法則に従わない。例えば，(i)遺伝子型が優性ホモの雌貝と劣性ホモの雄貝を交配させるとF_1の貝は全て右巻きとなり，(ii)劣性ホモの雌貝に優性ホモの雄貝を交配させて得られるF_1の貝はすべて左巻きとなる。このことは親の[a]貝の配偶子形成でつくられる細胞質中にある因子が子の貝殻の巻き方を決めていることを示唆する。実際，(ii)で得られたF_1の貝を交配させた場合にF_2の貝はすべて[b]となるが，このF_2の多数の孫貝の雌雄を任意に選んで交配させると，F_3では右巻きの貝と左巻きの貝が得られ，その割合は[c]となる。この左巻きの貝は，F_2で生じた[d]の[e]貝から生まれてきたと考えれば理解できる。このようなモノアラガイの殻の巻き方の遺伝は[f]と呼ばれている。

[語群] (ア) 雄　(イ) 雌　(ウ) 優性ホモ　(エ) ヘテロ　(オ) 劣性ホモ　(カ) 右巻き　(キ) 左巻き　(ク) 伴性遺伝　(ケ) 母性遺伝　(コ) 隔世遺伝　(サ) 1：1　(シ) 1：3　(ス) 3：1

95 花形成のABCモデル　B　　大阪医大

野生型のシロイヌナズナの茎頂分裂組織では，外側から順にがく，花弁，おしべ，めしべという構造が同心円状に形成され(それぞれの領域をア，イ，ウ，エとする)，花ができる。花の構造の分化は3種類の調節遺伝子A，B，Cの組み合わせによって決まっており，A遺伝子だけが働くと「がく」が，A遺伝子とB遺伝子が働くと「花弁」が，B遺伝子とC遺伝子が働くと「おしべ」が，C遺伝子だけが働くと「めしべ」が形成される。下の表は，野生型と調節遺伝子A，B，Cそれぞれの働きを欠く突然変異体(それぞれA変異体，B変異体，C変異体とする)におけるA，B，Cそれぞれの遺伝子の働く領域を調べた実験の結果

第5章

を示している。ただし，遺伝子A，B，Cはそれぞれ独立している。

表　野生型および突然変異体の各領域で働く調節遺伝子名

	ア	イ	ウ	エ
野生型	A	A，B	B，C	C
A変異体	C	B，C	B，C	C
B変異体	A	A	C	C
C変異体	A	A，B	A，B	A

A変異体のアの領域には[1]が形成される。このように本来あるべき構造が別の構造に置き換わる突然変異を[2]という。

遺伝子BとCの両方の働きを欠いた植物をつくることにした。B変異体は[3]がなくC変異体は[4]がないため交雑できない。したがって，以下の方法を用いた。野生型の遺伝子型をBBCC，B変異体の遺伝子型をbbCC，C変異体の遺伝子型をBBccと表すことにする。Bはbに対して，Cはcに対して優性の対立遺伝子である。得たい植物の遺伝子型は[5]である。遺伝子型BbCCの植物のめしべに，遺伝子型BBCcの植物のおしべの花粉をつけて交雑した。この交雑により得られた次世代の種子を播いたところ，BBCC：BBCc：BbCC：BbCcの遺伝子型の植物が[6]の比で現れた。これらの植物をすべて自家受粉させ，さらに次世代の種子を1920粒収穫した。この種子のうち，理論的には[7]粒の種子が[5]の植物になると考えられる。

第6章　動物の体内環境

96 血　液 ＊A　酪農学園大

血液は液体成分である［ 1 ］と有形成分に大別され，有形成分には，血液凝固因子を放出する［ 2 ］や無核の細胞で最も数が多い［ 3 ］および食作用・免疫に関わる［ 4 ］がある。ヒトの胎児の血球は，［ 5 ］や［ 6 ］で生成されるが，出生後は［ 7 ］で生成される。また，すべての血球は［ 7 ］の［ 8 ］から分化する。［ 4 ］は顆粒球，単球とリンパ球に分けられ，顆粒球は［ 9 ］，［ 10 ］，［ 11 ］に分類される。単球は別名［ 12 ］と呼ばれ，食作用をもつ。リンパ球は［ 8 ］のリンパ系幹細胞から分化し，ひとつはそのまま［ 7 ］で成熟した［ 13 ］であり，もうひとつは［ 14 ］で成熟した［ 15 ］である。これら2つのリンパ球は免疫の主要な細胞である。

97 血液循環(1) ＊B　京都府医大

血液やリンパ液などの体液を体内に流通させて，物質の交換を行う器官の集まりを［ 1 ］という。ヒトの［ 1 ］は，血管系とリンパ系によって構成される。また，他の脊椎動物と同様に，血液が血管の中だけを流れる閉鎖血管系である。心臓は血液を全身に送り出すポンプの働きをしており，ヒトを含む哺乳類では［ 2 ］心房［ 3 ］心室よりなる。

肺呼吸を行う動物では，肺にいく肺循環と，体の各部にいく体循環とに分けられる。酸素含有量が大きくて鮮紅色の血液を［ 4 ］といい，酸素を失って暗赤色の血液を［ 5 ］という。［ 4 ］と［ 5 ］のうち，体循環では，大動脈には［ 6 ］，大静脈には［ 7 ］が流れ，肺循環では，肺動脈内に［ 8 ］が流れ，肺静脈内には［ 9 ］が流れる。

心臓はいつも働き続けていなければならない。心臓がいつも規則正しく拍動しているのは，心臓の中にあるペースメーカーによって調節されているからである。これを心臓拍動の［ 10 ］という。心臓の拍動においては，［ 11 ］が最初に興奮して，この信号が［ 12 ］の筋肉を収縮させる。次に［ 13 ］を刺激して，［ 14 ］の筋肉を収縮させる。この経路で働き続ける調節中枢を［ 15 ］という。

98 血液循環(2) ＊B　北海道大

血圧とは，流れる血液が血管壁や心臓内の壁を押す圧力のことである。正常なヒトの左心室心筋は，右心室心筋よりも厚く強い力で収縮するので，左心室血圧は右心室血圧より高い。左心室と右心室を分離する隔壁である心室中隔に穴が開いている心室中隔欠損症という疾患があり，左心室血圧が右心室血圧よりも高い状態1から，右心室血圧が左心室血圧よりも高い状態2に重症化する場合がある。その理由として次のように考えられている。

状態1の場合，心室中隔に穴が開いていると，［ 1 ］の血液は，一部［ 2 ］に流入する。そのため右心室および［ 3 ］を通過する［ 4 ］が［ 5 ］し，その負荷に耐えるために，次第に右心室血圧が上昇する。

99 酸素の運搬(1) ＊A　東海大

酸素ヘモグロビンの割合と酸素分圧の関係をグラフで表したものを［ 1 ］という。図は成人ヘモグロビンの［ 1 ］であり，［ 2 ］分圧が高いほど，また［ 3 ］分圧が低いほど酸素ヘモグロビンができやすいことを示している。成人ヒト肺胞でのO_2分圧は100mmHg，CO_2分圧は40mmHgであり，組織でのO_2分圧は30mmHg，CO_2分圧は60mmHgである。この場合，肺胞では［ 4 ］%のヘモグロビンが酸素と結合でき，組織では約［ 5 ］%のヘモグロビンが酸素と結合できる。したがって，肺胞でヘモグロビンと結合した状態の酸素のうち約［ 6 ］%が組織で解離し，利用されることになる。ヒトの胎児は［ 7 ］を介して，母体から栄養やO_2の供給を受ける。同じ酸素分圧では，胎児のヘモグロビンは母体のヘモグロビンよりも酸素ヘモグロビンの割合が［ 8 ］という特徴をもっている。そのために［ 7 ］での胎児と母体とのガス交換が容易に行われることになる。

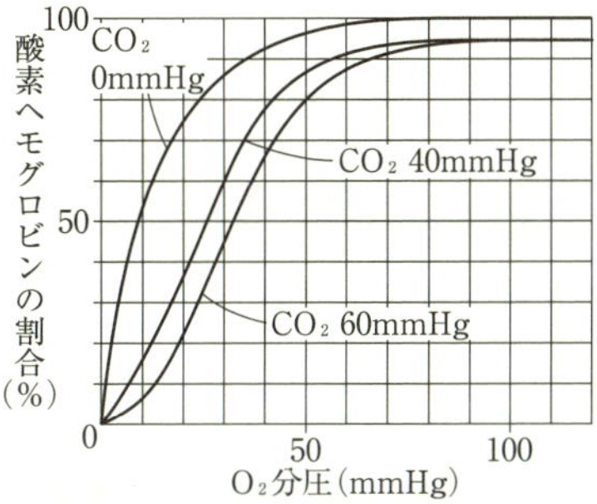

100 酸素の運搬(2) ＊B　大阪医大

ヒトの赤血球中には，34%（質量パーセント濃度）のヘモグロビン(Hb)が含まれている。Hb分子は［ 1 ］種類のポリペプチド鎖が2本ずつ集合した構造をしている。それぞれのポリペプチド鎖は，［ 2 ］イオンをもつヘムという化合物を含んでいる。全体のHbに対する酸素ヘモグロビン(HbO_2)の割合(%)と酸素(O_2)分圧の関係を示したグラフを［ 3 ］という。右の図は3種類の二酸化炭素(CO_2)分圧条件における［ 3 ］を示す。曲線bは肺胞内のCO_2分圧に対応している。例えば，平地に適応している人が高山に登ると，肺胞内のO_2分圧が低くなり，頭痛や吐き気などの症状が起きることがある。このとき，肺胞内のHbO_2の割合が［ 4 ］していることがわかる。高山では肺胞内のO_2分圧は60mmHgに低下していた。このとき，平地に比べ肺胞内の酸素ヘモグロビンの酸素結合量は，血液100mLあたり［ 5 ］mL（37℃，標準大気圧）変化した。ただし，血液

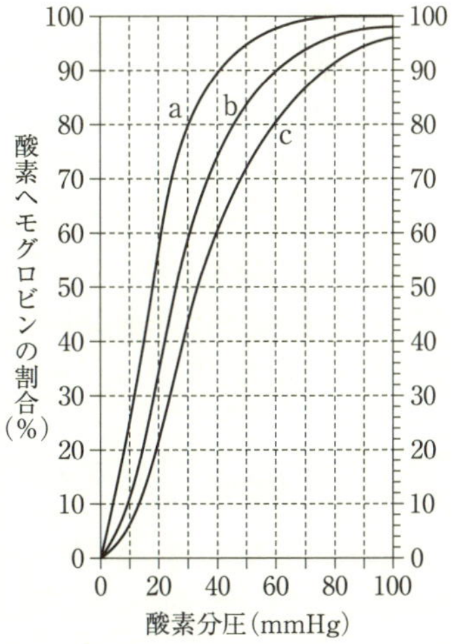

中を占める赤血球の割合を40%，血液および赤血球の比重を1.0，HbO_2の割合が100%のときのHb 1 gあたりの酸素結合量を1.34mL(37℃，標準大気圧)とする。また，平地における肺胞内のO_2分圧は100mmHg，平地と高山における肺胞のCO_2分圧および血液中のヘモグロビン量は同じとする。[3]は，CO_2分圧によって影響され，CO_2分圧が高くなると，曲線bは曲線[6]の方向に移動する。曲線[6]はある組織のCO_2分圧における結果である。曲線bのO_2分圧100mmHgの動脈血がその組織(O_2分圧40mmHg)へ運ばれたとき，動脈血の酸素ヘモグロビンの[7]%が酸素を放出する。

101 呼吸色素　B　　京都大

生体と外界との間のガス交換を[1]という。肺におけるガス交換によって，体内でつくられた二酸化炭素は血液から肺胞へ，さらに大気中へと排出される。一方，酸素は肺胞から血液に入り，そのほとんどはヘモグロビンと結合して，酸素ヘモグロビンの形で体の各所に運ばれ，活動している細胞に供給される。筋肉には，[2]という呼吸色素が含まれている。

ヘモグロビンは，鉄を含む[3]と，タンパク質であるグロビンから構成されている。グロビンの遺伝子に[4]が起こると，場合によってはヘモグロビンの性質に重大な変化が生じる。この[4]を原因とする代表的な病気が[5]である。鉄は生体の機能にとって重要で，細胞小器官である[6]に存在して電子伝達系を構成するシトクロムにも含まれる。イカやタコの呼吸色素である[7]には鉄ではなく[8]が含まれている。

102 二酸化炭素の運搬　＊A　　近畿大

血液中の二酸化炭素は心臓の拍動数や呼吸運動を調節するという大切な役割を果たしている。血液中のほとんどの二酸化炭素は[1]に入り，[2]酵素の働きで，水と結合して[3]になり，[3]は[4]と[5]に電離する。[4]は組織においてヘモグロビンから酸素を遊離させる働きがあり，[5]は血しょう中で[6]となり，血液のpHを一定に保つ働きがある。肺ではこの逆反応が起こり，[1]中で二酸化炭素が産生され，呼気中に排出される。

103 無脊椎動物の体液濃度の調節　＊A　　琉球大

生物は外界の様々な影響を受けて生活しており，各個体には，環境の変化に対して体液の濃度を一定に保つしくみがみられる。淡水にすむ単細胞生物のゾウリムシでは，体液の濃度が外界の水よりも[1]。そのため，外部から水が体内に浸入する。浸入した水は[2]の働きで外部に排出され，体液の濃度は一定に保たれる。ここで，外部の水に食塩を加えて濃度を高くしていくと，細胞内に浸入してくる水の量は 3 なり， 2 の収縮回数は 4 なる。大部分の海産無脊椎動物は，ケアシガニでよく知られているように，体液の濃度が外界の海水のそれとほぼ等しく，浸透圧調節のしくみが発達して 5 。このような動物には外洋性のものが多い。

104 魚類の体液濃度の調節 ＊A　　福山大

水中で生活する魚類は，淡水魚も海水魚も体液の濃度はあまり変わらない。海水魚の体液の濃度は外界 a ので，体内からたえず水分が失われ，逆に b が体内に浸入してくる。このため，海水魚は c を飲んで， d から水分を積極的に吸収する。同時に，体内に入ってくる e を f から濃度に逆らって排出し，体液の濃度を一定に保っている。淡水魚の場合は，体液の濃度は外界 g ので，体表や h から水が浸入し， i が失われる。そのため，淡水魚は水をほとんど飲まず， j の尿を k 排出する。また， l を m から体内へ濃度に逆らって取り込んで濃度を調節している。

［語群］ (ア) より高い　(イ) と同じな　(ウ) より低い　(エ) 塩類　(オ) タンパク質
(カ) えら　(キ) 表皮　(ク) 腎臓　(ケ) 多量に　(コ) 少量　(サ) 腸　(シ) 胃
(ス) 海水　(セ) 淡水　(ソ) 体液より高張　(タ) 体液と等張　(チ) 体液より低張

105 腎　臓 ＊B　　久留米大

腎臓は尿を生成することにより生物の体液の恒常性の維持機能を担っており，生命活動を営む上で重要な役割を果たしている。右の図はヒトの腎臓の構造単位の模式図である。血しょう中のタンパク質以外の成分が， 1 を構成する 2 の血管細胞のすき間を通って 3 へろ過され， 4 となる。 4 に含まれる有用物質はそれに続く 5 を通過する間に再吸収されて，再び血管内へ戻る。吸収されずに残った物質は，集合管を通ってぼうこうへ集められて尿として排出される。

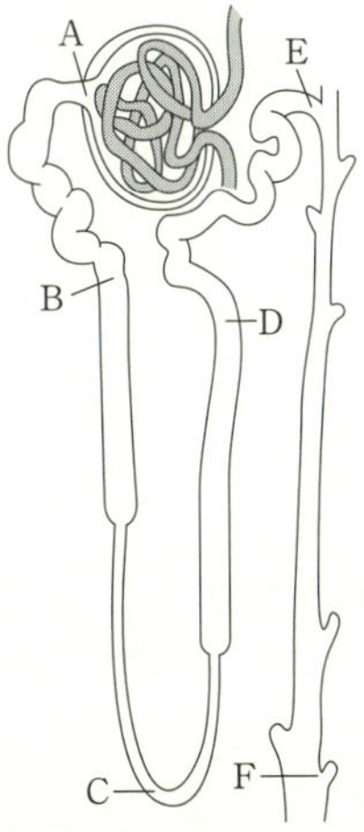

アミノ酸や 6 は部位A～Bに至るまでにほぼ完全に再吸収される。ナトリウムイオンの再吸収はエネルギーを消費する 7 によって行われ，部位A～B，C～Eにおいて再吸収される。副腎皮質から分泌される 8 は部位D～Eを構成する細胞に作用してナトリウムイオンの再吸収量を調節する。

一方，部位A～C，D～Eにおいて水の透過性が高くなっており，部位A～Bの間ではナトリウムイオンなどの溶質が 4 から除かれるために生じた 9 によって受動的に水分が再吸収される。部位B～DのU字状のループ部分は，腎臓の髄質部に位置し，部位Cの周囲の組織液は血しょうと比べて［10］になっている。そのため部位B～Cの間では［4］の濃縮が起こる。脳下垂体後葉ホルモンである［11］は，部位E～Fを構成する細胞に作用して水の透過性を増大させるので，部位D～Fにかけて通過する間に水はほぼ完全に再吸収され，結局，［3］へろ過された水分量の99％以上が再吸収されることになる。［11］が産生されなくなると，水の再吸収が少なくなり，多量の［12］な尿を生じる。

106 窒素排出物　A　　近畿大

動物は代謝によって生じた老廃物を排出することで，有害な物質の体内への蓄積を防ぐとともに，体液の［1］を維持している。炭水化物や［2］は体内における異化の最終産物として［3］と［4］になる。一方，［5］からはそれら以外に毒性の強い［6］も生じる。

水中で生活する硬骨魚類は，［6］をえらやその他の排出器官からそのまま排出する。一方，陸上で生活するハ虫類や鳥類は［6］をおもに不溶性でほとんど無害の［7］に変えて排出し，哺乳類はおもに水溶性で比較的毒性の低い［8］に変えて排出する。

107 肝　臓　＊A　　鈴鹿医療科学大

肝臓は，ヒトでは［1］内の右上部，［2］の真下にある暗赤褐色をした器官で，成人ではその重さがほぼ［3］gもある人体最大の器官の１つである。これはからだの万能工場と呼ばれ，様々な物質の生成・貯蔵・分解を行って，体液を一定の状態に保つこと，すなわち［4］の維持に役立っている。

肝臓を形成する肝細胞には，タンパク質の合成や脂肪の代謝など，物質の合成や分解に働く物質である［5］が多量に含まれている。また，これら肝細胞の行う活発な化学反応の結果，熱の発生が大きく，体温の保持にも役立っている。肝臓の発熱量は，［6］に次いで大きく，体全体の発熱量の12％にもおよぶ。これは，肝臓の重量が体重の２～３％であるのに比べて非常に大きな量である。さらに，肝臓は血液を一時的に蓄える貯蔵庫にもなっており，循環する血液量の調節も行っている。

腸で吸収された栄養素などの物質の大部分は，［7］という１本の静脈に集められ肝臓に送られる。この栄養素中のグルコースは，［8］に合成されて一時肝細胞内に貯蔵され，必要に応じて再びグルコースに分解されて血液中に供給され，生体に必要なエネルギー源となる。このようなグルコース代謝は，肝臓が血糖量の調節に関わっている大切な器官であることを示している。

また，肝臓は，体内で古くなったタンパク質が分解されたときに生じる毒性の強いアンモニアを毒性の弱い［9］に変えたり，アルコールなどの血液中の有害物質を分解したり別の物質に変えたりして，有害物質を無害化する［10］作用も行っている。

一方，肝臓は，[11]を生産する。肝臓の[10]作用によって生じた不要な物質や古くなった赤血球中のヘモグロビンの分解産物は，[11]として[12]に一時貯蔵され濃縮された後，小腸の一部である[13]に放出され，便とともに体外へ排出される。

肝臓を流れる血液は，肝動脈と[7]という2本の血管を通して入り込み，肝細胞の間を流れた後，[14]を通って肝臓を出て行く。

108 血液凝固 ＊A　東海大

ヒトは，体の血液の約3分の1が失われると組織への酸素供給が十分に行われなくなり，死に至ることがある。しかし，実際には外傷などにより血液が血管から流出しても，傷口がある程度小さい場合には止血するしくみが働き，血液の過剰な喪失を抑えることができる。生体では，2段階のしくみにより，止血がなされる。血管が破れて出血が起きると，まず血液中の[1]が血管の破れたところに集まってかたまりをつくる(一次止血)。次いで，[1]から放出される因子，血液の液体成分である[2]中の[3]イオン，およびその他の様々なタンパク質因子により，不活性型の[4]が活性化型の[5]に変換され，その作用により[2]に溶けている[6]というタンパク質の一部が分解され，難溶性で繊維状の[7]が形成される。そして，[7]は赤血球や白血球などをからめとりながら凝固して，[8]といわれる血液のかたまりを出血が起こった所に形成する(二次止血)。以上のようなしくみにより，止血が完了する。

109 ホルモンの発見 ＊A　近畿大

イギリスのベイリスと[a]は，1902年，イヌを用いた実験で胃液中の塩酸が胃の内容物とともに十二指腸に入ると，十二指腸壁の細胞が刺激され，この刺激からある物質が分泌され，この分泌された物質が血液によってすい臓に達し，すい液の分泌を促進することを発見し，この物質を[1]と名付けた。[1]はホルモンとよばれる最初のものである。動物のホルモンは一般には[2]腺とよばれる器官でつくられ，血液中に分泌され，血液によって運ばれ，ある特定の部分([3]器官)に作用する。[1]については，十二指腸壁の細胞が[2]腺で，その[3]器官はすい臓の[4]腺である。

[語群] (ア) パブロフ　(イ) スターリング　(ウ) コッホ　(エ) クレブス　(オ) サンガー

110 ホルモン(1) ＊B　北海道大

分泌腺には，外部または胃や腸管などの内腔への分泌作用を行う[1]と，血液中にホルモンを分泌して[2]の働きを制御し[3]による調節機構を通じて適切なホルモン量を分泌する[4]がある。ホルモンという用語はギリシャ語の「動き出させるもの」という意味の語に由来している。脳も多くのホルモンを産生しており，[5]にある

第6章

[6]細胞は，脳下垂体のホルモン分泌を促す[7]と，ホルモン分泌を抑える[8]によって，脳下垂体の機能を調節している。

111 ホルモン(2) ＊A　千葉工業大

ヒトの内臓諸器官や体液の状態は[1]系や[2]系の協調によって調節されている。外部環境が変化しても，体の内部の状態や機能を一定に保っておこうとする性質を[3]という。

ヒトの脳下垂体などが関わる[1]系では，ホルモンの分泌により調節が行われる。脳下垂体は，ヒトの小指の先ほどの大きさであり，[4]の[5]につながっている。脳下垂体の[6]からは，成長ホルモンのほか，甲状腺刺激ホルモンや副腎皮質刺激ホルモンなど多くのホルモンが分泌される。これらのホルモンは，[5]の神経分泌細胞からの放出ホルモンや抑制ホルモンによって，その分泌が調節されている。例えば，放出ホルモンの働きによって，甲状腺刺激ホルモンが血液中に分泌されると，血流により甲状腺に達し，甲状腺を刺激する。刺激を受けた甲状腺は[7]を分泌する。体液を経由して[7]を受け取った各細胞では，酸素やグルコースの消費量が増え，体温が上昇する。[7]の量が過剰になると，[5]や脳下垂体[6]が反応して，甲状腺刺激ホルモンの分泌を抑制するように働く。これにより，[7]の分泌量は次第に減少する。このように，調節作用によって生じた変化が，調節作用を及ぼした部位にさかのぼって作用するしくみを[8]という。

112 血糖量調節(1) ＊A　岩手大

健康な人の血液中のグルコース量(血糖量)は，常にほぼ一定に保たれている。この血糖量の調節は，[1]神経と[2]により行われている。

食事のあとで血糖量が増加すると，間脳から[3]神経を介する刺激，または高血糖の直接の刺激により，すい臓の[4]の[5]細胞から[6]が分泌される。[6]は，[7]や[8]でのグルコースからの[9]合成や，各細胞でのグルコースの消費を促すので血糖量は減少する。

運動などで血糖量が減少すると，間脳から[10]神経を介して，[11]からアドレナリンが分泌される。また，低血糖の刺激は間脳を介し脳下垂体に働き，[12]や成長ホルモンなどを分泌させる。[12]は，副腎皮質から[13]を分泌させる。低血糖の刺激は，さらに直接すい臓に働き，[4]の[14]細胞から[15]を分泌させる。アドレナリン，成長ホルモンおよび[15]は，[7]や[8]の[9]をグルコースに変え，血糖量を増加させる。また，[13]は[16]からグルコースへの変化を促すので，血糖量はさらに増加する。甲状腺から分泌される[17]も，血糖量の調節に関係している。

113 血糖量調節(2) ＊B　　山口大

血糖量の調節のしくみを知るために行われた３種類の実験とその結果が，次の実験Ⅰ～Ⅲに述べられている。これらの実験で用いたグルコースその他の物質はリンガー液中に溶かしたものである。

［実験Ⅰ］ イヌのすい臓をリンガー液中にとり出し，濃度の異なるグルコースをすい動脈に注入して，すい静脈中に出てくるホルモンの種類を調べたところ，次のような結果が得られた。

(1) 血糖値よりもかなり低濃度のグルコース溶液を注入すると， a が出てきた。

(2) 血糖値よりもかなり高濃度のグルコース溶液を注入すると， b が出てきた。

［実験Ⅱ］ ２匹のイヌA，Bを用い，右に模式的に図示されているように，Aのすい臓から出た血液がBのからだに入り，さらにBの血液の一部がAのからだに入るように，血管をチューブで連結した。Aのからだにインスリン，グルカゴン，グルコースを注射し，Bの血糖量の増減を調べたところ，次のような結果が得られた。

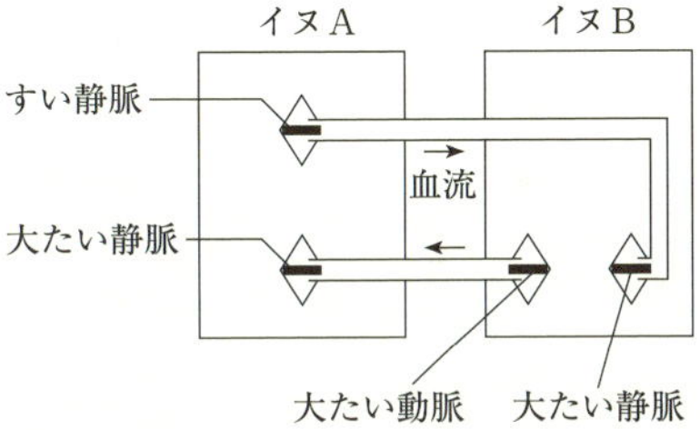

(1) インスリンを注射すると，血糖量がBでは c 。

(2) グルカゴンを注射すると，血糖量がBでは d 。

(3) グルコースを注射すると，血糖量がBでは e 。

この実験結果から次のことが推論される。インスリンを注射したことによって，イヌAからイヌBに送り込まれた血液には f が含まれていた。グルカゴンを注射したことによって，イヌAからイヌBに送り込まれた血液には g が含まれていた。また，グルコースを注射したことによって，イヌAからイヌBに送り込まれた血液には h が含まれていた。

［実験Ⅲ］ イヌの延髄(その特定部位)を刺激すると，副腎髄質から血糖量調節のためのホルモンが放出されることがわかっている。このような延髄の刺激を行ったとき，次のような実験結果が得られた。

(1) 正常なイヌの延髄を刺激すると，血糖量は i 。

(2) 絶食によって組織内のグリコーゲンの量が減っているイヌの延髄を刺激すると，血糖量は j 。

(3) 副腎に入る交感神経を切ったイヌの延髄を刺激すると，血糖量は k 。

［語群］ (ア) 糖質コルチコイド　(イ) 鉱質コルチコイド　(ウ) インスリン
(エ) パラトルモン　(オ) グルカゴン　(カ) アドレナリン　(キ) 増加した
(ク) 減少した　(ケ) ほとんど変化しなかった

第6章

114 体温調節 ＊A　高知大

ヒトの体をとりまく環境は常に変化している。例えば，外気温は１日の周期や１年の周期で変動する。夏季に，冷房の効いた部屋から屋外へ出ると，ヒトの体は高温の外気にさらされて一時的に表面の体温が上がる。しかし，ヒトの体には体温を調節するしくみがあり，[1]が保たれている。この場合，体温はどのように調節されているのだろうか。高温の外気で体の表面が温められると，体表面を流れる血液の温度が上昇する。そして，高温となった血液は体温調節中枢(温細胞)がある[2]に流れる。刺激された体温調節中枢は神経系へ指令を出す。その指令は神経細胞の[3]となって体幹や四肢に伝わり，発汗を[4]するとともに，皮膚の血管を[5]させる。これらの反応により，熱の放散量が増加して表面体温が下がると，その情報がふたたび体温調節中枢に伝わり，それまで出されていた指令が解除される。

冬季に，暖房の効いた部屋から氷点下の屋外へ出た場合はどうだろうか。外気によって体表面の血液が冷やされ，この冷えた血液が[2]の体温調節中枢(冷細胞)を刺激する。その結果，[6]の働きが高まって皮膚の血管と[7]が[8]し，熱の放散量が減少する。また，[9]からのアドレナリンの分泌が促進される。さらに，刺激された体温調節中枢からの指令によって[10]が刺激され，[11]と[12]を刺激するホルモンが分泌される。これにより，[11]から糖質コルチコイドが分泌され，[12]からチロキシンが分泌される。アドレナリン，糖質コルチコイドおよびチロキシンの３つのホルモンは[13]や[14]に達し，それらの組織または器官における[15]を[4]する。

115 ストレスとホルモン ＊B　日本女大

ストレスとは，様々な外的刺激が加わった場合に生じる生体の反応のことで，どのような刺激に対しても同じような反応が生じる。この場合の外的刺激をストレッサーと呼ぶ。ただし，最近は，ストレスとストレッサーは区別されずに使われていることが多い。ヒトの生活環境の多くはストレッサーとなる可能性がある。具体的には，高温，騒音，試験，家族の死などがその例であり，ストレッサーは多種多様である。ストレッサーは，大脳皮質から自律神経系やホルモン分泌の中枢へと伝えられ，自律神経系，内分泌系の反応を引き起こす。

イヌに激しくほえかけられると，ネコは毛を逆立て，心拍数が増加するなどの様々な身体的変化を起こす。この身体的変化は，自律神経系のうちの[1]神経系が興奮していることを示す。[1]神経から刺激を受けると，内分泌腺である[2]からは[3]が分泌されるが，この[3]もこの身体的変化に関与している。

ストレッサーにより，ホルモン分泌の中枢からは副腎皮質刺激ホルモン放出ホルモン(CRH)が分泌される。CRH は，[4]からの副腎皮質刺激ホルモン(ACTH)分泌を引き起こす。さらに，ACTH は副腎皮質ホルモンである[5]の分泌を促進する。そのほか，いくつかのホルモンの分泌も増加する。

昔，ある大学で受験者の尿検査を行ったところ，約３分の１の受験者の尿から尿糖が検出されたという。尿糖とは，尿中のグルコースのことであるが，受験生の多くが20歳以下ということを考えると，糖尿病患者がこれほど多く存在することは考えられない。尿糖が検出されたのは，受験というストレッサーにより緊張を強いられる状況で一過性に起きたストレス反応と考えられる。

尿糖が検出されたのは，ストレス反応のしくみから考えて，血液中のグルコース量，つまり血糖量が増加したためと考えられる。血糖は，食べ物の消化により生成したグルコースが吸収されることによるだけではなく，［6］や筋肉などに蓄積された［7］を分解することによっても，その値は変化する。［7］を分解してグルコースをつくるホルモンとしては，［3］，［8］，［9］，［10］などが知られている。また，［5］は組織のタンパク質からのグルコースの合成を促進する。これらのホルモンはストレス反応時には分泌が増加している。一方，血糖を下げる唯一のホルモンは［11］で，すい臓のランゲルハンス島の［12］細胞から分泌されるが，ストレス反応時には分泌が抑制されることも知られている。つまり，ストレス反応時には，血糖値が高くなるが，あくまでも一過性であり，糖尿病になったわけではない。

116 体色変化　B　千葉大

動物の中には能動的に体色を変化させるものがある。季節による変化や生殖時期，あるいは成長の過程でかならず生じる変化以外に，周囲の明るさや色調に応じて体色の変化を起こすものが知られている。メダカやカエルでは，［1］と呼ばれる細胞の中で，色素粒が凝集したりすることで体色が変化するが，タコやイカでは，［1］のまわりにある筋細胞の働きで［1］自体が広がったり縮んだりして体色が変化する。

野生型のメダカを，白く塗った水槽と黒く塗った水槽の間で移しかえると，数分以内に背景の色にあわせて体色が変化する。メダカのうろこを顕微鏡で観察すると，黒・黄・白の３種の［1］が分布しているが，白［1］は黒［1］の下に重なっていることが多い。このうろこを１％ KCl 溶液に入れると，黒［1］内の色素粒の凝集が起こる。また，0.01％の［2］溶液に入れても，同様な変化が起こる。このような変化が起こると，体色は［3］なる。また，脳下垂体［4］から分泌される［5］が作用すると，色素粒の拡散が起こる。

117 自律神経系　＊A　弘前大

気温など外界の種々の条件の変化や体内の代謝産物などはたえず身体の内部環境（細胞の周囲の生活環境）に変化を与えている。この内部環境を常に一定の状態に保とうとする性質は恒常性と呼ばれ，その調節中枢が［1］にある。［1］は体外環境や体内環境の

第6章

変化を感受し，[2]と[3]に情報を伝達する。[2]はいろいろな器官に直接情報を伝達し，[3]は直接あるいは他の内分泌腺からのホルモンを分泌させることによって恒常性を維持している。[2]には[4]と[5]とがあり，多くの場合，１つの器官に対し拮抗的な作用を及ぼす。[4]が興奮するとその末端からおもに[6]が分泌され，[5]が興奮するとその末端から[7]が分泌される。

	血圧	[8]	唾液	[9]	心臓	胃腸運動
[4]	[10]	[11]	[12]	拡張	[13]	[14]
[5]	[15]	縮小	[16]	[17]	[18]	促進

118　レーウィの実験　＊A　　広島国際大

レーウィは２匹のカエルから取り出した心臓(心臓１，心臓２)をチューブで直列につなぎ，心臓１を通った[1]が心臓２へ流れていくような実験系を用いて，心臓の動きの調節について調べた。上流側の心臓１には２種の自律神経(神経Ａ，神経Ｂ)がつながったまま取り出したものを，下流側の心臓２には心臓のみを取り出したものを用いた。この実験系で，神経Ａのみを電気刺激すると心臓１の動きは小さく遅くなった。心臓１の動きから神経Ａは[2]であることがわかる。その場合，神経Ｂは[3]ということになり，神経Ｂを刺激したときの心臓１の動きは[4]はずである。神経Ａの起始部は[5]にあり，神経Ａの末端から放出されるのは[6]，神経Ｂの起始部は[7]にあり，神経Ｂの末端から放出されるのは[8]である。

119　免　疫　＊A　　藤田保健衛生大(医)

ヒトは，ウイルスや細菌など病原体が体内に侵入しないように，いくつもの防御機構を備えている。

第１の防御機構は，体表面における障壁である。直接外界と接する皮膚や消化管・気管の表面は，細胞どうしが密に結合した[1]組織から形成され，体内への病原体の侵入を防いでいる。気管支の表面では，細胞表層にある[2]の働きによって，異物を体外へ排出している。また，涙，汗，鼻汁には，細菌の細胞壁を破壊する酵素[3]が含まれており，これも病原体の侵入を防ぐのに役立っている。

第２の防御機構は，食作用を有する細胞(食細胞)が病原体を排除する機構である。これは，生まれながらにもっている機構で，[4]免疫という。皮膚の傷口などから病原体が体内に侵入すると，マクロファージや[5]細胞は，病原体を食作用によって処理する。また，食細胞は病原体の侵入部位に炎症反応を生じさせ，結果として血液中から多数の免疫関連物質や白血球がそこに集まり，病原体の排除を促進するように働く。病原体を取り込んだ[5]細胞は，その後，リンパ節などへ移動し，第３の防御機構を誘導する。

第3の防御機構は，ヘルパーT細胞がかなめとなって，各種リンパ球が病原体を特異的に排除する機構で，[6]免疫という。この防御機構は，[5]細胞などが取り込んだ病原体の抗原を細胞表面に提示し，この抗原情報をヘルパーT細胞が受け取ることで始まる。抗原情報を受け取ったヘルパーT細胞が[7]細胞を活性化させ，抗体を産生して病原体を排除する機構を[8]性免疫といい，また，ヘルパーT細胞が[9]細胞を活性化させ，直接病原体を排除する機構を[10]性免疫という。

抗原情報を認識した[7]細胞は活性化を受け，[11]細胞となる。[7]細胞から放出された抗体は，抗原と特異的に結合して抗原抗体複合体をつくり，その結果，病原体の感染性が弱くなったり，食細胞による食作用が高まったりすることで，病原体は排除される。この一連の過程が[12]である。

活性化を受けたリンパ球の一部は，[13]細胞となって体内に残るため，再び同じ病原体が侵入した場合は，速やかに[6]免疫反応が誘導される。この2回目以降の免疫反応を[14]といい，このしくみを利用して感染症を予防する手段が，[15]である。

[15]では，[16]と呼ばれる死滅させた，あるいは弱毒化した病原体などを接種することで，あらかじめ[12]を起こさせて，体内に[13]細胞をつくらせる。その結果，実際に病原体の侵入が起こったときには，速やかに強い[14]が誘導されるため，感染症を防ぐことができる。

120 抗体の多様性　B　　京都府医大

免疫系は，脊椎動物でよく発達し，体を感染から防御するために進化の過程で生じたものである。免疫応答は非自己分子(異物)に対してのみ起こり，自己の分子に対しては起こらないことがきわめて重要である。この非自己と自己を識別する能力が，免疫系の基本的特徴の1つである。免疫系は，細胞をはじめとする無限に近い数の[1]に反応しなければならない。[1]が体内に侵入すると，それに特異的に反応する物質である[2]が産生される。[2]は血清中の[3]とよばれるタンパク質である。このような血清中の[2]による免疫を[4]という。それに対して，異物を細胞が直接攻撃する免疫を[5]という。免疫に主に関与する細胞は，[6]と樹状細胞であり，[6]には[2]を産生する[7]と，それを助ける[8]の2種類が存在する。両者とも[9]でつくられた後，血液中や[10]，[11]などの臓器に存在するが，[8]は[12]で増殖・分化したものである。[3]はL鎖とH鎖2本ずつからなる4本のポリペプチド鎖より構成されている。L鎖とH鎖のN末端側は[2]ごとにアミノ酸の配列が異なっており，可変部と呼ばれる。その部分の[13]の違いにより，[1]を特異的に識別して結合する。

ヒトを含めた生物がもつ遺伝子の数には限りがあるにも関わらず，無限に近い数の[1]に特異的に結合する[3]がつくり出される。このしくみは，利根川らによって明らかにされた。未分化な細胞が [7] に分化するとき，[3] の可変部の遺伝情報が再構成される。すなわち，Ｌ鎖の可変部はＶ，Ｊの２つの領域からできているが，未分化の細胞には，Ｖ，Ｊの領域に対応する遺伝子分節がそれぞれ複数存在している。分化が進むと各々の細胞中で，Ｖ，Ｊからそれぞれランダムに１つずつ遺伝子分節が選ばれて連結し，新たな１つの遺伝子となる。同様にＨ鎖の可変部は，Ｖ，Ｄ，Ｊの３つの領域からできており，各領域に対応する遺伝子分節が複数存在するが，[7] への分化の過程で，Ｖ，Ｄ，Ｊからそれぞれ１つずつ遺伝子分節が選ばれて連結し，新たな１つの遺伝子となる。こうして無限ともいえる非自己分子に対応する免疫作用が成立しているのである。

121 エイズ ＊B　　宮崎大

免疫機能がまったく欠けていたり，低下していたりする状態を [1] という。[1] は遺伝的なものと後天的なものに大別できる。後天的な [1] の中でもエイズは [2] とも呼ばれ，社会的に大きな問題になっている。エイズはヒト [1] ウイルス(HIV)の感染によっておこる病気である。HIV は，[3] に侵入してこれを破壊する。HIV は遺伝子として DNA ではなく [4] をもっていて，それは感染した細胞の中で安定な DNA に [5] され，ヒトの遺伝子に組み込まれる。また，HIV の遺伝情報は非常に変異しやすく，ウイルス表面のタンパク質に多くの変異体を生じさせている。したがって，免疫系自体が成立しにくく，病気に有効な [6] もつくりにくい。その結果，免疫の能力が著しく低下してしまうので，患者は健康な状態だと感染しないような病原体に感染するようになる。これを [7] といい，患者は様々な感染症にかかりやすくなる。

122 自己免疫疾患　B　　慶応大(看護)

自己免疫疾患とは，本来自己の構成成分に対しては起きないはずの抗体産生や細胞性応答が誘導され，その結果，自己の組織や細胞に対して損傷を与えることで発生する病気である。甲状腺は [1] の分泌する甲状腺刺激ホルモンの作用を受けて，[2] と呼ばれる甲状腺ホルモンを分泌する。すなわち，甲状腺の細胞表面には甲状腺刺激ホルモンに対する受容体が存在する。自己免疫疾患の一種であるバセドウ病では，この受容体を抗原として自己免疫が成立し，抗体が産生される。この抗体が受容体を刺激すると [2] が過剰に分泌され，甲状腺機能亢進症になる。一方，血糖値を調整するホルモンのうち [3] は [4] 細胞で分泌され，細胞への糖の取り込みを促進することにより，肝臓で行われるグルコースから [5] の合成を促進して血糖値を下げる役割をもつ。ある型の [6] 病は，[4] 細胞に対する自己抗体ができることにより [4] 細胞が破壊され，その結果，高血糖状態が持続する自己免疫疾患である。

免疫不全症とは生体の免疫機能が何らかの異常によって生体防御機能の低下を呈する病気である。免疫不全症の一種である無ガンマグロブリン血症は，血中にガンマグロブリンをほとんどもたない病気である。また，アデノシンやデオキシアデノシンをそれぞれイノシン，デオキシイノシンに変換する酵素が欠損した［7］欠損症は，デオキシ ATP が蓄積することによるTリンパ球，Bリンパ球の増殖・分化異常を伴う免疫不全を呈する疾患であり，遺伝子治療が初めて適用された遺伝子病である。

123 花粉症 ＊B 防衛医大

花粉症は，植物の花粉が原因となって，くしゃみ，鼻水，眼の炎症などの［1］症状をひき起こす病気である。日本では近年，スギやヒノキの花粉症が多い。花粉が鼻に吸入されると，花粉はヒトにとって異物なので，ヒトの体では身体を防衛するために免疫反応が起こる。免疫反応の役目は，まず，体の中に入ってきた細菌やウイルスなどの異物を，自己とは違うものとして見分け，排除することである。これらの異物が次に体内に入ってきたときに迅速に対応できるように，その異物を記憶しておく。このような異物は［2］と呼ばれる。また，［2］と結びついて［2］を排除する物質が［3］である。

血液中の［4］リンパ球は花粉を［2］と認識して，それにあった［3］を他のリンパ球につくらせる。この生産された［3］は，［5］細胞の表面に付き，次に同じ［2］が入ってきたときにいつでも働けるような状態になる。次に［2］が入ってくると，［2］は［5］細胞のもっている［3］に付き，［5］細胞が様々な炎症を起こす［6］を放出する。このような免疫反応は，ヒトの体にとって，非常に重要なものである。しかし，花粉症などの［1］反応では異物に対して反応が過剰になり，身体にあまり害がないのに過剰な反応を起こしてしまうのである。このように［1］反応を引き起こす物質を［7］と呼ぶ。

124 皮膚移植 B 大阪大

移植治療は現代の医学で重要な分野となっている。一般に，免疫抑制剤などの投与なしに他人の細胞，臓器を移植すると，それらは生着せず拒絶される。拒絶反応は，［1］と［2］を区別し，［2］を排除する免疫反応，その中でも特にリンパ球の一種である［3］細胞の働きにより起こる。臓器を構成する各細胞には各個人特有の［1］の目印となる［4］というタンパク質が発現している。移植された臓器が拒絶されるのは，［3］細胞が［2］の［4］を認識し，それを発現する細胞を攻撃するためである。一方，［1］の皮膚を移植しても，拒絶が起こらず生着するのは，［1］の［4］を認識し，それを発現する細胞を攻撃する［3］細胞が存在しないためである。

組織移植の基礎研究は純系(近交系)マウス間での皮膚移植実験により大きく進展した。純系マウスとは，すべての個体が遺伝的にほぼ同一になったマウス系統のことであり，近親交配を20代以上継続することにより得られる。純系マウスにおいては，［4］遺伝子を含め，すべての対立遺伝子を［5］としてもつ。したがって，同系統のマウスはすべて同じ[4]を発現している。皮膚移植実験において，移植する皮膚を提供する個体をドナー，移植を受ける個体をレシピエントと呼ぶ。異なった[4]をもつ異系統間での皮膚移植において拒絶が起こるのは，主としてレシピエントの[3]細胞がドナーの皮膚の細胞に発現する[2]の[4]を認識し，移植された皮膚を攻撃するためである。

第6章

125 動物の視覚器 B　　京都工織大

光刺激を受容する動物の視覚器には様々なものがある。ミドリムシは［1］で光の強弱を感知し，プラナリアは頭部にある1対の［2］で明暗や光の方向を感知する。エビやタコの視覚器はそれぞれ［3］，［4］と呼ばれ，いずれも明暗や光の方向を感じるが，ミドリムシやプラナリアのそれとは違って［5］をもち，そのため物体の像を結んで［6］を感知できる。

126 ヒトの眼(1) A　　帝京大

眼は光を受容する視覚器官であり，動物の種類や生活のしかたによって，その構造や発達の程度に違いがみられる。ヒトを含めた脊椎動物は，図のようなよく発達した眼をもっている(なお，図に示した数字は以下の文章中の数字に対応している)。［1］を通過した光は，［2］の中央に開いた［3］を通り，［4］で屈折した後，［5］を通過して［6］の上に像を結ぶ。［6］には，光を感じる感覚細胞である視細胞が密に分布している。視細胞には大きく分けて2種類ある。錐体細胞は，光に対する感度は低く，強い光の受容と色の識別に働く。もう1つのかん体細胞は，光に対する感度が高く，弱い光の受容に働く。ヒトでは，［6］の中心部の［7］に錐体細胞が多く分布している。視細胞によって光の情報は信号に変換され，［6］上で連絡網をつくる神経細胞で処理されたのち，［8］により脳に伝えられる。［6］の表面にある［8］は束となって眼球の1か所から外に出るため，この部分には視細胞がなく，［9］と呼ばれる。眼には，光を網膜上で結像させるために，［4］の厚さを変えることにより焦点距離を調節するしくみが存在する。遠くを見るときは，［10］の筋肉が弛緩し，［11］が周りに引くので［4］は薄くなる。一方，近くを見るときには，［10］の筋肉が収縮し，［11］が緩むので［4］は厚くなる。

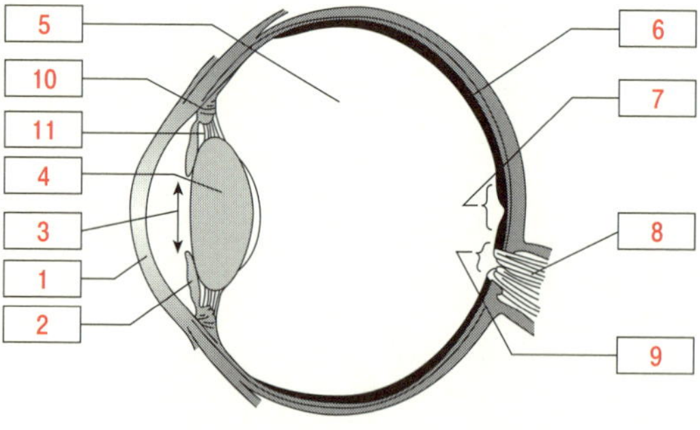

ヒトの眼の構造(右眼の水平断面)

127 ヒトの眼(2)　B　　大阪府大

ヒトの眼の網膜には［1］と［2］という２種類の視細胞がある。［1］は網膜の中央付近に多く，特に［3］と呼ばれる部分に密に分布している。これに対して，［2］は網膜の周辺部に多く分布している。視神経の束が網膜を貫いている部分を［4］といい，ここには視細胞が分布していないので，光を受容できない。

眼に入った光は角膜・瞳孔・［5］・［6］の順に通過した後，網膜に達する。網膜では，光は神経細胞の層を通ってから視細胞の層に到達する。［2］には［7］という色素タンパク質が含まれている。［7］は光を吸収して，［8］という発色団とオプシンというタンパク質に分解し，このとき，［2］が興奮し視神経に信号が伝えられる。［8］とオプシンは暗い所で再び［7］に合成される。［8］はビタミン［9］からつくられているので，ビタミン［9］が不足すると［8］が合成されにくいために［10］になる。

128 ヒトの耳　A　　東京医療保健大

ヒトの耳は，外耳，中耳，内耳の３つの部分からなっている。音を受容する［1］細胞は［2］の［3］にある。

外耳に入ってきた空気の振動は，まず，［4］を振動させる。［4］の振動は［5］によって増幅され，［2］の［6］を直接揺さぶり，振動が［3］の内部へ効率よく伝わるようになっている。［3］は，まっすぐ延ばすと，２枚の長いしきり板で区切られた３層構造をしている。

その中間部分を［7］と呼び，その下側の［8］膜の上に［9］をもつ［1］細胞が並んでいる。これが音の刺激を受容する。音が［2］の［6］の振動として伝わると，それに反応して［8］膜が上下に振動する。その結果，［1］細胞の［9］がこの上下の振動を感知する。振動は［10］階の端の［11］窓から入り，同じ側の下側の［12］階の［13］窓に達する。

音が高音の場合は，その刺激は［3］の入り口に近い部分の［8］膜を，低音の場合は，より奥の方にある［8］膜を振動させることが知られている。ヒトは高音と低音が複雑に混ざった音でも［3］で分別し，音色として識別できる能力をもつ。ヒトの場合［14］Hz～［15］Hz の範囲の音を聞き分けることができる。

129 平衡覚　A　　金城学院大

体が傾いたり，回転したりすることによって生じる感覚を平衡感覚という。ヒトでは［1］と［2］が平衡受容器として働いている。［1］の内部には［3］をもった［4］と，その上に乗っている［5］がある。体が傾くと［5］がずれ，これにより重力の方向とその変化を感じる。

[2]は3個あり，互いに直角に交わる面に位置している。[2]の基部にはふくらんだ部分があり，その内部には[3]をもった[4]がある。体を回転させると[2]の内部にある[6]の動きが変化し，[4]が刺激されて回転運動の方向や加速度を感受する。

130 嗅覚・味覚　B　　昭和大

ヒトの受容器には，眼・耳・鼻・舌・皮膚などがある。それぞれの受容器は[1]刺激を受けると反応する。例えば，鼻や舌の[1]刺激は[2]物質であり，このような[2]物質の種類を識別できる受容器を[2]受容器と呼んでいる。ヒトのにおいを感じる[3]上皮には[3]細胞が存在している。この[3]細胞は長い[4]を有しており，においの分子が[4]を刺激すると[3]細胞が興奮する。

味覚は，おもにナトリウムイオンによって引き起こされる[5]味，水素イオンによる[6]味，グルタミン酸が関係している[7]味，おもに舌先の部分で感じることができる[8]味，舌の奥の部分で感じる[9]味の5種類に分けることができる。ヒトの舌にはこのような異なる刺激を受けとる味細胞や支持細胞などが集まってつくる[10]と呼ばれる構造が1000個近くも存在する。[10]の先端の[11]が開き，味覚物質が味細胞に触れると味細胞が興奮する。

131 神経系　A　　香川大

動物は外界の変化を[1]で刺激として受け取り，[2]の働きで種々の適応的な反応や行動を示す。[3]動物では体を構成する細胞に[1]と[2]の両方を備えているが，ほとんどの[4]動物ではその両方が神経系によって連絡され，その調節を受けている。

ヒドラなどの神経系は最も単純なもので，[5]神経系と呼ばれている。さらに発達した神経系を有する動物では神経系の一部に神経細胞が集まって，脳やその他の神経節から成る[6]神経とそこから体の各部に連絡する[7]神経が分化しており，[8]神経系と呼ばれている。この神経系を有する動物の中で，プラナリアなどの神経系はその形状から[9]神経系と呼ばれ，ミミズやバッタなどの神経系は[10]神経系と呼ばれている。一方，脊椎動物の神経系は[11]神経系と呼ばれ，その統合は最も進んでいる。

脊椎動物の[6]神経は脳と[12]からできており，[7]神経には脳から出ている[13]神経と[12]から出ている[12]神経があり，興奮の伝わる方向の違いによって，[14]神経と[15]神経に分けられる。脊椎動物の脳はすべて大脳，[16]，[17]，[18]および[19]からできている。霊長類，特にヒトでは脳の中で大脳の占める割合が非常に大きい。しかも，その表面部分に広がり，[20]とも呼ばれる大脳皮質の中で大部分を占めるのは 21 で，22 はごくわずかである。

132 ヒトの神経系　B　京都府医大

ヒトの神経系は 1 と 2 に区別することができ，1 には 3 と 4 が，2 には 3 から出る12対の 5 ，4 から出る31対の 6 と 7 が含まれる。7 はさらに 8 ，9 に分かれ，心臓の拍動を亢進させる働きのあるのは 8 の方である。また，9 が優位に働くと眼球の瞳孔が 10 することが知られている。

133 興奮の伝導と伝達　A　千葉大

動物は，環境の変化を受けるとそれに対して特定の反応を示す。それらの反応をバランスよく調整しているのが神経系である。神経系は，神経の単位が集まってつくられており，個体の刺激に対する反応を調節している。神経系は，1 と呼ばれる神経細胞からできている。1 は，核が存在する 2 とそこから伸びる多数の突起からできている。長く伸びた突起を 3 といい，細かく枝分かれした短い突起を 4 という。3 は長いので 2 から栄養分をもらうことが難しく，多数の 5 が取り巻いて養っている。ヒトの坐(座)骨神経では，1 m に達するものがある。

1 も1つの細胞であり，細胞膜で包まれている。この膜の外側には 6 イオンが多く，内側には 7 イオンが多い。これは細胞膜に 6 ポンプと呼ばれるイオンの 8 のしくみがあって，6 イオンを細胞外へくみだし，7 イオンを細胞内へ取り込んでいるからである。その結果，静止状態の 1 では，細胞膜の外側は 9 に，内側は 10 に帯電していて，膜の内外で電位差が生じている。この膜内外の電位差を 11 という。1 は刺激を受けると，その部位の細胞膜の透過性が変化し，6 イオンが急激に膜内に流入する。このため，膜内外の電位が瞬間的に逆転し，内側が 9 に，外側が 10 になり，やがてもとの状態にもどる。この一連の電位の変化を 12 といい，このような電位変化を発生することを興奮という。1本の 3 に一定の強さの刺激を加えると興奮が起こるが，刺激が弱ければ興奮は起こらない。興奮が起こる最小の刺激の強さを 13 という。13 以上の刺激では，刺激をいくら強くしても 12 の大きさは変わらない。これを 14 という。

興奮が起こると，興奮部とその隣接部分との間に電位差が生じ，微弱な電流(活動電流)が流れる。この電流が刺激となって左右の隣接部が興奮し，さらに次の隣接部へ興奮が伝わっていく。1 と 1 の接続部を 15 といい，これらは密着しているのではなく，16 と呼ばれる間隔を隔てて接続しており，興奮の伝達は電気的変化が直接伝わるものではない。興奮が 3 の末端まで伝導されると，末端部にある 17 から 18 ，19 などの神経伝達物質が分泌される。一方，興奮が伝達される側の 1

第7章

には，神経伝達物質を受け取るための構造(受容体)があり，この部分に神経伝達物質が作用すると新たに電気的な興奮が起こり，興奮が伝達される。興奮が伝達されると，神経伝達物質は［20］により分解されたり，神経末端に［21］されたりして，興奮はおさまる。このように，［15］では神経伝達物質によって仲介されるので，興奮は［22］へしか伝達されないのである。地下鉄サリン事件で使用された神経毒サリンは，［18］の分解を行う［20］であるコリンエステラーゼを阻害する作用を有している。

134 反　射　A　和歌山大

脊髄の内側は［1］が集まった灰白質と呼ばれる部分で，灰白質の外側は［2］からなり白質と呼ばれる。受容器で生じた興奮は，［3］神経によって［4］を通って灰白質に入る。ここで［5］を経て白質を通り，大脳の［3］中枢に達する。大脳からの興奮が効果器に送られるときには，興奮は脊髄の白質を通って灰白質に入る。ここで［5］を経て［6］神経に伝えられ，［7］を通って効果器に送られる。このように，脊髄は，受容器や効果器と大脳とをつないでおり，［8］運動を行うときの興奮伝達経路となっている。また，［8］運動とは異なり，興奮が大脳に伝わって［3］が生じる前に手や足の筋肉に興奮が伝わる，無意識的な動きが起こる場合がある。このような反応を反射といい，反射が起きるときの興奮の伝導経路を［9］という。

135 しつがい腱反射　B　慶応大

神経系の働きの1つに反射がある。1つの例として膝蓋腱(しつがいけん)反射は，膝の膝蓋骨のすぐ下をハンマーでたたくと足が上がる反射である。この反射は以下のような過程を含む。ハンマーでたたかれて，ももの前面の筋肉(大腿四頭筋)が引き伸ばされる。引き伸ばされたことを大腿四頭筋の中の［1］と呼ばれる［2］が検出する。［1］から［3］を経て［4］へ活動電位が伝わり，［4］の中で大腿四頭筋を支配する［5］にシナプスを介して信号を送る。［5］で活動電位が発生し，これが軸索を伝導して［6］である大腿四頭筋に信号を送り，大腿四頭筋が収縮して足が上がる。このとき，ももの裏側の筋肉(大腿二頭筋)を収縮させている［5］の興奮は［4］内の［7］を介して抑制される。

136 動物の行動　A　東北大

動物の行動には，どのようなものがあるだろうか。動物の行動のなかで，生まれてからの経験を重ねることである条件に適応した行動をとるようになることを［1］という。また，生得的に決められている種に特有な行動を，［2］行動といい，［2］行動を起こすきっかけとなる刺激を［3］という。しかし，実際の動物の行動では，生得的に決められた要素と経験によって獲得した要素が巧みに組み合わされていることが多い。例えば，カモのひなは，ふ化後間もない時期に，身近にある動くものを見つけると，それについて歩くようになる。この現象を［4］と呼ぶ。この場合，動くものについて歩く行動は生得的であるが，何のあとについて歩くかは［1］によって決められる。

このような動物の行動は，どのような機構で起こるのだろうか。動物は，眼や耳などの［5］を通して環境から情報を集め，筋肉などの［6］を働かせて，適切な行動をとる。［5］と［6］を結びつけているのが［7］である。一般に，発達した［7］をもつ動物ほど，複雑な行動をとる。

集団を形成して生活している動物の行動には，個体間のコミュニケーションが重要な役割を果たしている。例えば，ミツバチの社会では，太陽の方向を基準に方角をさだめる機構，すなわち太陽コンパスにもとづいて情報の伝達が行われている。花の蜜や花粉をもち帰った働きバチ(以下，ハチと呼ぶ)は，巣箱の中に垂直に立てられた巣板の上でダンスを踊り，仲間に花のある餌場までの方向や距離を伝える。ハチは餌場までの距離が約100mよりも短いときは［8］ダンスを，遠いときは［9］ダンスを踊る。

137 フェロモン　A　　東京農工大

「フェロモン」は，類似した用語である「ホルモン」との違いを意識して，「運ぶ」と「興奮させる」にあたるギリシア語の2つの単語からつくられたとされる。このようなフェロモンの中には，以下のように行動を誘起したり制御したりするものが知られている。

例えば，ミツバチでは，スズメバチの来襲時に，瞬時に多数の個体が警戒態勢をとることができるが，これは危険を報せる［1］によるものである。一方，アリでは，多数の個体が列をなして餌を探しに行くのが観察される。この現象は，餌を見つけたアリが地面につけたフェロモンを仲間のアリがたどることで生じる。そこで，このようなフェロモンは［2］と呼ばれている。また，ゴキブリには，仲間のふんがついた場所に集団を形成する習性があるが，これはふんに含まれる［3］によることが知られている。一方，生殖にかかわるフェロモンも知られており，［4］と呼ばれている。カイコガでは，雌のガが分泌する［4］が雄のガの羽ばたき行動を誘起する。これは，雌のガに向けて飛翔する行動のなごりであると考えられている。

［4］を受容した雄のガがその発信源に向かって飛翔する行動は，刺激に対してある方向性をもった移動行動，すなわち［5］の1つである。しかも，その刺激の種類を考慮すると，雄のガは［4］に対して正の［6］をもつと表現できる。ガのこのような性質を利用して，［4］の中には化学殺虫剤を使わない害虫の防除に応用されているものがある。

ところで，フェロモンは一般的には低分子化合物であり，昆虫の場合は［7］で受容して，その情報は脳に伝達され，情報処理されて，行動が誘起される。また，このような化学物質を受容して成立する感覚は化学感覚と呼ばれている。昆虫のフェロモンの受容と情

第7章

報伝達のしくみは，化学感覚細胞の１つであるヒトの［8］細胞における匂いの受容と情報伝達のしくみに類似することがわかっている。

138　ミツバチのダンス　A　　東海大

動物の行動のなかには生まれつき備わっていて，経験や学習がなくても出現するものがある。そのような行動を特に［1］行動と呼ぶ。その反対に，生まれてからの経験や学習により出現するものを［2］行動と呼ぶ。昆虫のなかでもミツバチやアリなどは，同種の個体が密に集合したコロニーと呼ばれる集団を形成して生活していて，一般的に［3］といわれる。

ミツバチの集団では，ある１匹が餌場を見つけると，しばらくすると同じ巣にいるたくさんの仲間がその餌場にやってくる。オーストリアの生理学者フォン・フリッシュはこれを詳細に研究し，見つけた餌場の方向と餌場までの距離を，独特のダンスによって仲間に伝えること(ダンス言語)を明らかにした。ミツバチのような［3］は，個体間の情報伝達のようなかなり複雑な行動でもその発現が［1］に決められている。

ミツバチのダンス言語には二種類の特徴的なものがある。餌場がおよそ50メートル以内のときには，ダンスは右回りと左回りの円を描くことを交互に繰り返す「円形ダンス」をする(図１)。その情報は，「巣の周囲およそ50メートルの近辺を探せ」というものである。一方，餌場がそれより遠い場合，ある程度直進してから，右回りと左回りに回転して８の字を描くもので，まっすぐ歩くときに腹部を左右に振る「尻振り」をする。これを「８の字ダンス」と呼ぶ(図２)。

図１

図２

巣枠(巣基枠)を垂直に挿入した巣箱で，ミツバチが尻振りをしながら［4］する方向と［5］の反対方向とのなす角度が，巣から見た［6］の方向と［7］の方向とのなす角度に等しい。また，餌場までの［8］の情報は，８の字ダンスの［9］により伝えている。実際，フォン・フリッシュは，ダンスの［9］が15秒に９～10回であると，餌場までの距離はおよそ100メートルで，３回しか繰り返さない場合にはおよそ［10］離れていることを見いだした。

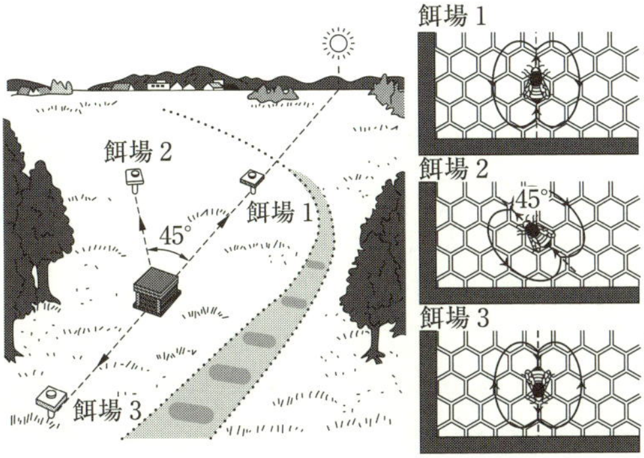

図 3

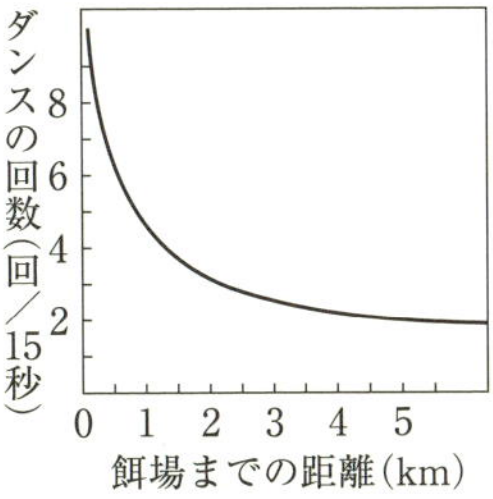

図 4

139 日周行動 B　　近畿大

多くの動物は，1日のうちの定まった時間帯に活動する性質をもっている。これを活動の日周リズムという。例えば，ヒトやウズラなどは［1］動物であるが，ネズミやフクロウは夕方になると活動を始める［2］動物である。一般に生物は，光や温度のリズムとは関係なく，生まれつきの性質として［3］時間に近い活動リズムをもっていると考えられ，［4］リズムと呼ばれる。このリズムは自然の状態では［5］の条件によって補正されるので，日周リズムが維持される。このように，生物の体内には時間をはかるなんらかの機構が備わっていると考えられ，これを［6］という。哺乳類では［6］は［7］に存在する。

第7章

第８章　植物と環境

140 植物の反応　A　　新潟大

オーキシンは，植物体の先端部から基部方向の一方向に移動している。このような現象をオーキシンの［1］という。この［1］が深く関係する［2］と呼ばれる現象がある。これは茎の先端部の頂芽が成長しているときに，側芽の成長が抑制される現象である。このしくみの一部を説明する代表的な実験として，次のものがある。［2］の現象が見られる植物の頂芽を切り取り，そこにオーキシンを塗ると側芽の成長は［3］される。

植物の芽生えに一方向から光を当てると，茎は光のくる方向に曲がる。このように，周囲の光や重力などの環境の刺激に対して，植物体の一部が曲がる性質を［4］という。この性質の中で，刺激がくる方向に向かう場合を［5］の［4］という。植物の芽生えを暗所で水平に置くと，根は重力の方向に伸びる。この現象では根の［6］の部位で刺激を感知していると考えられている。

一方，環境の刺激のくる方向とは無関係に反応する性質を［7］という。この例として，チューリップが花を開閉させる［8］やタンポポが花を開閉させる［9］の現象がある。

141 植物ホルモン　A　　島根大

植物の営みである，発芽，成長，開花などや環境に対する応答を調節する植物ホルモンには様々な物質が知られている。［1］は細胞の伸長を引き起こす作用がある。［1］はイネ科植物の幼葉鞘（ようようしょう）を用いた実験から，ダーウィン父子によりその存在が予測された。その後，ウェントは巧妙な実験によりこの植物ホルモンの性質を詳しく調べた。一方，［2］は細胞分裂を促進する物質として発見され，その化学構造は［3］によく似ている。［4］はイネの草たけが異常に高くなる，イネの病気の一種である［5］の研究から発見された。この植物ホルモンは茎の成長だけでなく，種子の発芽にも関係する。［4］と拮抗的に働くホルモンは［6］である。このホルモンは種子の［7］状態を維持する。［8］は葉で合成されて，茎を通って伝達され花芽形成を誘導する。このホルモンは長い間その正体が謎であったが，つい最近日本人研究者らによりその実体が明らかにされた。植物ホルモンの中で［9］だけが気体であり，［9］の合成を抑えることで果実の成熟を遅らせることができる。また，［9］は寒くなる前に落葉樹が葉に［10］を形成するときにも働く。

142 花芽形成　A　　愛知教育大

植物は自ら移動することができないため，外部環境に適応して成長する独自のしくみを獲得している。なかでも，光は［1］に必要であるばかりでなく，花芽の形成に重要な役割を果たす。多くの植物は，季節の移り変わりに伴う１日の日長の変化を感じとり，季節に応じて花芽を形成する。このような日長に影響される性質を［2］という。日長と花芽形成との関係は，植物の種類によって異なり，長日植物，短日植物，中性植物の3つのタイプに分けられる。長日植物は，明期の時間が一定時間よりも［3］なったときに花芽を形成し，一般に［4］から［5］にかけて開花する。一方，短日植物は，明期の時間が一定時間よりも［6］なったときに花芽を形成し，一般に［7］から［8］にかけて開花する。また，中性植物は，日長に無関係に花芽を形成する。ところが，長日植物が花芽を形成せず，短日植物が花芽を形成するような明期の時間を［9］した条件でも，暗期の中間でごく短時間の光を照射すると，長日植物は花芽を形成し，短日植物は花芽を形成しなくなる。このことから，花芽の形成は，明期の時間の長さではなく，一定時間（限界暗期）以上の連続した暗期が与えられることが重要であることがわかった。すなわち，長日植物は，暗期の時間が一定時間よりも［10］なると花芽を形成し，短日植物は，暗期の時間が一定時間よりも［11］なると花芽を形成する植物といい換えられる。植物が日長を感じとると，花芽の形成を引き起こす物質が［12］で合成され，それが茎の頂端部に移動して，花芽が分化する。

143 種子発芽 A 宮崎大

種子は，一般に［1］，酸素および温度などの条件がそろうと発芽する。オオムギの種子が十分な［1］を含むと，まず，胚の部分で［2］が合成される。この［2］が［3］に作用すると，［4］が合成される。［4］は，胚乳中にたくわえられていた［5］を［6］に分解する。こうして生じた［6］は呼吸基質として用いられ，呼吸により多量のATPがつくられる。このATPは芽ばえでの代謝に広く利用されることになる。種子のなかには，光によって発芽が促進されるものや抑制されるものがある。発芽に際して光を必要とする種子を［7］といい，また，光によって発芽が抑制される種子を［8］という。［7］には，［9］という色素タンパク質が含まれ，この色素タンパク質は［10］光を吸収すると活性化して発芽に必要な化学反応を促進するものと考えられている。

144 水の移動 A 甲南大

陸上植物は，根の表面から土壌中の水を吸収する。根には，［1］と呼ばれる独特の形をした［2］細胞が数多くみられる。根から吸収された水は，植物体を支える［3］を構成する［4］を通って地上部に運ばれた後，多くの場合，葉の［2］に存在する気孔から，［5］によって排出される。［4］内の水が上方に運ばれるためには，［5］および［6］による調節が大切である。［6］とは，［4］内の水を上方に押し上げるようにはたらく根での水圧のことをいう。また，水分子の［7］という力は，［4］内の水柱を切断せずに保つ働きがあり，水の上方輸送に寄与すると考えられている。

145 気孔の開閉　A　　宇都宮大

気孔は，互いに向き合った２個の孔辺細胞からできている。孔辺細胞の細胞壁は，気孔に面した側が[1]く，その反対側が[2]い。孔辺細胞が吸水して，[3]が高まると，[4]側の細胞壁が引き伸ばされて孔辺細胞が湾曲し，気孔が開く。孔辺細胞の吸水は，細胞の外液から[5]イオンが流入し，[6]が高まることによる。また，気孔の開口には[7]光が有効であり，光受容体として[8]がかかわっている。植物ホルモンでは[9]が気孔の開口を促進し，[10]が気孔を閉じさせる。

146 種なしブドウ　A　　名古屋大

多くの種類の微生物は，植物にいろいろな影響を及ぼす。イネでは際だって著しい伸長生長(徒長)を起こす病気が古くから知られており，この病気は[1]と呼ばれている。日本人の研究者たちが，この病気はイネに寄生したある種の[2]によって引き起こされることを発見して，その[2]から生長促進作用を示す物質を単離し，その化学構造を決定した。そして，この物質は[3]と命名された。現在では[3]は植物からも単離され，生長促進だけでなく他の生理作用も示す１種の[4]として知られている。ブドウのデラウェア種の房をつぼみの開花14日前に[3]のうすい溶液に浸すと，[5]がふくれて[6]が促される。さらに，開花10日後にもう一度その溶液に浸すと粒がそろって大きな果実になる。このようにして，ブドウ栽培家は種なしブドウを生産する。

147 組織培養　B　　北海道大

植物の細胞壁を[1]や[2]を含む酵素液で処理すると，細胞壁がとけて，[3]と呼ばれる細胞膜で包まれた裸の球状の細胞となる。ここで用いた酵素液には11％程度のマンニトールが含まれている。実験に使用される[3]の濃度(細胞懸濁液中の単位体積あたりの細胞数)は，血球計算盤などで測定できる。分離された[3]は，数を調整して細胞融合による雑種植物の作出や遺伝子導入に使用される。[3]を無菌的に培地上に置いて培養するとカルスと呼ばれる[4]の細胞塊が形成され，カルスから葉や根への分化を誘導することができ，最終的には植物体まで育てることができる。細胞塊や組織片を無菌的に育成することを[5]という。カルスから個体まで再生できる能力を[6]という。カルスから再分化させるために，２つの植物ホルモンが必要である。そのうち[7]は茎の先端ほど濃度が高く，頂芽優勢をもたらす。[8]は根端でつくられ細胞分裂を促進する。実用化された細胞融合植物の中には，例えば，オレンジとカラタチからつくられた[9]がある。[5]が実用化されている例として，植物ウイルスに感染していない植物体を[5]によって得る方法がある。これは，植物の[10]にウイルスが存在しないことを利用している。

148 葯培養　B　　千葉大

イネやムギなどのつぼみから葯を取り出して寒天培地上で培養すると，中の［1］が細胞分裂を始め，やがて完全な植物体が再生する。このようにして［2］過程を経ることなく，直接，植物体を得る方法を［3］という。得られた植物体は，［4］の結果生じた半数性(一倍体)の［1］に由来しているので，［5］は通常の植物の半分になっている。この植物体を，細胞分裂の際の［6］形成の阻害剤である［7］で処理すると，［5］が倍加され，普通の二倍体の植物体が得られる。この植物体は，すべての［8］をホモにもつことになる。このように［3］では，何世代も交配を繰り返すことなしに，そのまま［9］が得られるので，迅速な品種改良などの手段として利用されている。

149 細胞融合　B　　東北大

キャベツの染色体数は18，ハクサイの染色体数は20であり，ともに二倍体である。キャベツやハクサイの葉を細胞壁分解酵素を含む培養液で処理すると，単細胞からなる［1］が得られる。この［1］を薬品あるいは電気で処理すると，互いに融合させたり，DNAなどを取り込ませることができる。キャベツとハクサイの［1］を1対1で融合させ，植物ホルモンを含む培養液で培養すると，細胞分裂が起こり，［2］が得られる。さらに，植物ホルモンの濃度を変化させると，［2］から茎葉を［3］させることができる。このような細胞融合で得られた雑種を体細胞雑種という。得られた体細胞雑種の染色体数は［4］であると期待される。一方，キャベツのめしべにハクサイの花粉を交配すると，まれに雑種種子が得られる。重複受精が通常通り行われたとすると，重複受精直後にできた胚の染色体数は［5］，胚乳の染色体数は［6］であると期待される。なお，胚乳はその後発達せず，無胚乳種子を形成する。

第8章

第9章　生態と環境

150 個体群(1)　A　　三重大

ある地域内に生息する同種の個体をまとめて個体群という。個体群の個体数は，時間とともに増加するがやがて一定の数を中心に安定する。例えば，タマミジンコを水槽で飼育すると個体数は図のようになり，S字形をした成長曲線を示す。水槽の大きさや水温およびえさの量は一定としても，個体数は増加しなくなる。この原因は，おもに［1］の不足，個体の［2］の縮小，さらには［3］の増加などによって増殖がさまたげられたためである。このような抑制作用の総和を［4］という。

さて，自然界で，ある種の個体群は，季節の変化や成長につれて定期的に移動する。サケのように魚類が大移動をすることを［5］といい，鳥類や昆虫などの場合は［6］という。

また，個体群のなかで個体間の相互関係を安定させるため，さまざまな現象がみられる場合がある。アユは，川底の岩面の一定の場所を占有して他個体を寄せつけない［7］をつくる。ニホンザルの群れでは，［8］によって個体間の優位と劣位の序列が維持され，さらに特定の個体が群を統一する［9］によって，秩序と統一を保っている。

さらに，相互関係は異なる種の個体群のあいだにも認められる。1つの谷川にイワナとヤマメが生息すると，上流域はイワナ，その下流域にヤマメが分布する。このような現象を［10］という。ヒメウとカワウが同じ海域に生息すると，ヒメウは水面近くの小魚をとりカワウは海底近くの小魚をとる。この現象を［11］という。

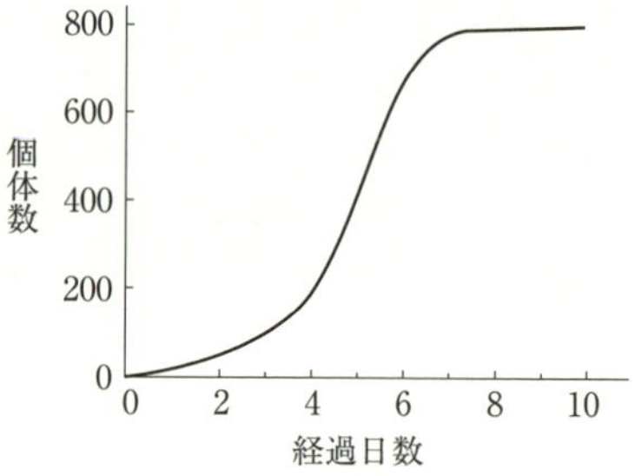

151 個体群(2)　A　　京都府医大

昆虫には，個体群密度に応じて，形態や行動を変化させるグループがある。例えば，トノサマバッタは幼虫期に低密度だと，単独生活をする個体になる。これを［1］相という。一方，幼虫期に高密度だと，集合性があり活発に移動する個体になる。これを［2］相といい，ときには大発生して巨大な群れで移動を行う。

これら2つのタイプには，形態や行動，生理に関して違いが見られる。第一に，［1］相の成虫の体色は［3］色だが，［2］相の成虫は黒褐色である。第二に，［2］相の成虫の前翅は相対的により［4］なり，飛翔に適した体型になる。第三に，［1］相の成虫の飛翔のエネルギー源は三大栄養素のうちの［5］であるが，これはすぐに燃焼し尽くしてしまうので長距離飛行には向かない。これに対して，［2］相の成虫は多量の栄養素である［6］を保有している。［6］は少しずつ消費でき，少量でもカロリーが高いので，長距離飛行のエネルギー源として向いている。第四に，［2］相の成虫が産んだ卵から孵化した幼虫は強い［ 7 ］性をもっている。この幼虫の［ 7 ］性は［ 8 ］的なものであるが，学習によってさらに強化され，やがて大きな群れをつくって一定方向に行進するようになり，成虫になれば群飛し，別の場所へ移動する。このように，個体群密度の変化によって，個体の形態や行動，生理などの形質がまとまって変化する現象を［ 9 ］という。

152 生存曲線　A　　岩手大

ある地域に生息し，互いに繁殖可能な同種の生物の集団を［ 1 ］という。また，森林や草原などのように様々な［ 1 ］で構成され，全体としてまとまった生物の集団を［ 2 ］という。すべての生物は生まれて死んでいくが，［ 1 ］の中には短命な個体も長命な個体もいる。［ 1 ］のある世代において，全個体が死亡するまでの個体数の減少のしかたを継続的に記録して表にまとめたものを［ 3 ］という。［ 3 ］には各発育段階の死亡数や生存数，死亡要因などが記入される。また，ある世代の個体数が出生後の時間とともに減少する様子を図示したものを生存曲線という。様々な生物を調べたところ，生存曲線は上の図に示されるように3つのタイプ(Ⅰ，Ⅱ，Ⅲ)に大別された。タイプ［ 4 ］の生物は，哺乳類でみられるように発育初期に親による［ 5 ］を受け，生まれる子の数が［ 6 ］，死亡数が［ 7 ］ため［ 1 ］を維持できる。タイプ［ 8 ］の生物は，ハ虫類や鳥類でみられるように生存の全期間に渡って［ 9 ］がほぼ一定である。タイプ［ 10 ］の生物は，多くの昆虫類や魚類でみられるように発育初期の死亡数が［ 11 ］，生まれる子の数が［ 12 ］ことで［ 1 ］を維持できる。

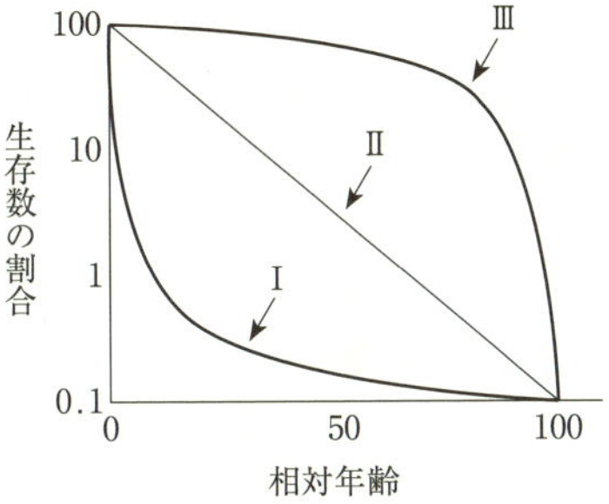

153 個体数推定法　B　　防衛医大

一般に，ある地域に生息する同種個体の集団は［ 1 ］と呼ばれ，単位面積や単位体積あたりの個体数を［ 2 ］と呼ぶ。個体数を縦軸に，時間を横軸に表すと，［ 1 ］の成長曲線は［ 3 ］字形を示す。また，［ 1 ］の大きさはある一定生活空間内の個体数で表される。植物やフジツボなどの動かない生物では，一定面積内の個体数を数える方法がとられ，この方法は［ 4 ］法と呼ばれる。一方，動き回る動物では［ 5 ］法により解析される。例えば，10000m^2の池で100匹のフナを捕獲して尾ビレに切り込みを入れ，その場で放流したとする。3日後に150匹のフナを捕獲したところ，15匹に尾ビレに切り込みが認められた。池のフナの［ 2 ］は［ 6 ］匹/m^2となる。

154 種間関係　A　　順天堂大

2種類またはそれ以上の生物が1つの地域に生息する場合，生物の種の個体あるいは個体群の間にさまざまな関係が生じる。このような異種間の相互作用によって生じる関係を種間関係という。下の図は3種のゾウリムシA，B，Cを，食物供給や飼育容器，最初の個体数等，すべての条件をそろえて，単独飼育をした場合，2種を混合飼育した場合のそれぞれの種の個体群の大きさの変化を示している。

A，B，Cのそれぞれの種を単独飼育した場合でも，個体群の大きさは無制限に増大せず，ある［ a ］でとどまっている。この値は生物が生存しているまわりの種々の条件，すなわち，［ b ］によって左右される。一般に，時間とともに増大する個体群の［ c ］は［ d ］を示す。

A種とB種を混合飼育すると，［ e ］は増殖の速さに影響をうけたが，最終的には個体群の大きさの［ a ］は単独飼育の場合と同じになった。しかし［ f ］は死滅してしまった。この原因は，単に［ g ］の奪いあいだけでなく，［ e ］の［ a ］が［ f ］のそれより大きく，［ a ］に達するまでの［ h ］が短いことによると考えられる。以上の結果は，「同じ生活様式の2種は種間競争が激しいため共存できない。」という考えを実験的に証明した例である。

A種とC種の混合飼育の場合は，両種とも［ a ］は単独飼育の場合より小さくなるが［ i ］が可能であった。この結果は上記の下線部分の内容と矛盾するようにみえるが，この2種の種間関係では［ g ］が同じであっても，［ j ］に対する要求の違いがあるからではないかという考え方をすれば，説明が可能である。結果は，A種は溶液の上層に，B種は下層にそれぞれ生育していた。

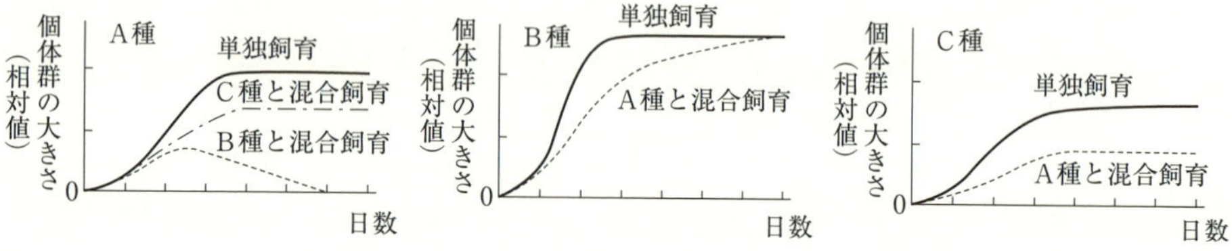

[語群]　(ア)　A種　(イ)　B種　(ウ)　C種　(エ)　食物　(オ)　溶存酸素　(カ)　上限値
(キ)　閾値　(ク)　時間　(ケ)　生活空間　(コ)　環境抵抗　(サ)　成長曲線
(シ)　S字型　(ス)　J字型　(セ)　共生　(ソ)　共存　(タ)　生存曲線

155 種内関係・種間関係　A　　京都大

動物は，同種の他個体や異種個体と様々な関係をもちながら生活している。ある個体が，同種の他個体を排除して防衛する地域や空間を［ 1 ］と呼び，日常的に動き回る範囲である［ 2 ］と区別する。［ 1 ］の防衛は，そこに存在する食物，営巣に適した場所，休息や隠れるための場所などの資源を独占することがおもな目的である。アユは食物の防衛のための典型的な［ 1 ］をもつ。しかしながら，［ 1 ］を防衛するための行動は，時間やエネルギーの損失を伴うため，［ 1 ］が維持されるか否かは，これらの「出費」と，［ 1 ］内の資源から得られる「利益」との相対的な大きさで決まる。

2種の生物における種間関係は，利害の視点よりいくつかの相互作用に分けることができる。生態系や生物群集内での［ 3 ］が同じである2種の間では，相手の存在によって互いに損失を被るため，［ 4 ］関係が生じる。この場合，どちらか一方の種が［ 4 ］に負けて排除されてしまい，2種は共存できない。

逆に，2種がともに相手の存在により利益を受ける関係を［ 5 ］と呼ぶ。また，一方は利益を得るが，他方は利害に影響がない関係を［ 6 ］，一方は利害に影響がないが，他方は損失を破るという関係を片害共生と呼ぶ。さらに，一方は利益を得るが，他方は損失を被る場合は，オオヤマネコとカワリウサギの関係のような捕食者と［ 7 ］との関係と，ネコとノミの関係のような［ 8 ］と［ 9 ］との関係に分けられる。

156 植物プランクトンの季節変動　B　　鹿児島大

次の文章は北太平洋温帯海域における植物プランクトンの変動機構を季節ごとに説明したものである。

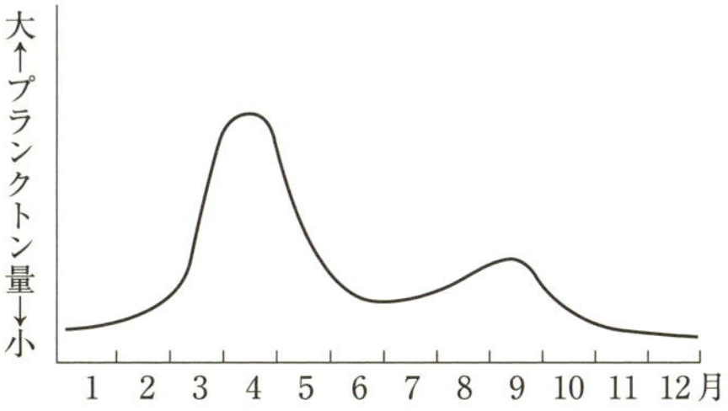

冬には，表層水が冷却される結果［ a ］の［ b ］が生じ，底層の［ c ］が表層に多量に運ばれるが，［ d ］も［ e ］も低下したままなので，植物プランクトンは増えない。春になると，［ d ］の増大に伴い［ e ］が上昇し，表層の豊富な［ c ］を利用して植物プランクトンが大増殖する。

夏には，動物プランクトンによる捕食と［ c ］の不足のために植物プランクトンは減少する。表層の水温が高く，［ a ］の［ b ］は起こらない。秋になり，［ d ］が低下すると［ a ］の［ b ］が起こり，底層から［ c ］が補給されて植物プランクトンは再び増殖するが，［ e ］が低下するので，大増殖とはならない。

［語群］(ア) 酸素　(イ) 海水　(ウ) 塩分　(エ) 水温　(オ) 二酸化炭素　(カ) 気温
(キ) 日射量　(ク) 水素　(ケ) 栄養塩類　(コ) 鉛直混合

157 ミクロコスム　B　　三重大

生物界は，栄養のとり方を中心にみてみると，［ 1 ］と［ 2 ］の2つの大群に分けられる。前者は［ 3 ］から［ 4 ］をつくって後者を養っているので［ 5 ］と呼ばれ，後者は前者がつくった 4 を食べているので 6 と呼ばれている。 6 は 5 を直接食べるものから始まって，次々と餌を通じて連なっている。このような関係を 7 と呼んでいる。

十数種類の無機塩と少量のペプトンでつくった培養液を三角フラスコに入れ，これにクロレラ，バクテリア，シアノバクテリア，ワムシ，ゾウリムシの各生物を少量ずつ移植し，綿栓をして，12時間毎の明暗の周期をもつ蛍光灯下に長期間放置(24℃)するという実験を行うと，図のような結果が得られる。

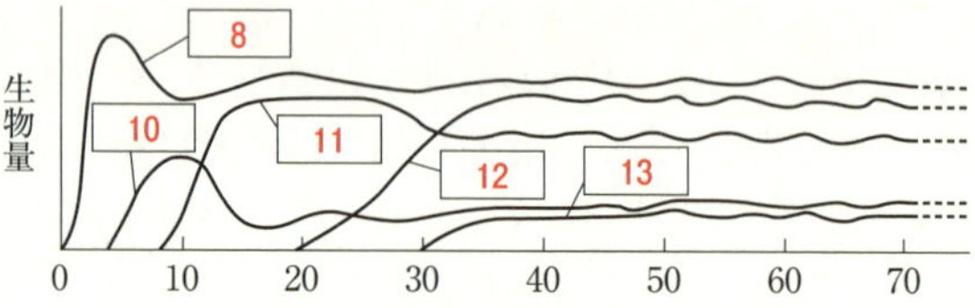

始め，培養液の色は透明であるが，しばらくすると白濁しはじめ，2～3日後には真白になる。これは 8 が 4 である 9 を食べて猛烈に増えるためである。その約2日後に濁りは消え，今度は 8 を食べる 10 が増え，その数はやがてピークに達する。さらに数日後，水の色は緑色に変わり，次第に濃くなる。これは 3 をとり入れる 11 が増えるからである。移植後20日ほどで，フラスコの底に少し青みがかった緑色のかたまりができてくる。これは 12 で，やはり 3 をとり入れる。このかたまりは日がたつにつれて大きくなり，その数がピークに達する頃， 11 の数は減り，水の色は次第に透明になる。 12 が多くなって10日位すると， 13 が目立つようになる。 13 は 8 ， 10 ， 11 と異なって， 14 でできた動物であり，これらの生物をよく食べる。各生物が出そろうと，それぞれの数はあまり増えもせず減りもしなくなる。

158 バイオーム ＊A　京都府大

地球上の環境は場所により異なるため，相観によって区分される植物に対応して，様々なバイオーム(生物群系)が成立している。バイオームは，その基盤となる植生を構成する植物とそこに生息する動物や微生物を含むすべての生物の集まりを意味するが，バイオームの分布と気候との関係は植物を中心に研究されている。

世界のバイオームは森林，草原および荒原に大別される。

森林には，赤道地帯などの高温多雨な気候下に分布し，多種類の常緑広葉樹の高木などからなる 1 ，温帯南部(暖帯)の多雨地帯に分布し，主に常緑広葉樹の高木からなる 2 ，温帯北部の多雨地帯に分布し，主に落葉広葉樹の高木からなる 3 ，亜寒帯に分布し，トウヒ属，モミ属などを中心とする 4 などがある。草原には，熱帯などの乾燥地に分布し，草本とまばらな高木や低木からなる［5］，温帯から亜寒帯にかけての乾燥地に分布し，おもにイネ科草本からなる［6］がある。荒原には，熱帯や温帯の最も乾燥の激しい地域に分布し，ほとんど植生がないか，まばらな多肉植物などからなる［7］や，きわめて気温の低いシベリア最北部などの寒帯に分布し，草本植物，地衣類，コケ植物を中心とする［8］がある。

日本は，ほとんどの地域で，年降水量が1000 mm以上あり，多雨な環境にあるので，極相として森林が成立している。この森林の分布を決めているおもな要因は［9］である。西南日本の低地では［a］，カシ類，タブノキなどからなる［2］，東北地方と北海道西部には主に落葉広葉樹からなる［3］，北海道東部にはトドマツやエゾマツなどからなる［4］が分布している。このようなバイオームの南北の分布に対応して，同様の植物群系の配列が低地から高地にかけてみられ，これを［10］という。本州中部では海抜約700 mまでの丘陵帯には［2］，約1600 mまでの山地帯には［b］やミズナラなどを中心とする［3］，その上の亜高山帯にはシラビソや［c］などを中心とする［4］が分布している。海抜2500 m付近で，高木がなくなる［11］に達し，さらに上部では低木の［d］や高山草原が広がる高山帯となる。

以上の植物群落は極相であるが，例えば，森林が火災や伐採などで破壊され裸地になると，アカマツ林やシラカンバ林などに変化する。人の活動が活発であるため，日本列島ではこのような植物群落が広く認められる。

[語群] (ア) コメツガ　(イ) ハイマツ　(ウ) イチョウ　(エ) スダジイ　(オ) ブナ
(カ) ソテツ　(キ) ヘゴ

159 日本のバイオーム ＊A　日本大

日本は南北に広がり，降水量が多いため，植生の分布はおもに気温に応じて変化する。緯度や気候帯によって植生の分布が変化している状態を［1］と呼び，同じ緯度での標高の変化にともなった植生の分布変化の状態を［2］という。図は，日本各地の山に着目して，海抜と植生の分布変化を模式的に示したものである。［1］において，Bにはエゾマツなどからなる［3］樹林が，Cにはカエデなどからなる［4］樹林が，Dにはクスノキなどからなる［5］樹林が，Eにはヘゴなどからなる［6］林がそれぞれ見られる。また，［2］において，Aは［7］帯，Bは［8］帯，Cは［9］帯，Dは［10］帯とそれぞれ呼ばれている。

第9章

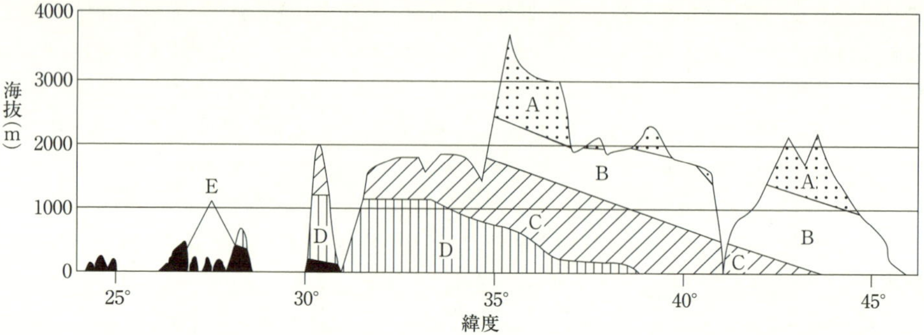

160 植生の時間的変化 ＊A 昭和薬大

裸地は火山の爆発や洪水などの地殻の変化，あるいは人為的山火事などの要因によって形成される。裸地には植物が侵入し，最後には安定した植生が形成される。このように安定した植生になるまでの，時間的な経過とともに一定の方向に変化していくことを［1］という。［1］には［2］のない状態から出発する［3］，森林の伐採や山火事のあとに埋土種子が発芽するなどによる［4］がある。例えば，火山の爆発によって生じた溶岩裸地には，まず岩上に［5］やコケ類が生育する。やがて岩石が風化して［2］が形成され，［6］が生育し，次にススキやイタドリなどの［7］が侵入し草本植生を形成する。やがて，この草本植生にヤシャブシやアカマツなどの［8］が散在する林が成立する。これらの［8］が密度を増すと林内が暗くなるために［8］の芽生えは生育しにくくなり，ブナやタブノキなどその土地の気候に適した［9］が成長してくる。そして，［9］の安定した森林が形成される。このような安定した植生を［10］という。

161 ギャップ更新 ＊B 京都大

日本には多様な潜在植生が残されているが，一方で，薪(まき)採りなどの人間活動によって維持されてきた［1］林も多く分布する。［1］林は［2］林に至る遷移途中の段階で人為的に維持されている林であると解釈される。森林の更新は主としてギャップの形成によって行われる。ギャップとは［3］のすきまのことであり，その形成は［3］木の倒壊によって起こる。この倒壊の原因には，寿命の到来，ナラタケなどの寄生菌による病害，［4］などの木材穿孔(せんこう)虫による虫害，台風などによる災害などがある。ギャップでは，上層を覆っていた［3］が失われるため，林床が明るくなり，気温や地温の日周変化も大きくなる。このような環境下では，ギャップに隣接した株の傍芽の伸長，ギャップ形成以前から林床に生えていた陰樹の稚樹の生長，陽樹の［5］の発芽とその成長などが促進され，森林の更新が行われる。

162 森林の構造と光合成曲線 ＊A　東邦大

一次遷移では，長い年月をかけて，草本植生から低木林を経て，森林が発達していくが，図1のように，森林の上部から下部に向かって，[1]層，[2]層，[3]層，[4]層のように区別される[5]がみられる。図1の森林の構成種のうち，[1]層の[6]は，やがて寿命がくると枯死し，[2]層の[7]にとってかわると予想される。[7]は[3]層や[4]層にも，その幼樹や芽生えが多数見られることから，将来は[7]からなる森林となって安定するとみられる。

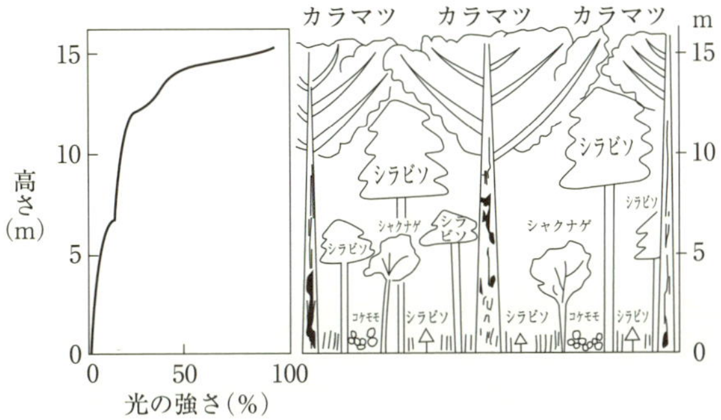

図1　一次遷移の途上の森林

植物が成長するためには，光合成量が[8]を上まわっていなければならない。図2のA曲線のような光合成特性をもつ植物は，補償点が[9]ので，光が弱くても二酸化炭素の[10]は[11]を上まわることができる。一方，B曲線のような光合成特性をもつ植物は，補償点が[12]ので，光が弱い所では，二酸化炭素の[10]は[11]を上まわることができないので，成長を順調に行うことができない。図2のAのような光合成曲線を示す植物を[13]，Bのような光合成曲線を示す植物を[14]と呼ぶ。

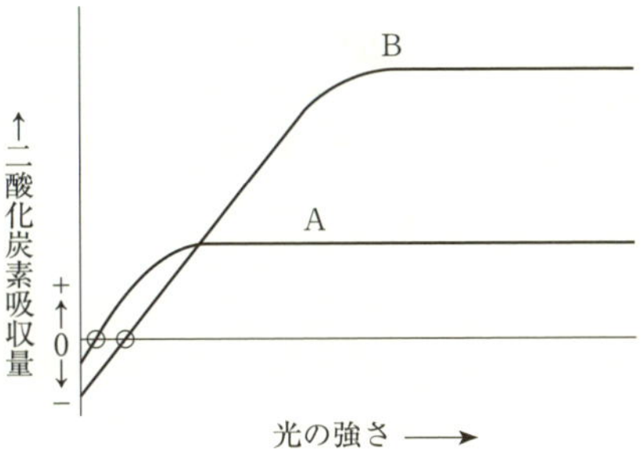

図2　光合成曲線

163 植物群集の物質生産　A　三重大

植物群集の構造を[1]による物質生産の面から明らかにするために，[2]という調査法がある。これは一定面積の群落の地上部を一定の高さごとに水平面で切り取り，[3]である葉とそれ以外の[4]とに分けて，それぞれの重量を測定し，それらの垂直的な分布を調べる方法である。

こうして得られた結果は，縦軸には地表からの[1]を，横軸には図の中心線から左側に各層の[3]の量を，右側に[4]の量をとり，横向きの柱状グラフに図形化して表現され

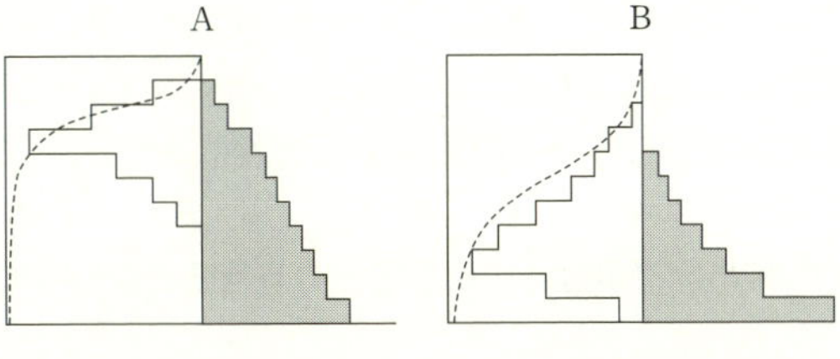

る。また，図には地上部を切り取る前の群落内の各層の［5］を，最上部での強さを100％とした［6］で示すことができるので，それぞれの器官の垂直分布と光環境との関係が一見して理解できる。

このようにして図示された植物群集の構造は，物質生産の機能と結びついた［7］を表しているので，［7］図と呼ばれる。この図は葉の分布状態により，草本群集では一般にAのような広葉型とBのようなイネ科型に大別される。森林群集では［8］林は広葉型に，［9］林はイネ科型に似た特徴がみられる。

164 ラウンケルの生活形 ＊A　広島大

ラウンケル（ラウンキエー）は，植物の生活に不適な時期の［a］の位置によって，生活形を記述した。［a］の位置が地上30cm以上にある植物は［b］という生活形に属し，スギやツツジなど，ふつうの木本のほかに，［c］のような木本性のつる植物もこれに含まれる。［a］が地上30cmから地表面の近くまでの間にある植物は［d］という生活形に属し，ヨモギやヤブコウジのような草本や小型の低木のほか，［e］など茎が地表をはう草本も含まれる。［a］が地表面に接している植物は［f］という生活形に属し，オオバコや［g］のように，ロゼット葉をもつ草本もこれに含まれる。ダイズや［h］のように，種子の状態で生活に不適な時期を過ごす植物は［i］という生活形に属する。

［語群］(ア) 生殖器官　(イ) 光合成器官　(ウ) 貯蔵器官　(エ) 頂芽　(オ) 休眠芽
(カ) 花芽　(キ) 一年生植物　(ク) 多年生植物　(ケ) 地表植物　(コ) 地上植物
(サ) 地中植物　(シ) 半地中植物　(ス) アサガオ　(セ) アヤメ　(ソ) イタドリ
(タ) ジャガイモ　(チ) タンポポ　(ツ) シロツメクサ（クローバー）
(テ) チューリップ　(ト) フジ　(ナ) ユリ

165 生態系の構造 ＊A　富山大

生態系とは，生物の集団と，それを取り巻く［1］をひとまとめにして1つの機能的なシステムとしてとらえ，おもに［2］の循環と［3］の流れに注目してとらえた系のことである。緑色植物は，生態系に注がれる太陽エネルギーを利用して無機物から有機物を生産する。多くの動物はその有機物を利用して生活するが，動物の排出物や遺体，植物の枯死体などの有機物を無機物に分解して生活する生物もいる。緑色植物が無機物からつくった有機物は，被食によって別の生物に受け渡され，最終的には分解されて再び無機物に戻る。これに対して，太陽から生態系に入った［3］は，大部分が［4］として宇宙に発散してしまい循環しない。生態系において，光合成によって無機物から有機物を生産する独立栄養生物を［5］といい，これを利用する従属栄養生物を［6］という。また，排出物や遺体，枯死体などの有機物を無機物にして生活している生物は［7］と呼ばれる。植物体を食べる植食性動物を [8]，[8] を食べる肉食性動物を [9]，[9] 以上の動物を食べる肉食性動物を [10] という。このような生物の結びつきは [11] と呼ばれる。

166 炭素と窒素の循環 ＊A　広島大

窒素は生物体のタンパク質や核酸を構成し，炭素は有機物の骨格となる重要な物質である。窒素と炭素はともに生態系の中で様々な過程を通し循環している。

窒素ガスは大気中で約80%を占める。ある種の細菌は [1] を行うことで窒素ガスを直接利用できる。[1] によって窒素ガスは [2] に還元される。植物は，[1] に由来する [2] や，分解された生物に由来する [3] イオン，[4] イオンなどの無機窒素化合物を吸収し，タンパク質や核酸を合成する。この過程を [5] という。ある種の細菌は [4] イオンを窒素ガスにして大気中に放出するが，これを [6] という。

炭素は大気中ではおもに二酸化炭素として存在する。植物は，水と二酸化炭素から光合成によって有機物を合成する。この過程を [7] という。緑色硫黄細菌や紅色硫黄細菌などの [8] は，[9] や [10] を水の代わりに用いて光合成を行っている。また，光合成が光エネルギーを用いて [7] を行うのに対して，無機物を酸化して得た化学エネルギーを利用して [7] を行う細菌も存在する。例えば，亜硝酸菌は [3] イオンを酸化して [11] イオンにすることで，また硝酸菌は [11] イオンを酸化して [4] イオンにすることで化学エネルギーを得て，[7] を行っている。亜硝酸菌や硝酸菌のこれらの働きを [12] という。

167 生態系の物質生産　B　奈良女大

(1) ある地域に生息している生物(生物集団)と，それをとりまく [1] との自然のまとまりを生態系という。

(2) 生物集団を，生産者，消費者および [2] に分けることができる。

(3) 生産者は [3] から有機物を合成する生物をいい，光合成によって栄養を得るので [4] 栄養生物とも呼ばれる。

(4) 消費者は [5] 栄養の動物で，栄養段階によって，一次消費者，二次消費者…とされる。一次消費者は [6] を栄養源とする。

(5) [2] は生物の遺体や [7] などを栄養源とする [5] 栄養の生物であり，有機物を [3] にもどす生物でもある。

(6) 個体数や [8] などを，生産者を土台として，栄養段階の順に積みあげたものを [9] という。

(7) 生産者が生産する有機物の総量を [10] といい，これから [11] を差し引いたものを [12] という。生産者の成長量は，[12] から [13] と消費者に食われる量

第9章

（ 14 ）を差し引いたものである。

(8) 消費者が捕食した量から 15 を差し引いたものを同化量という。これが上位の消費者に食われるものとすると，食われるものの成長量は，同化量から 11 と 14 と 16 を差し引いたものである。

(9) 生態系では物質は循環する。生産者が体内にもつ高分子の有機物である 17 や 18 に含まれている窒素は，もともとは空気の一部であったり，生産者が吸収しやすい 19 や 20 などの 3 として，生体外に存在したものである。生産者が生産した窒素を含む有機物は，消費者の生活を支えていくが，消費者や 2 によって 1 へもどされる。

(10) 生産者は 21 エネルギーを 22 エネルギーに変換する。しかし，これは消費者に取り込まれて，その中を次々に移動していき，最終的には 23 エネルギーとなり生体外へ放出される。１つの栄養段階から次の栄養段階へ移動するエネルギーの割合を 24 という。

168 遷移と物質生産 ＊B　　金沢大

若い森林は，光合成系の量が非光合成系の量よりも相対的に多いので，遷移の進んだ森林より 1 量が多い。その 1 量から被食量と枯死量をのぞいたものが，森林の 2 量となる。被食量としてのエネルギーは消費者に利用され，枯死量あるいは死滅量などの多くの部分は 3 によって利用される。したがって，森林生態系における消費量はバイオーム(生物群集)を構成するすべての生物の 4 量におきかえることができる。森林生態系の 5 量が 4 量よりも十分に大きい場合は，その生態系は発展中の段階にあると考えられる。

遷移が進むにつれて，植物群落の枯死量や被食量も増加するので， 4 量は 5 量に近くなる。その結果，生態系全体の 2 量は０に近づき，現存(生体)量もほぼ一定になる。このような経過をたどり，森林群落が安定状態に達した段階を 6 という。

安定した森林生態系は，多様な環境を含んでいるので，そこには多くの種や様々な 7 をもつ生物が生活するようになる。食う・食われるの関係として知られる 8 も，遷移が進むにつれ，直線的なものから複雑な 9 へと変化していく。

169 生物多様性　B　　岩手大

「生物の多様性」とは，動物・植物・微生物のあらゆる 1 とそれから構成される 2 やそれをとりまく 3 を含めた 4 を包括した生物の豊かさを指し，自然の多様性の度合いを表す包括的概念といえる。したがって，ある地域の「生物の多様性」を考える場合，単純に生物の数を測定するのではなく， 5 の多様性， 1 の多様性， 4 の多様性という３段階の異なるレベルで考察していくことが必要である。

「[5]の多様性」とは，様々な[5]が存在することをいい，異なる種間での[5]の差異と同じく，同一の種内での異なる[6]間や同一[6]内でも多様な[5]が存在し，遺伝的[7]を生じる原因をつくっていることを意味している。「[1]の多様性」とは，様々な生物の[1]が存在することをいい，現在，地球上には約175万もの[1]が知られ，30数億年にわたる生命が経てきた[8]の過程を示している。「[4]の多様性」とは，[3]の違いによって森林，草原，河川，海洋など様々な[4]が存在することをいい，[1]組成や個体数，生産量などの違いから，多様な構造が認められるにもかかわらず，基本的な働きは共通している。

このような「生物の多様性」を保全することは，現在あまり利用されていない[9]を保護することにつながり，人類を含めた地球環境の存続のために必要なこととして認識されなければならない。

170 環境問題（1） ＊ A　　鳥取大

地球上で生物とこれをとりまく環境とは密接に関係し合って地球生態系を形成し，この生態系内を物質が循環したり，エネルギーが流れたりしている。自然の生態系では，何らかの原因によって生物群集や非生物的環境に変動が起きても，生態系は長い年月の間には[1]な状態を取り戻すと考えられてきた。このような働きを生態系の[2]という。しかし，科学技術の進歩にともなって急速に拡大した人間の経済活動は，世界各地で急速な開発と工業化をもたらし，地球生態系の[2]では回復できないような大きな変化を引き起こしつつある。例えば，不安定な生態系である乾燥地域では，過放牧や過耕作による自然植生の破壊が土壌の保水力を著しく低下させ，土壌が流出して作物が生産できない環境をつくりだしつつある。この現象が[3]である。

地球上の人口は20世紀の間だけでも約20億人から約60億人に激増した。この急激な人口増加はエネルギーの大量消費，すなわち[4]の大量消費をともない，その結果，[5]，二酸化窒素，二酸化硫黄，一酸化炭素などの排気ガスが大量に放出され，これが地球生態系にさまざまな悪影響を及ぼしている。窒素酸化物はおもに車の排ガスから放出されるが，交通量の多い都市部では夏の日の晴天の午後など，太陽の強い紫外線によって[6]と呼ばれるヒトの眼や呼吸器に強い刺激性のある有害物質に変化する。

地球の表面は太陽エネルギーを吸収して暖められるが，一方では地表面や大気から熱を放出することによって，地球全体の熱収支は長い間バランスを保ってきた。また，大気中の[5]や[7]などは，地球表面から放出される熱エネルギーを吸収し，地表の熱が大気圏外へ逃げるのを防いでいる。これを[8]効果という。ところが，20世紀の間に大気中の[5]濃度は確実に増加し，これと平行して地球の平均気温も上昇している。これが[9]現象である。このまま[9]が進めば，[10]などの多大な影響が発生するであろう。

また，窒素酸化物や硫黄酸化物は大気中の成分と反応してそれぞれ［ 11 ］と［ 12 ］に変わることがある。これが上空で雨滴に溶けると［ 13 ］となる。一方，冷蔵庫の冷媒，半導体の洗浄剤，スプレーの噴霧剤など人間の生活の中で広く便利に使われてきた［ 14 ］は，地球上に暮らすヒトや動物を有害な紫外線から守るためのオゾン層を破壊することが知られている。南極上空のオゾン層は破壊されてちょうど穴があいたようになっているため，これを［ 15 ］と呼んでいる。［ 15 ］の直下では強い紫外線のために［ 16 ］などの被害が起こりやすくなっている。

171 環境問題(2) ＊A　　酪農学園大

水界生態系において，生物の枯死体などの有機物が，微生物によって好気的に無機化されてきれいになることを［ 1 ］という。下水や工業排水などから，長期間にわたって多くの有機物が流れ込むと，好気的な微生物が増加しすぎ，その結果として水中の［ 2 ］が欠乏して［ 1 ］は衰え，好気的な微生物はそのうち死滅する。そして，［ 3 ］な微生物による分解だけが進むため，有機物の無機化が完全に行われず，悪臭のある汚れた水になる。また，肥料・殺虫剤として使われる有機リン剤や中性洗剤に含まれるリンなどは，水にとけて流れ，河川や海の［ 4 ］を起こしている。表面近くで生活するプランクトンが異常増殖し，特に湾内や湖では，［ 5 ］や水の華が発生して，魚介類などの多くの水生生物を死滅させる原因となっている。

測定対象	DDT(ppm)
湖水	0.0006
無セキツイ動物	0.0～6.0
藻類	0.1～0.3
ウグイ	痕跡～1.6
ペリカン(死体)	63.0
カイツブリ(死体)	75.5

右の表は米国のある地域で，食魚性鳥類に多数の異常死が起こった原因を調べるため，この地域の生態系について，DDT の含有量を測定した結果である。藻類のような［ 6 ］においては含まれる濃度が低いが，ペリカンやカイツブリのような［ 7 ］においては高くなっている。DDT は生物体内で分解されにくく，体脂肪に溶けやすい。これらのことから，湖水中にわずかに含まれる DDT は［ 8 ］の過程を通じて［ 9 ］が行われていくことがわかる。

172 湖水生態系　A　　東京都立大

右図はA，B 2つの湖で夏の正午頃に溶存酸素濃度の垂直分布を調べた結果である。Aの湖水は栄養塩類に富み，上層では［ a ］による活発な［ b ］が［ c ］を上まわるので酸素が生成されるが，下層では，［ a ］やそれをえさとする［ d ］，さらには後者をえさとする［ e ］などの遺体や排出物が上層から沈降してきて［ f ］によって分解されるため，酸素が消費される。Bの湖水では栄養塩類が乏しいため［ a ］の生育がおさえられ，湖水は澄んでいる。したがって，植物の［ b ］と［ c ］が等しい光の強さになる［ g ］の水深は［ h ］湖の方が深い。［ h ］湖は［ i ］，［ j ］湖は［ k ］に属する。前者から後者への変化を［ l ］といい，自然条件でも長い年月をかけて起こるが，人為的な湖水の汚染によって急激に進む。

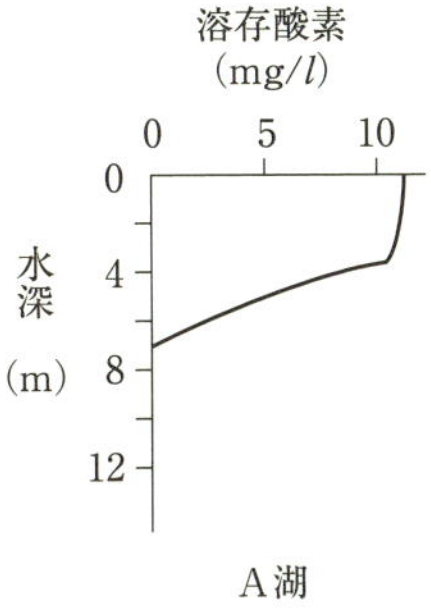

A湖

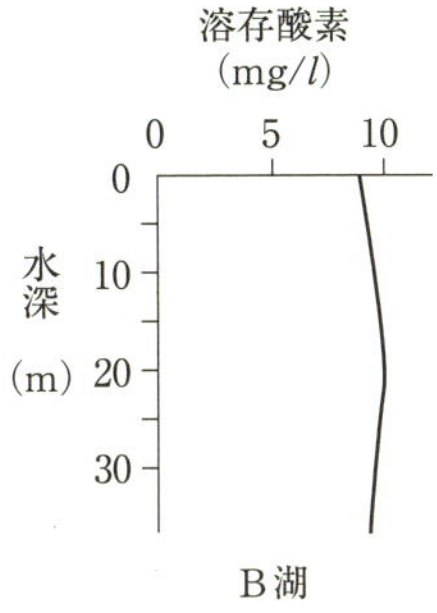

B湖

［語群］ (ア) 植物プランクトン　(イ) 動物プランクトン　(ウ) 魚　(エ) バクテリア
(オ) 呼吸　(カ) 発酵　(キ) 光合成　(ク) A　(ケ) B　(コ) 補償点　(サ) 飽和点
(シ) 最少受光量　(ス) 湿生遷移　(セ) 富栄養化　(ソ) 富栄養湖　(タ) 貧栄養湖

173 河川生態系　＊A　　三重大

図1，2は河川の川上で有機物を多く含む汚水が流入したときに見られる，河川の生物相の変化(図1)と化学物質の変化(図2)の模式図である。生物相の変化に関しては細菌，原生動物，藻類，水生昆虫の個体数変動を示している。化学物質の変化に関しては有機物，アンモニウムイオン(NH_4^+)，硝酸イオン(NO_3^-)および溶存酸素(O_2)の濃度変動を示している。ただし，河川の流速および汚水排出口から流出する化学物質の量は一定とみなす。

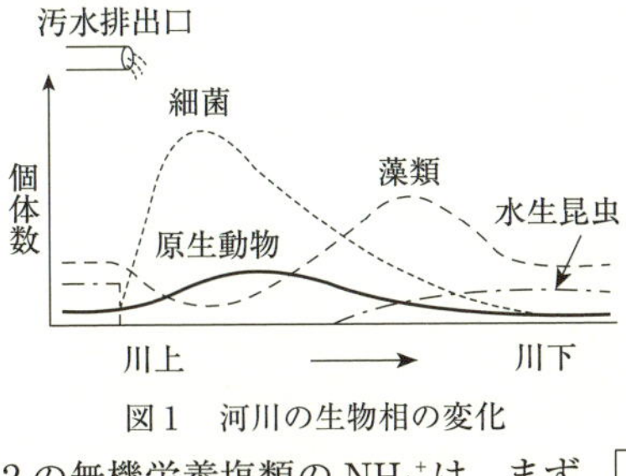

図1　河川の生物相の変化

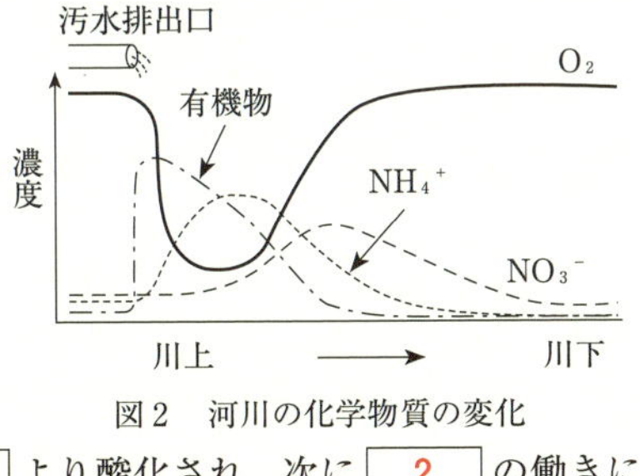

図2　河川の化学物質の変化

図2の無機栄養塩類のNH_4^+は，まず，［ 1 ］より酸化され，次に［ 2 ］の働きによってNO_3^-になる。これらの無機イオンは栄養塩として［ 3 ］に吸収されるので，川下に進

むにしたがって濃度は減少していく。このような作用を 4 という。また，河川の水質はそこに生息する水生昆虫などの水生生物によっても判定することができる。このような生物を 5 という。

174 生命の起源　A　信州大

生物は，泥や水などから［1］するという考えが長い間信じられていた。パスツールは，［2］を使った実験により，生物は生物からしか生まれないことを証明した。この実験によりそれまでの［1］説は否定されたが，地球上で最初の生物はどのように誕生したのかという新たな課題が生じた。この謎に対し，［3］は，原始大気から非生物的にアミノ酸などが合成され，さらにタンパク質や核酸などの高分子化合物も合成されて海水中に蓄積し［4］という袋状の構造物が形成されたという［5］進化の考えを1936年に提唱した。その後1953年，［6］は，仮想原始大気を封じた循環装置に熱と［7］を加えて，無機物からアミノ酸が非生物的に生成することの証明に成功した。

175 大気の変遷と生物の進化　A　岩手大

図は生物が誕生してから，現在までの酸素と二酸化炭素の濃度変化の概略図である。横軸は年代，縦軸は両気体の大気中の分圧を対数で表している。

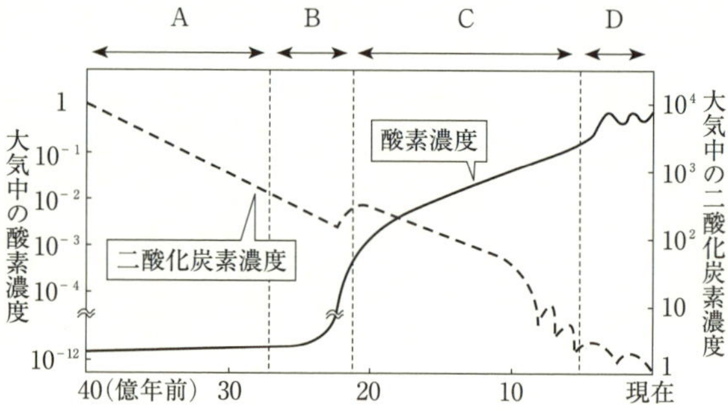

縦軸は，現在の大気中の各気体の濃度を1としたときの相対値である

A以前の時期の原始大気は還元的である。最も多いのは二酸化炭素であり，酸素はほとんど存在しなかった。この間原始海洋中には有機物が多く蓄積していった。Aの時期になると，生物が誕生し，環境中には，大きく2つのグループの細菌が存在した。1つは周囲の有機物を取り込んで発酵(嫌気呼吸)によってエネルギーを得る［1］細菌であり，もう1つは，火山活動などによって放出されたメタンや水素などを酸化させたときに遊離するエネルギーを利用して有機物を合成する［2］細菌である。Bの時期，すなわち約27億年前には，［3］が出現し，急速に生息範囲を拡大した。［3］は二酸化炭素を吸収して酸素を放出し始めた。すなわちB—Dの時期において，二酸化炭素が減少し，酸素濃度が増加しているのは［3］が創始した［4］のためである。一方，Aの時期においても別のタイプの［4］を行う細菌が存在した。この細菌は［5］を電子供与体としたため，［5］が大量に存在する，限られた場所のみ［4］が可能だった。これに対して，［3］は地球上に広く存在する水を電子供与体としたため，地球に広く分布することができた。放出された酸素は始め海水中の［6］イオンを酸化して大量の［7］となって沈殿した。

やがて海水中の酸素が［6］イオンを酸化し尽くすと，海水中の酸素濃度が増加し始めた。この環境変化に対応して，酸素を利用して呼吸をするものが現れた。酸素を用いた呼吸を創始したのは，［3］自身であったとされるが，短い時間に他の細菌にも酸素を用いた呼吸が広まった。マーグリスの細胞内共生説によると，約21億年前に，好気性の細菌が，嫌気性の古細菌に細胞内共生して，［8］が誕生した。この細菌は［9］という細胞内小器官となった。またCの時期には，植物細胞が誕生した。すなわち［3］が，約15億年前に［8］に細胞内共生して植物細胞が誕生した。この［3］は現在，植物細胞の中に［10］という細胞内小器官として存在している。これにより酸素濃度の増加はさらに加速された。

Dの時期には，大気中の酸素が10%を越えた。その結果，上空の酸素は［11］によって［12］に変わり，これが上空に［12］層を形成した。［12］層は，生物に有害な［11］をさえぎるので，生物が上陸するのに役立った。植物は動物に先立って上陸した。緑色植物の中で最初に上陸したのはコケ植物であり，これに続いて［13］が出現した。

［13］は地球史上初めて大森林を形成し，かつてない規模で炭酸固定を行った。蓄積された炭化水素は現在［14］という燃料として使用されている。その後，種子を形成することによって，乾燥地帯でも生殖を可能にした［15］が現れ，中世代のジュラ紀には，［15］の大森林が形成された。さらに白亜紀の前期には，花を形成する［16］が出現し，［15］を駆逐し，［16］の草原が地球全域に広がった。

ところで［13］の大森林に守られて，脊椎動物が上陸したのは約3億6千万年前のことである。このとき上陸した脊椎動物は［17］類である。このとき［17］類は，酸素を体内に取り入れるための臓器として肺を備えた。しかし心臓が［18］であったため，組織への酸素の運搬能力は高くはなかった。これに対して哺乳類と鳥類は，［19］の心臓を備えるため，［18］の心臓しかもたない［17］類や［20］類に比べて，組織への酸素運搬能力が圧倒的に高い。

176 生物の陸上化　A　山形大

地球の誕生後，陸上に現れた最初の植物は［1］植物であったと思われる。［1］植物は，［2］類のなかまから進化し，細胞壁の組成が変化して水が失われるのを防ぐことによって陸上の乾燥に適応していった。しかし，［1］植物は葉状体と根にあたる［3］しかもたない。その後，陸上の植物は根・茎・葉の区別をもち，［4］を備えて地中の水分や養分の吸収と運搬に適した構造へと進化していった。植物の陸生化にともなったこのような形態的な変化は，［1］植物から［5］植物，さらに［6］植物への進化の過程で示されている。また，生殖法にも進化のあとが認められる。有性生殖についてみると，［5］植物では，受精に際して水を必要とするが，［6］植物では花粉の媒介，あるいは種子の散布のためには，むしろ乾燥状態のほうが都合がよい。しかも，［7］・ソテツなど比較的原始的な［6］植物の花粉では［8］を生じ，かつて水の媒介を必要とした有性生殖のなごりを示すものとして興味深い。このような陸上生活に適応した植物の

第10章

うち，特に[5]植物は[9]代の[10]紀に最も繁栄したことは，この植物の遺骸から想像される。

植物の陸上進出にともなって，動物のなかにも陸上進出をたどるものが出てきた。無脊椎動物では節足動物の[11]類があげられる。[11]類は[12]などの外骨格でおおわれていて外界の乾燥に耐えることができた。脊椎動物では，魚類のなかに陸生化の傾向を示すものが現われ，やがて[13]類へと進化していった。魚類から[13]類への進化の過程は，[14]が変化して歩行に役だつようになった動物の化石が見つけ出されたことや，現生の[15]や肺魚などで証拠づけられている。脊椎動物が陸生化するうえで，外界の乾燥に対応するしくみの１つに，窒素化合物の排出法の変化があげられる。魚類や[13]類の幼生では，タンパク質やアミノ酸の分解によって生じた[16]を直接，尿としてすみやかに体外に排出している。しかし，[13]類の成体では[16]を[17]に変えて排出するしくみを備えるようになった。この変換のしくみは[18]回路によって行われる。ハ虫類や鳥類の卵は厚くて丈夫な殻におおわれ，胚は[19]に包まれて発生するので，水に不溶性の[20]のかたちで蓄えるしくみをもっている。

177 進化の証拠　B　　福島県医大

次の文(1)～(6)は，いろいろな研究分野における生物進化の証拠について述べたものである。

(1) ウマの化石は，[1]生代第三紀から現在にいたるまでの各地層から，年代の経過にそって連続的に発掘されている。ウマの最古の化石は，いまから約5500万年前の[2]である。この動物は肩高が約40cm 位の大きさで，前肢に４本，後肢に３本の指をもっていた。年代が新しくなるにつれて前肢・後肢ともに指の数が減少し，体が大形化して[3]という現在のウマに進化したと考えられている。

(2) 始祖鳥は，[4]生代ジュラ紀の地層から発見された化石で，ハ虫類としての特徴と鳥類としての特徴を合わせもっている。この事実から，鳥類は始祖鳥のような中間段階をへて，ハ虫類から進化してきたと推定されている。

(3) 形態や機能は著しく異なっていても，基本構造や発生の由来が同じである器官を[5]という。例えば，ヒトの手，コウモリの翼，クジラのひれ，鳥類の翼などは外形や働きは異なるが，骨の種類・数・配列などの基本構造には共通点が多い。この事実は，共通の祖先の特定器官が，様々な環境に適応し，多様化した結果と考えられる。一方，形態や機能は類似しているが，基本構造や発生の由来が異なる器官もあり，そのような器官を[6]という。また，祖先の動物は使っていたが，生活の変化とともに不必要となり，形は残っているもののほとんど機能を営んでいないと思われる器官を[7]という。

(4) 現生生物の幼生や胚などの形態を比較することにより，進化の過程を知ることができる。例えば，［8］動物のゴカイと［9］動物のアサリでは成体の形態は非常に異なるが，発生過程を調べると，ともに［10］幼生の時期をへて成体になる。また，この幼生は［11］動物のワムシに似ている。このことから［11］動物→［8］動物→［9］動物への進化の道すじが考えられる。

(5) 現生生物の分布や適応のしかたを調べると，進化を証明する事実が見つかる。例えば，オーストラリア大陸にはカンガルーや樹上生活するコアラなどの［12］類やカモノハシなどの［13］類が生息しているが，これらの動物はオーストラリア大陸やその周辺地域だけに見られる固有種である。この大陸の有袋類は，それぞれの生活環境で生理的・形態的分化を起こし，［14］して多数の異なった系統に進化した。

(6) タンパク質やアミノ酸の分解によって生じた窒素排出物の組成は，脊椎動物の種類や発生段階で異なる。このことは，それぞれの動物が，その生活環境や胚発生の環境に適応して進化した結果と考えられる。例えば，ニワトリの胚の発生過程における窒素排出物の変化を調べてみると，4日目頃には窒素排出物の大部分が［15］であるが，8日目頃になると［16］を多く出すようになり，11日目頃からは［17］をおもに排出するようになる。このような発生過程における窒素排出物の変化は，ニワトリが［18］→［19］→［20］→鳥類へと進化してきた過程を反映していると考えられている。

178 窒素排出物の変化　A　　東海大

ヒトの胎児にも，他の脊椎動物と同じようにえらや尾に相当すると考えられる構造が現れる時期がある。これは脊椎動物が共通の祖先から進化したことを示す証拠と考えられる。ヘッケルは，「［1］の過程において［2］を繰り返す」という［3］説を提唱した。この説は，［1］の過程において，その生物がたどった進化の道筋が繰り返されるというものである。動物では，窒素化合物の排出においても進化が見られる。動物は窒素を通常［4］，［5］，［6］のどれかとして排出する。水中にすんでいる海の動物は，例外もあるが，ふつう［4］として窒素を排出する。［4］は毒性が強いが，水に極めてよく溶け，周囲の水に希釈されるからである。陸の動物では水の供給が限られ，［4］は毒性の弱い［5］，または［6］に変えられ排出される。ニーダムによれば，［5］か［6］かの選択は胚が発生するときの条件で決まるという。哺乳動物の胎児は母体の循環系とつながっており，窒素を母体の循環系を介して排出する。母体では［5］をつくる働きは［7］という臓器で［8］と呼ばれる一連の反応系(反応回路)により合成される。一方，鳥類やハ虫類の胚は固い殻の卵の中で発生する。水は胚の発生に必要な量しか与えられない。このような閉鎖系では毒性の強い［4］はもちろん，［5］でも溜まれば命にかかわる。そこで水に溶けない［6］として尿のうの中に溜める。この性質が成長後もひきつがれ，［6］として，窒素化合物を排出する。ところですべての魚が窒素を［4］の形で排出しているのではない。例えば，サメやエイに代表される［9］魚類

第10章

は[5]として排出している。これらの魚は[5]を単なる老廃物として排出するだけでなく，この[5]を体液中に保ち，体液の[10]を高め，体の中に水を保持するために利用している。

179 ヒトの進化　A　奈良県医大

人類の誕生と進化の歴史についての研究は，化石を発掘した地層から年代を決定し，人類の祖先の化石を現代人と比較することによってなされてきた。最初に発見されたのは，ドイツのデュッセルドルフに近い峡谷にあった[1]人の化石で，発見された峡谷の名前から[2]人とも呼ばれている。彼らは15～3.5万年前に[3]器を用いていた化石人類であるが，イギリスの博物学者であった[4]によって進化論が提唱されるまでは無視されていた。オランダのデュボアは化石人類を求めて[5]島に渡り，[5]原人の存在を明らかにした。この化石原人は，中国の[6]郊外で発見された[6]原人とともに，[7]歩行に適した脚をもっており160～20万年前のものであることがわかった。さらに古い原人の化石が[8]で発見され，猿人と総称する最も先祖に近い化石人類が360～160万年前には存在していたことが確認された。いろいろな調査結果を考え合わせて，人類の祖先は，チンパンジーやゴリラなどの[9]に似ており，400万年前までには，ヒトの特徴をそなえていたと考えられる。その後，猿人，原人，[1]人が現われ最後に出現した[10]人を経て現代人になったものとされている。

180 ヒトの特徴　A　弘前大

霊長類の中で，ヒトは直立[1]をし，道具を使う動物である。ヒトには，霊長類に共通する特徴にくわえて，直立[1]などから生じる特徴がある。ヒトでは，[2]はゆるやかなS字を描いている。類人猿や猿人と比較すると，頭骨が[2]に結合する部分にある[3]は，頭骨の中央真下に位置している。そして，[4]の幅が広く，内臓を下から支えるようになっている。歯は，歯列が半円形で，[5]が他の霊長類と比べて小さい。足は，親指が他の4本の指と平行しており，足の裏には[6]がある。

181 進化のしくみ　A　神戸大

生物が進化するためには，遺伝子に生じた突然変異によって，集団中に[1]が生じる必要がある。突然変異は個体ごとに起こるが，[2]や[3]の働きによって集団の中に広がることがある。集団に含まれる遺伝子のすべてを[4]と呼び，この中で生じる[5]の変化が進化の実態である。

突然変異が個体の表現型を変化させ，その表現型をもつことは個体の生存や繁殖において有利になることがある。そのような表現型をもつ個体は，もたない個体に比べて次世代に残す子の数が多い。その結果，そのような突然変異が生じた遺伝子は，次世代の［4］に占める割合が増加する。このようなしくみを［2］と呼ぶ。

DNA の塩基配列に突然変異が生じても，タンパク質のアミノ酸配列には変化をおよぼさないことが多い。したがって，多くの突然変異は，個体の生存や繁殖に影響しない。このような考え方を［6］という。このような突然変異を含む遺伝子が，次世代にどの程度伝わるかは［3］によって偶然に決まり，ときにはある特定の突然変異だけが残ることもある。また，様々な生物種の間で，特定の遺伝子の塩基配列を比較することで，生物種間の類縁関係をあらわす［7］を描くことができる。

182 ハーディ・ワインベルグの法則　A　　広島県立大

ある生物集団において，ある［a］の遺伝子頻度についてハーディ・ワインベルグの法則が成り立つためには，いくつかの条件が必要である。まず，集団の大きさについては，［b］集団であることが必要である。その理由は，［c］集団では［d］の影響を受けやすいからである。次に，各個体の［e］に差がなく，そのため［f］が作用しないことが必要である。また，すべての個体が自由に［g］して子孫を残していることが必要である。さらに，集団内で遺伝子頻度に影響するような変化が［h］ことも必要である。つまり，個体の［i］がなく，この［a］の遺伝子に［j］が起こらないことが必要である。この法則は，もしこのような条件が満たされる集団があれば，遺伝子頻度は［k］の間で［l］ということを意味しており，この集団では［m］起こらないことになる。

［語群］(ア)　小　(イ)　大　(ウ)　世代　(エ)　行動力や認識力　(オ)　遺伝的浮動
(カ)　自然選択　(キ)　起こらない　(ク)　生存力や繁殖力　(ケ)　交配
(コ)　進化　(サ)　起こる　(シ)　移出や移入　(ス)　形質　(セ)　突然変異
(ソ)　変化する　(タ)　変化しない

183 集団遺伝（1）　A　　帯広畜産大

生物の集団を遺伝子プールとして考えたとき，［1］が多く，外部との出入りがなく，［2］が起こらず，［3］も働かないと仮定する集団で，まったく自由に交雑が行われて子孫が残されているとすると，その集団に占める遺伝子頻度と遺伝子型頻度は，世代を重ねても変化しない。これを［4］の法則という。

ヒトのある集団の Rh 式血液型を調べたところ，Rh^+型の割合は84%，Rh^-型の割合は16%であった。Rh^+と Rh^-の遺伝子を D，d として，［4］の法則があてはまると仮定した場合に，この遺伝子座での遺伝子(D，d)の頻度は，それぞれ［5］，［6］であり，従って遺伝子型(DD，Dd，dd)の頻度は，それぞれ［7］，［8］，［9］である。ヒトのある集団で，フェニルケトン尿症という病気になるヒトは，1万人に1人の割合で誕生する。この病気の遺伝子は劣性であるが，[4]の法則があてはまると仮定した場合に，この集団において，この遺伝子座がヘテロである割合は[10]%である。

184 集団遺伝(2) B 静岡大

ヒトの血友病は伴性遺伝し，その原因遺伝子は[1]染色体上に存在する。a(血友病の遺伝子)は対立遺伝子A(正常な遺伝子)に対して[2]遺伝子となる。Aとaの遺伝子頻度をそれぞれp，q(ただし$p + q = 1$)とすると，男性が血友病になる頻度は[1]染色体にaがある頻度に等しいため[3]である。それに対して，女性が血友病になる頻度は2つの[1]染色体にaがある頻度に等しいため[4]となる。0＜[3]＜1なので，[3]＞[4]となり，男性が血友病になる頻度は女性より[5]くなる。男性1万人に1人が血友病である場合には$q =$[6]となる。その際，[4]＝[7]となり，女性では[8]人に1人が血友病の表現型を示す。

185 分子進化 B 岐阜大

DNAの複製の際には，通常はアデニンに対し[1]，シトシンに対し[2]が相補鎖を構成する。しかし，一定の確率で複製ミスによる塩基配列の変化が起きる。タンパク質の合成に関与しないDNAの部分では，変化がそのまま蓄積して次世代に伝えられる。このようにして塩基配列が変化していく速さは，長い時間の経過の中で時計のように一定に見えることもある。これを[3]と呼ぶ。塩基配列の比較により，生物種間の系統関係や，進化の道筋を推定することができる。

ヒトとチンパンジーのミトコンドリアDNAの一部分500塩基の配列を比較したところ，34塩基が異なっていた。これはヒトとチンパンジーが過去に共通の祖先から分岐して以来，独自に蓄積された変化と思われる。この数値をもとに，ヒトとチンパンジーの分岐した年代を推定してみよう。霊長類のミトコンドリアDNAでは，1年あたりおよそ1億塩基中1塩基の確率で，複製ミスによる塩基配列の変化が起きると推定されている。500塩基中のどこか1塩基が変化するのは，[4]年に1度の確率である。分岐して以来，ヒトとチンパンジーのそれぞれにおいて変異が蓄積されてきたと考えると，分岐した年代は，$34 \div 2 \times$[4]年＝[5]年前と推定できる。

186 学 名 A 香川大

それぞれの生物には，[1]語による[2]で表されている世界共通の学名がつけられている。イチョウの場合，*Ginkgo biloba* L.と命名されている。この中で，*Ginkgo*は[3]であり，*biloba*は[4]であり，L.は命名者である[5]を示している。分類群はさらに上位に，科・[6]・[7]・[8]・界というように，階層的な体系になっている。

187 五界説　A　　熊本大

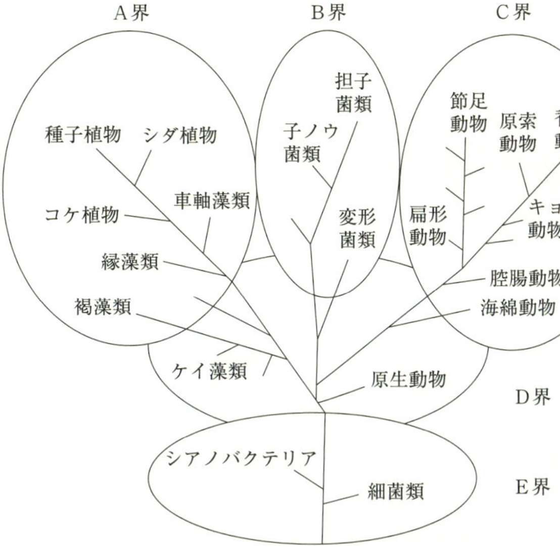

現在，数千万種以上ともいわれる地球の生物を細胞の構造や生活様式などをもとに，大きく５つのグループ(界)に分類し，生物の系統や進化を探ろうとする試みがなされている。図はその一例で，生物の系統関係を表す。

細胞という観点から見ると，A，B，C界に関しては，これらの界に共通して酸素を利用して［ 1 ］を生成する［ 2 ］という細胞小器官が存在するが，［ 3 ］はA界だけに存在する。また，A，B，C界とD，E界は前者が［ 4 ］生物であるのに対して，後者は［ 5 ］生物という点で異なっている。さらに，A，B，C，D界の細胞は［ 6 ］であるのに対して，E界の細胞は［ 7 ］である。これらの違いからA，B，C，D，E界を分けることができる。

地球上に最初に出現した生物は嫌気性の原始的なE界の細胞であったと考えられる。やがて，その中のある細胞に核が生じ，その細胞に好気性の［ 8 ］類の１種が共生して［ 2 ］を，さらに［ 9 ］類の１種が共生して［ 3 ］をもつ細胞が生まれたと考えられている。その後，このようにしてできたD界の細胞が進化して，A，B，C界の生物が誕生したと考えられる。A，B，C，D，E界はそれぞれ［ 10 ］界，［ 11 ］界，［ 12 ］界，［ 13 ］界，［ 14 ］界と呼ばれる。

188 3ドメイン説　A　　京都府医大

地球上には多種多様な生物が生存している。現生あるいは化石で見つかる生物をいくつかの段階に分けてその類縁関係をまとめたものを分類といい，分類群の進化の道筋をたどったものを［ 1 ］という。［ 1 ］は過去から現在に発展する分岐した［ 2 ］として示される。分類の階級は，界，門から種までの７段階に分けられる。現在では５つの界に分けることがよく行われる。これを五界説と呼ぶ。原核生物と真核生物は18億年前に分岐した。真核細胞は，核と細胞小器官の存在などによって原核細胞と異なる。原核細胞が細胞内に共生して真核細胞ができあがり，進化してきたと考えられている。母体となる細胞として原始真核細胞，つまり核と細胞小器官をもつ以前の真核細胞の祖先が仮定される。

1977年，アメリカの［3］のグループはリボソームを構成する［4］の比較から，［5］の存在を初めて指摘した。そして生物は，細菌，［5］，真核生物という３大系列から構成されていることが示された。現在では，原始真核細胞に最も近い現生の細胞は高度好熱性，嫌気性，イオウ代謝性の［5］であるという点では見解が一致しつつある。

189 動物の系統　A　三重大

多細胞生物は，胚葉の区別のない［1］動物，胚葉が２つ存在する［2］動物，胚葉が３つ存在する動物に分けられる。このうち，胚葉が３つ存在する動物では発生の過程で胚表面の細胞の一部が胚の内部に移動する。この現象が起きる胚表面の部位は原口といい，原口が成体の肛門になる生物を［3］動物と呼ぶ。［3］動物に属するホヤでは発生の初期に割球の一部を除去するとその部分に対応した欠損をもつ個体が生じる。また［3］動物に属する脊椎動物には脊椎があるのに対し，ホヤには脊椎はない。しかし，発生の過程において，脊椎動物とホヤでは体の前後軸にそって［4］が形成される。一方，原口が成体の［5］になる生物を［6］動物と呼ぶ。［6］動物のうち，らせん卵割により発生し，成体が体節をもつものは［7］動物である。らせん卵割により発生するが，成体が体節をもたないものは［8］動物である。［8］動物の幼生は［9］と呼ばれている。［7］動物は［10］血管系をもち，［8］動物は［11］血管系をもつ。また，体腔も分類上重要な形質である。［7］動物と［8］動物において，体腔は［12］胚葉性上皮細胞に囲まれた空間として形成される。

190 光合成色素と藻類の分類　A　東京農工大

葉緑体は，外膜と内膜の２枚の膜に囲まれた構造を有し，内部には膜でつくられた［1］があり，［1］が重なった構造は［2］と呼ばれる。［1］にはクロロフィルやカロテノイドなど光合成に関与する色素(光合成色素)が含まれている。

光合成色素の違いは分類にも利用されており，例えば，クロロフィルをもつ藻類の分類においては，ワカメ，コンブなどの［3］類はクロロフィル［4］およびクロロフィル［5］を含んでいる。これに対してクロレラやアオミドロなどの［6］類はクロロフィル［4］とクロロフィル［7］を含んでいる。紅藻類は，クロロフィル［4］のみを含んでいる。したがって，陸上植物は［6］類から進化してきたと考えられている。

191 植物の生活環　B　　金沢大

植物では動物と異なり，[1]が存在する。すなわち植物では，胞子体上の生殖器官で減数分裂を行って[2]を形成する。[2]は散布されて発芽し，配偶体となる。配偶体上の生殖器官は減数分裂を行わずに[3]と[4]とを形成し，それらは受精後，次世代の胞子体となる。このように，生活環の中に2つのステージが繰り返し出てくることが植物の大きな特徴である。しかしながら，この[1]の見かけは分類群によって大きく異なっていることがある。例えば，コケ植物では普通に目にする植物体は[5]であり，シダ植物では[6]である。さらに，種子植物では[5]は[6]に寄生しているといえる状態にまで退化していて，[2]はもはや散布体とはなりえない。

種子植物では胚珠の中で受精，胚発生が行われる。受精卵が発達して次世代となる胚になり，ある程度完成するまで，親個体は栄養を与え続ける。胚珠が成熟したものが種子であり，種子が散布体となっている。被子植物では裸子植物と比較してさらに独特の様式が見られる。被子植物の種子は裸子植物とは異なり，[7]が発達した[8]の中に埋もれている。種子の外周は[9]と呼ばれており，種子内部はその中に[10]と[11]とが受精してできた[12]，および[10]と[13]とが受精してできた胚から構成されているのが一般的である。

第10章

第11章　トピックス

192 ウイルス　B　東京農大

ウイルスは生物と無生物の中間的な特性を示し，細菌より小さい。ウイルスの遺伝子の本体は［1］か［2］で，両者を共にもつことはない。［3］は1899年タバコモザイク病の病原体が細菌ろ過器を通過することを見出し，ウイルスという名をつけた。これらの研究がウイルスの発見として位置づけられている。タバコモザイクウイルスの構造は，中央にらせん状の［2］があり，そのまわりを［4］がとりまいている。アメリカの［5］は1935年，このウイルスを［6］としてとり出すことに成功し，後にノーベル賞を受賞している。大腸菌に感染する T_2 ファージは菌体に吸着するとその頭部にある［1］だけを菌体内に注入する。その後菌体内に入った部分は［7］して増加する。また，宿主の［8］を利用し，宿主の［9］を材料として［4］を合成し，外皮や尾部をつくる。こうして新しいファージが形成され，およそ30分ぐらいで菌体を溶かして外へ出てくる。

193 インフルエンザ　B　東海大

我々がインフルエンザウイルスに感染すると，体の生体防御機構はウイルスを非自己として認識し，いくつかの段階を経て［1］や［2］が誘導され，ウイルスを排除するように働く。［1］は主にT細胞の働きによるものでウイルスに感染している細胞を攻撃し，［2］はB細胞によるもので，B細胞から可溶性タンパク質からなる［3］がつくられウイルスを攻撃する。一般に［3］は［4］が高く，特定の［5］とのみ反応する。例えば，インフルエンザウイルスのヘマグルチニンという［5］に対する［3］はB型肝炎ウイルスとは反応しない。ヘマグルチニンに対する［3］ができると，これは［5］-［3］反応でインフルエンザウイルス粒子表面に存在するヘマグルチニンに結合する。その結果，ウイルスは［6］され，他の細胞への感染ができなくなる。このように［1］や［2］が協調して働くことにより次第にウイルスは体内から排除される。このときウイルス排除に働いたT細胞やB細胞の一部は［7］と呼ばれる細胞に変化し，その後，同じウイルスが再び感染すると，［7］は急速に細胞数を増加し感染防御のために働く。一方で，インフルエンザウイルスの遺伝子は，リボース，塩基，リン酸からなるヌクレオチドを構成単位とする［8］であるが，この［8］に［9］が起きることがある。その結果，ヘマグルチニンの構造が変わることにより，それまでに獲得していた［1］や［2］では新しい型となったウイルスを排除できなくなる。この現象により，去年インフルエンザにかかったのに，また今年もかかってしまうということが起きることがある。新しい型のウイルス感染を防御したり，あるいは感染しても症状を軽く済ませるためには，あらかじめ流行の型を予測してつくられた［10］の接種が有効である。

194 タマホコリカビ　B　奈良県医大

細胞性粘菌のキイロタマホコリカビは，植物と動物の特徴を兼ね備えた生物で，その生活史は変化に富んでいる。胞子は水分があると［ 1 ］して，アメーバになる。アメーバは周辺の大腸菌などの細菌を食べ，［ 2 ］を繰り返して増殖する。アメーバが餌を食べ尽くすと，アメーバ自身が分泌した化学物質によって他のアメーバを呼び寄せ，集合体をつくり，移動体になる。さらに，移動体の細胞は，胞子のう群とそれを支える柄や台に［ 3 ］して，子実体を形成する。この時期には，移動体のどの部分が胞子のう群，柄，台になるのかということ，つまり，［ 4 ］が決定されていると考えることができる。しかし，この移動体を長軸方向に垂直に切断すると，前端と後端の小片が，それぞれ子実体を形成する。このように，いったん［ 3 ］したものが［ 5 ］し，再び［ 3 ］することができる。

195 カサノリ　B　千葉大

カサノリは，熱帯から亜熱帯の海や地中海に産する単細胞の緑藻植物の一種である。成長した個体は長さ7～8 cmに達し，核を含む仮根，細長い柄，および柄の先端にあるカサの3つの部分からなる。カサの形は種特有であり，したがって遺伝形質である。

1953年にJ.ヘムメルリングは，カサの形が異なるA，B 2種のカサノリを用いて次のような実験を行った。

実験1．A種の個体を仮根，柄，カサの3つの部分に切断して分離し，どの部分にカサの再生能力があるかを調べたところ，次のような結果が得られた(図1)。(1)カサからは，新しいカサは再生されず，死滅した。(2)柄では，その上端にカサが再生された。しかし，そのカサを切り取ると，その後は，柄はカサを再生せず，死滅した。(3)仮根からは，柄とカサが再生された。その後は，何度柄とカサを切り取っても，仮根は柄とカサを再生した。

実験2．B種の仮根にA種の柄を接木すると，A種のカサが再生され，その後は，何度カサを切り取っても，再生するカサはB種のものであった(図2)。

実験3．A種とB種の仮根どうしを接木したら，接ぎ目のところから柄が伸びて，その先端に両種の中間型のカサが再生された(図3)。

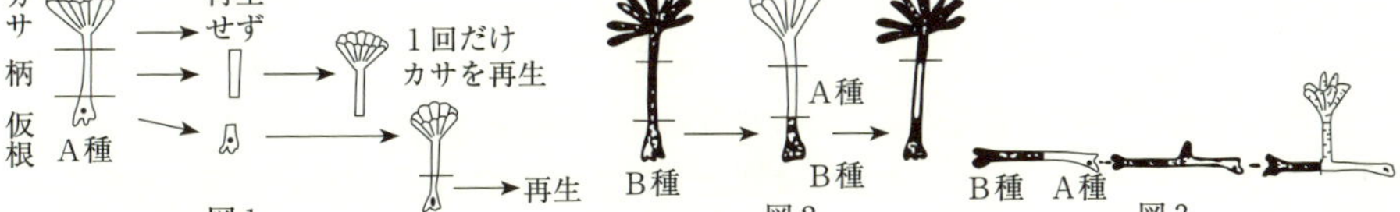

図1　図2　図3

(荒木忠雄ら「現代生物学図説」より一部改変)

3つの実験結果から，カサノリの［ 1 ］の維持とカサの［ 2 ］には，［ 3 ］が必要であり，カサの形は[3]が決めていることがわかった。さらに，この実験は，細胞の活動を支配する[4]が[3]に含まれていて，この[4]をもとにしてつくられた物質が[5]に移り，その働きによって生物の[6]が現れることを示している。

196 レグヘモグロビン B 金沢大

空気中に大量に存在する窒素は，多くの動物や植物にとってはほとんど利用価値のない気体である。しかしながら，この窒素を利用できる生物がいる。例えば，酸素を発生する[a]を営む[b]生物であるアナベナは[c]の仲間であり，[d]と呼ばれる酵素を用いてATPをエネルギー源として，窒素を[e]に変えている。

しかしながら，[d]は酸素に対して不安定であるため，アナベナは[f]という特殊な形態をもつ細胞を分化させている。この細胞は，窒素固定を行わない細胞と異なり，厚い[g]をもち，また，酸素を発生しない[a]を行うことにより[d]の酸素による変性を防いでいる。一方ダイズ等のマメ科植物は，根に[h]という特別な組織をつくり，その細胞内に[i]を共生させ窒素固定を行わせている。呼吸によりエネルギーを得ている[i]は酸素を必要とするが，このときに働く[i]の[d]も酸素に対して不安定である。この矛盾を解決するために[h]内では[j]という酸素運搬体が合成され，[d]の変性が生じないように[i]へ酸素が供給されている。

［語群］ (ア) ATPアーゼ (イ) 亜硝酸 (ウ) アンモニア (エ) 異質細胞 (オ) 栄養細胞
(カ) オキシダーゼ (キ) 化学合成 (ク) 核膜 (ケ) 顆粒 (コ) 原核 (サ) 嫌気
(シ) 原生 (ス) 好気 (セ) 光合成 (ソ) 紅藻 (タ) 根鞘 (チ) 根粒
(ツ) 根粒菌 (テ) 細胞膜 (ト) 細胞壁 (ナ) 硝酸 (ニ) 真核 (ヌ) 真正
(ネ) 大腸菌 (ノ) 窒素 (ハ) ニトロゲナーゼ (ヒ) 発酵 (フ) 分泌細胞
(ヘ) ヘモグロビン (ホ) ミオグロビン (マ) シアノバクテリア(ラン藻)
(ミ) 緑藻 (ム) レグヘモグロビン

197 プログラム細胞死 A 札幌医大

単細胞生物である大腸菌は，環境条件がよければ無限に増殖を続ける。しかし，我々ヒトのように，多数の分化した細胞からなる生物個体には，必ず死が訪れる。それは，多細胞生物の体を構成している細胞の遺伝子に，死へのプログラムが組み込まれているからである。もちろん，火傷や毒物といった外的な要因，虚血による酸素供給の不足などによって，不慮の死をむかえる細胞もある。これらのいわば事故死，他殺死ともいえる細胞死の過程は，壊死と呼ばれている。壊死では細胞小器官も含めて細胞は徐々に膨化し，やがて崩壊する。細胞の内容物が外に漏出するため，壊死ではその部位で，はれや発熱を伴う[1]が起きる。

これとはまったく異なり，遺伝子にプログラムされた細胞の死(「プログラム細胞死」と呼ばれる)は細胞に内在している死の機構のスイッチをいれ，自ら死んでいく細胞死で，いわば自殺死ともいえる。遺伝子に制御されたこの細胞死の過程では，細胞は膨化せずにむしろ縮小し，細胞表面に泡のような構造が突出する。ミトコンドリアなどの細胞内小器官はその形態を保っているが，核内成分の[2]は凝縮し，核は断片化する。細胞も断片化し，最終的には食作用をもつ[3]や隣接した細胞の働きによって排除される。このような細胞死を[4]という。

特別な役割を担う細胞へと分化し，増殖能を失った[5]細胞や心筋細胞において，「プログラム細胞死」が起きた場合は直接個体の死と結びつく可能性がある。しかし，このような細胞死は個体の正常発生の過程や，成体の種々の組織でも，頻繁に起きていることが知られている。個体の死と直結せず，むしろその生命の存続のために，自ら死んでいくのである。鳥類の後肢足指の形成，両生類の変態，また，胸腺で分化する[6]細胞の成熟過程において，特定の細胞が「プログラム細胞死」で死んでいく例は有名であり，この細胞死の機構は個体の形成や維持に深く関わっている。

198 フェニルケトン尿症　A　　日本女大

図はヒトの体内におけるフェニルアラニンとチロシンの代謝を示す。フェニルアラニンやチロシンは生体に不可欠なアミノ酸である。これらの代謝に関係する酵素をつくる遺伝子が変異すると，ある種の遺伝病をもたらすことがある。食物から摂取したフェニルアラニンはタンパク質合成に使われ，残りはチロシンに変化する。チロシンはタンパク質合成に使われるほか，メラニンなどに変化し，残りはアルカプトンを経て二酸化炭素(CO_2)と水(H_2O)に分解される。

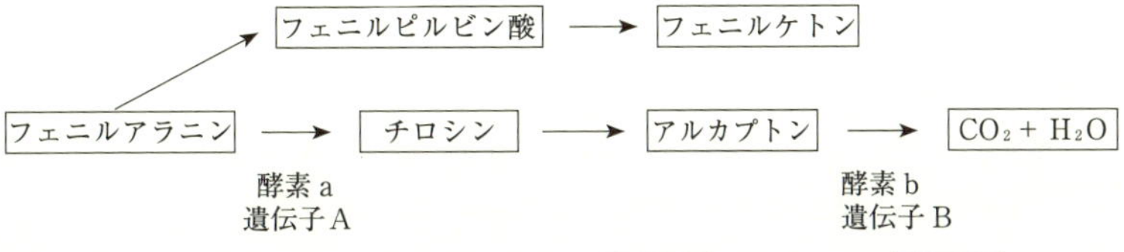

アルカプトン尿症は，[1]の変異によって[2]を分解する[3]がつくられないために起きる遺伝病である。症状としては幼児期には尿が黒色になるだけで普通に発育するが，青年期には軟骨やその他の結合組織に黒い色素が次第に沈着するようになり，関節炎や内臓機能障害を起こしやすくなる。

一方，フェニルアラニンをチロシンに変える[4]がないと，フェニルアラニンが脳や血液に蓄積する。この代謝異常により，脳の成長が阻害される。この遺伝病はフェニルアラニンがフェニルピルビン酸を経て変化した[5]が尿中に検出されることで発見される。そのため，この病気は[5]尿症と称され，早期に発見して[6]の摂取を抑えた食餌療法を行えば，良好な発育・発達が望める。

199 放射線被曝　A　東北大

人体の細胞分裂の障害に放射線による被曝(ひばく)があげられる。細胞分裂をたえず活発に行っている組織では特にその影響を強く受ける。例えば，[1]では造血機能の抑制を受ける。その結果，細菌などを食べる働きをする[2]の減少，免疫反応に関係している[3]の障害，血液の凝固に関係している[4]の減少などにより，感染，発熱，出血などをひき起こす。

200 インスリンの構造　A　大阪府大

ヒトの場合，mRNA から合成されたインスリンは右図のような構造をしておりプレプロインスリン(105アミノ酸からなる)と呼ばれる。このプレプロインスリンはシグナルペプチド(プレペプチドともいい，23アミノ酸からなる)があるために膜を通過してゴルジ体に入る。ゴルジ体に入ったプレプロインスリンはゴルジ体からできた顆粒の内部で，酵素の作用でシグナルペプチド部分で切り落とされ，システインがもつ SH どうしが反応した[1]結合が，A鎖(21アミノ酸からなる)の中に1本，A鎖とB鎖(30アミノ酸からなる)の間に2本形成され，プロインスリンとなる。プロインスリンからC鎖が切り離され，インスリンができる。生成したインスリンは細胞外へ放出され，血液に入る。

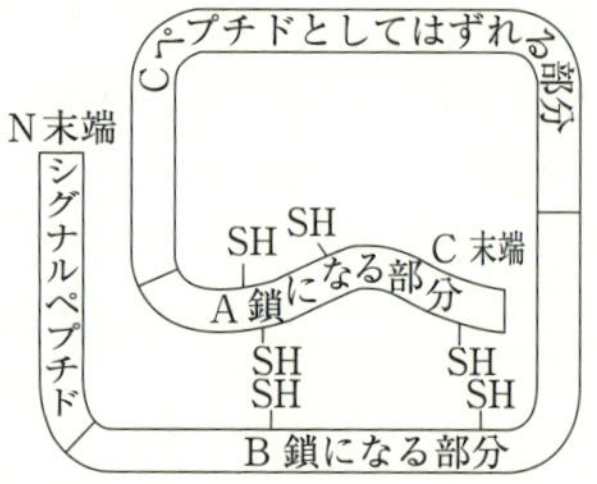

プレプロインスリン

近年では，ヒトのインスリンを遺伝子工学の手法を用いて，次のようにして大腸菌に大量につくらせることができるようになった。

ヒトのインスリン遺伝情報を含む[2]を取り出し，[3]を用いてインスリン遺伝子の cDNA(相補的 DNA)を合成する。この遺伝子を含む[4]をつくり，その両端を特定の[5]で切断する。大腸菌の中で効率よく発現する調節遺伝子をもった[6]を，[5]で切断し，作成したインスリンの遺伝子配列を含む[4]を[7]によってつなぎ込む。この[6]を大腸菌に取り込ませ，この[6]をもった大腸菌を培養し，ヒトのインスリンを大量につくらせる。

201 ヒトゲノム・X染色体不活性化　B　東邦大

ゲノムとは，ある生物種がもつすべての[1](または RNA)塩基配列の1セットを意味する。ヒトの細胞では，そのほとんどが[2]内の染色体に存在するが，[3]内にも[1]が存在し，37個の遺伝子が見つかっている。1990年に欧米各国や日本などが協力したヒトゲノム計画が開始され，2002年にはほぼ解明された。その解析結果によると，ヒトゲノムには約22000の遺伝子が存在すると推定されている。この約22000の遺伝子は，46本の染色体に分かれて存在している。ヒトの46本の染色体には22対の［ 4 ］と，男性ではX，Yと呼ばれる性染色体が1本ずつ，女性では2本のX染色体が含まれる。このような，雄が［ 5 ］，雌が［ 6 ］の染色体対からなる性決定様式は［ 7 ］型と呼ばれ，哺乳類一般に共通の様式である。一方，鳥類は哺乳類とは逆に，雄が［ 6 ］，雌が［ 5 ］の染色体対からなる［ 8 ］型と呼ばれる性決定様式をもつのが一般的である。

性染色体の遺伝子による遺伝は［ 9 ］遺伝と呼ばれている。ゲノム解析の結果，ヒトのX染色体の遺伝子数は1098，Y染色体の遺伝子数は78と予想されている。このY染色体の遺伝子数は他の染色体に比べて極めて少ないが，ヒトの男性化を決定する遺伝子(*SRY*)がY染色体に存在する。また，X染色体には，［ 10 ］や［ 11 ］に関連する遺伝子があることが古くから知られている。

ヒトをはじめとして哺乳類の雌に2本あるX染色体は，発生初期にかならずどちらか一方が不活性化される。この不活性化されたX染色体にあるほとんどの遺伝子は発現しない。また一度不活性化されると，その細胞に由来する子孫細胞はすべて同じX染色体が不活性化される。そのため，成体のある部位では母親由来，ある部位では父親由来のX染色体が不活性化された細胞集団が存在する。この現象は，マウスのX染色体に含まれる毛色を決定する遺伝子の研究によって明らかにされた。マウスの毛色は灰色が野生型であるが，まれにしま模様の劣性形質が現れる。灰色の雌としま模様の雄を交配させると，F_1の雌はすべてまだら(灰色としま模様)になり，雄はすべて灰色となる。このF_1の雌と雄から生じるF_2の雌は灰色とまだらが1：1で現れるが，雄は灰色としま模様が1：1で現れる。逆に，しま模様の雌と灰色の雄を交配させると，F_1では雌は［ 12 ］となり，雄は［ 13 ］となる。このF_1の雌と雄を交配させると，F_2では雌は［ 14 ］となり，雄は［ 15 ］となる。

202 薄層クロマトグラフィー・ゲル電気泳動 B 信州大

生物学において，研究対象に関わらず，あらゆる場面で，「混ざり合ったものをいかにして分けるか？」ということが重要になる。ここでは，細胞内の［ a ］や，それによって構成される［ b ］，また，その［ a ］配列を決定する［ c ］を分けること，すなわち，分離について考えてみよう。

［ a ］の分離では，ペーパークロマトグラフィーおよび薄層クロマトグラフィーという方法が基本となる。前者はろ紙，後者はガラス板の上にセルロース等の基質を塗りつけ固めたものを展開基質とする。セルロースは［ d ］なのでここに水が保持される。この水のことを固定相と呼ぶ。それに

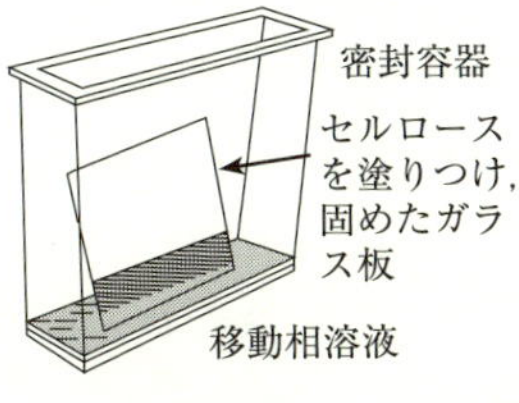

第11章

対して，疎水性の溶液を移動相と呼び，図のように展開させることによって，［ a ］の混合物の分離を行う。水(固定相)と疎水性溶液(移動相)の二液相間に［ a ］試料が溶けているとき，両相の間に濃度平衡が成り立つ。つまり，個々の［ a ］の性質の違いによって，いずれかの液相により多く存在する(分配される)ということである。ある［ a ］は固定相により多く分配され，別の［ a ］はほとんど分配されない。したがって，図で移動相(疎水性溶液)が下から上に向かって，ガラス板上の基質の上を移動する際，移動相に対する親和性がより強い［ a ］ほど，基質上をより［ e ］，つまり，単位時間あたりではより［ f ］移動することになる。この原理を利用し，条件を様々に調節したり，展開する基質を改良することによって，数十種類の［ a ］をごく短時間に分離することが可能である。

次に［ b ］の分離だが，［ b ］は［ a ］が数十から数千つながったものだから，［ a ］とは異なった分離法が用いられる。ここでは，［ b ］分子の大きさ(構成する［ a ］数)に基づく分離法について考えてみよう。ガラス板上のセルロース等の基質の代わりに，アクリルアミドという分子を重合させ，網目状にしたものを用いる。ここでの分離の原理は，一般的に以下のように考えられる。すなわち，小さな分子は，大きな分子に比べ，この網目に引っかかりにくいのでより［ e ］，つまり，単位時間あたりではより［ f ］移動するというわけである。ただし，［ b ］は，構成する［ a ］の性質によって，様々な［ g ］をとっているとともに，分子全体としての電荷など，その化学的性質は様々である。そのため，分子の大きさによって分離しようとする際には，分子の大きさに応じた，本来の場所に移動しない場合がある。そこで，［ h ］するなどして，分子を直鎖状にする。

最後に［ c ］のうち，DNA 分子の分離について考えてみよう。DNA 分子は［ b ］と比べてもずっと大きいので，アクリルアミドを重合させたものではなく，通常，アガロースを緩衝液中で溶解後，固めたものを用いる。アガロースは皆さんよくご存じの寒天から，不純物を取り除いたものである。DNA 分子は［ i ］にアデニンなどの［ j ］と［ k ］が結合した［ l ］の重合体だが，骨格となる［ i ］をつなぐ［ k ］の部分が負の電荷を帯びているので，分子全体としても負の電荷を帯びることになる。この性質にもとづいて，長さの異なる DNA 分子をアガロース上に分離(展開)することができる。分離した DNA 分子は，そのままでは眼に見えない。そこで，はしごの階段部分にあたる［ j ］の間にはいりこむエチジウムブロマイド等の分子で処理する。この分子は，DNA 分子内にあるときに紫外線をあてると，より強い蛍光を発するので，それを観察することによって，眼に見えない DNA 分子を見ることができるようになる。

[語群] (ア) アミノ酸　(イ) 異性体　(ウ) 塩基　(エ) 塩酸　(オ) 遅く　(カ) 核酸
(キ) 加熱　(ク) 酸化　(ケ) 酸素　(コ) 脂質　(サ) 硝酸　(シ) 親水性
(ス) スクロース　(セ) タンパク質　(ソ) 小さく　(タ) デオキシリボース

(チ) 長く (ツ) ヌクレオシド (テ) ヌクレオチド (ト) 速く (ナ) 太く
(ニ) 短く (ヌ) 立体構造 (ネ) リボース (ノ) リボソーム (ハ) リン酸
(ヒ) 冷却 (フ) RNA

203 光受容体 B　京都大

生物が光を利用するしかたには大きく分けて2つある。1つは，光をエネルギー源として利用するしかたで，植物が行っている光合成がその代表的なものである。もう1つは，光を外界からの情報源として利用するしかたで，動物の視覚や植物の光形態形成などがこれにあたる。

光合成は高等植物の細胞内では［1］で行われる。［1］の内部には，チラコイドと呼ばれるへん平な袋状の膜でできた構造が発達している。チラコイドの間にある基質の部分を［2］という。チラコイドの膜には［3］であるクロロフィル，カロテノイドなどが含まれ，これらによって吸収された光が光合成の反応に使われる。

ヒトの眼の網膜には2種類の視細胞がある。そのうち，かん体細胞(棒細胞)は薄暗いところで働く視細胞であり，錐体細胞は明るいところで働く視細胞である。

かん体細胞には［4］という光を感じるタンパク質が含まれている。［5］が不足するとかん体細胞の働きが低下するのは，［4］が合成されにくくなるためである。

植物の種子のなかには，光によって発芽が促進されるものがある。このような種子を［6］といい，レタスやタバコなどのある品種の種子がこれにあたる。これらの種子には，［7］というタンパク質が含まれている。［7］は，波長が660nm付近の［8］光を吸収すると活性型になる。また，活性型は波長が730nm付近の［9］光を吸収すると，もとの不活性型にもどる。

植物の屈性と成長の光応答には青色光が関係する。光屈性における青色光の受容体は［10］と呼ばれる色素タンパク質で，［10］は気孔の開口にも関係している。一方，暗所で「もやし状」の伸長成長には［11］と呼ばれる色素タンパク質が関係しており，［11］が青色光を受容すると，伸長が抑制されるので，「もやし状」の伸長成長は停止し，葉の緑化や展開が誘導される。

204 神経毒 B　東京水産大

フグ毒は，テトロドトキシンと呼ばれる物質であり，これは神経を麻痺させる働きをもつ。この原因は，テトロドトキシンが［1］を選択的に透過する［2］をふさいでしまうため，［1］が神経細胞内に入ることができず，膜内外の電位の逆転が起こらなくなるためである。ベラトリジンという薬品は，［1］の神経細胞内への透過性を高める働きをもつことが知られている。一方，ウワバインという薬品は［3］に作用して［1］と［4］の能動輸送を阻害する。そこでマウスのニューロブラストーマ(ガン化した神経芽

第11章

細胞）を培養しておき，両薬品を同時に添加すると，細胞内の［1］濃度はどんどん［5］なり，細胞の［6］が上昇するため，細胞内に水が浸透して膨張し細胞は死滅する。このとき，同時にテトロドトキシンを加えておくとテトロドトキシンは［7］とは反対に作用し，細胞内の［1］濃度は［8］しないため，ニューロブラストーマは生き残ることができる。ベラトリジンとウワバインの濃度を一定にしておけば，細胞の生存や変形の度合いはテトロドトキシンの濃度によって決まるため，未知のテトロドトキシンの濃度を測定することができる。

205 ミツバチ　B　弘前大

昆虫の体表はかたい［1］で覆われ，体は触角などをもつ［2］部，［3］対の肢と一般に［4］対の翅がついている［5］部，および［6］部の3部に分かれている。

ミツバチの社会は［7］匹の女王バチと少数の雄バチ，数千～数万匹の働きバチから成る。女王バチと働きバチはどちらも雌であるが，どちらになるかは幼虫時代の食物によってきまる。［8］を食べて育つと女王バチに，花粉と［9］で育てられると働きバチになる。雄バチは［10］卵が［11］発生して生じる。

ミツバチはヒトと同じくよく発達した視覚を備えている。しかし，ミツバチがものを見るのは，脊椎動物のような［12］ではなく，多数の［13］が集合した［14］による。ミツバチは色を識別することができるが，見える波長の範囲はヒトと異なる。ヒトには見える［15］がミツバチには見えず，一方，ヒトには見えない［16］を見ることができる。このことは，たいていの昆虫にも共通している。また，ミツバチにはヒトには感じられない［17］を感じとることができ，このことは，青空の一部が見えただけで［18］の位置がわかることを意味する。ミツバチはこの能力を，他の個体に餌場の位置を知らせる際の8の字ダンスに利用している。

206 スポーツ飲料　A　奈良県医大

フルマラソンは過酷なスポーツである。42.195km先のゴールに至るまでに30kmあるいは35kmの「壁」と呼ばれるものがあり，多くのランナーが苦しみ，ペースを落とすことになる。これは体内の糖が不足し，運動のため主として依存するエネルギー源が糖から脂肪などに切り替わるためといわれている。トレーニングや減量あるいはレース時の適切な食物の摂取の工夫によって「壁」がくることを遅らせたり，その変化に体を適応させていく努力がなされている。

素早いグルコースの吸収を目指すスポーツ飲料はグルコースだけでなく，［1］も含んでいる。これは小腸の上皮細胞がグルコースを細胞内に輸送するとき，［2］によって細胞［3］で高く，細胞［4］では低く保たれている［1］の濃度勾配を利用して［1］と一緒にグルコースを細胞内に輸送するというしくみに基づいている。飲料に

［ 1 ］が含まれていないと，濃度勾配が低くなり，グルコースの輸送の速さが遅くなってしまう。

アミノ酸もまたエネルギー源としても利用され始め，また筋肉の内部が酷使によって損傷することからも，筋肉の維持や回復のためアミノ酸の補給も重要となる。スポーツ飲料の中には［ 5 ］アミノ酸を含んでいるものも多い。ヒトが体内で合成できない［ 5 ］アミノ酸は，実際に筋肉を構成する主要タンパク質に多く含まれている。

207 消　化　B　　奈良県医大

ヒトの消化器系は口腔から始まり，食道，胃，十二指腸，小腸，大腸を経て肛門に至る消化管とそれに付属する消化液を分泌する消化腺とからなる。口腔に開口する消化腺は唾液腺と呼ばれるもので，デンプンをマルトースに分解する［ 1 ］を含む唾液を分泌する。胃はそれ自身消化液を分泌する細胞をもち，その細胞からタンパク質をポリペプチドまでに分解する［ 2 ］が分泌され，そして［ 2 ］の働きを助けるために他の細胞からは［ 3 ］が分泌される。また［ 2 ］の作用を受けた食物は小腸へ送り込まれる前に，［ 4 ］性の液により中和される。小腸ではそれ自身が分泌する腸液と，肝臓およびすい臓から分泌される消化液により消化が行われる。腸液にはマルトースをグルコースに分解する［ 5 ］，スクロースをグルコースとフルクトースに分解するスクラーゼ，ラクトースをグルコースとガラクトースに分解する［ 6 ］，ポリペプチドをアミノ酸に分解する［ 7 ］が含まれる。肝臓から分泌される［ 8 ］は，［ 9 ］に一時的に蓄えられた後，十二指腸に分泌され，脂肪を乳化する。すい臓から分泌される［ 10 ］は，脂肪を脂肪酸とモノグリセリドに分解する。すい臓からは［ 10 ］以外に，炭水化物を分解する［ 1 ］，［ 5 ］，タンパク質を分解する［ 11 ］，［ 12 ］が分泌される。また，小腸は消化作用だけでなく吸収作用ももち，単糖類とアミノ酸は小腸の内面のひだに存在する［ 13 ］内の毛細血管へ入り，脂肪酸とモノグリセリドは［ 14 ］へ入る。毛細血管へ入った単糖類とアミノ酸は肝門脈を通って肝臓へ運ばれ，単糖類は化学変化を受けて［ 15 ］となり，肝臓に蓄えられる。アミノ酸はそのまま血液成分となったり，［ 15 ］や脂肪として肝臓に蓄えられる。［ 14 ］へ入った脂肪酸とモノグリセリドは胸管を通って左鎖骨下静脈へ入り，血液と合流する。大腸は消化作用はもたず，［ 16 ］と無機塩類の吸収を行うだけである。

208 動物の地理分布　B　　九州大

地球上には多種多様な動物が生息している。世界の動物の地理的分布は，［ 1 ］区，［ 2 ］区，［ 3 ］区，［ 4 ］区，東洋区，新熱帯区の6つの動物区に分けられる。このうち，［ 5 ］砂漠以北の［ 6 ］大陸，および［ 7 ］山脈以北の［ 8 ］大陸を含む地域は［ 1 ］区といい，［ a ］・［ b ］・［ c ］などの固有種がみられる。しかし，［ c ］はもともと［ 2 ］区である［ 9 ］大陸で出現したものでありながら，［ 2 ］区には現存せずに［ 1 ］区に生息している。

また，ニューギニア・ニュージーランド・オーストラリアなどの［ 3 ］区は，高等な哺乳類である［ 10 ］が［ 8 ］大陸で進化する以前の中生代白亜紀にゴンドワナ大陸から分離したため，現在でも［ 11 ］（［ d ］・ハリモグラなど）や［ 12 ］（［ e ］・カンガルーなど）といった原始的な哺乳類が分布している。

さらに，［ 4 ］区の［ f ］と［ 3 ］区の［ g ］などは大形の鳥で，空を飛べないなど似た習性をもっている。これはオーストラリア大陸が［ 6 ］大陸から分離してできたことから，同じ祖先からこれらの鳥が進化し，分化してきたと考えられる。このように種の分布は，異なる環境下での生物進化とも深い関係がある。

［語群］ (ア) アメリカバク　(イ) イノシシ　(ウ) エミュー　(エ) オランウータン
(オ) カモノハシ　(カ) カメレオン　(キ) クジャク　(ク) コアラ　(ケ) ダチョウ
(コ) タヌキ　(サ) ナマケモノ　(シ) ハチドリ　(ス) ラクダ

209 熱水噴出孔　A　　筑波大

1979年，メキシコ沖にある水深2600mの熱水域が有人潜水艇によって調査された。その場所では火山活動が起こっており，350℃以上の，真っ黒な煙のような熱水が噴出していた。熱水噴出孔の周辺にはハオリムシやシロウリガイが群がっており，エビ，カニ，ゴカイなどの生物も見られた。これは地球上における新たな生態系の発見であった。

真っ黒な煙のような熱水は以下のメカニズムにより生成すると考えられている。すなわち，地下にしみこんだ海水が高熱の岩石と反応することにより，海水中の［ 1 ］イオンが還元されて硫化水素になる。高熱により岩石から溶け出した金属イオンは，海水中に噴出することにより冷却され，硫化水素と反応して黒色の固体を生じる。それが煙のように見える。

深海熱水域の生態系における一次生産者は［ 2 ］細菌である。［ 2 ］細菌は動物と共生しているものと自由生活をしているものとに分けられる。ハオリムシやシロウリガイはイオウ酸化細菌を細胞内に共生させている。宿主は共生細菌にエネルギー源としての硫化水素と住む場所とを与え，共生細菌は硫化水素を酸化する過程で合成したATPを用いて［ 3 ］を有機物に変換し宿主に与える。一方，自由生活をしている細菌にはメタン細菌，水素酸化細菌，イオウ酸化細菌（前述の共生細菌とは別種）などがいる。メタン細菌は嫌気環境に生息し，［ 3 ］と水素からメタンを生成する過程で合成したATPを用いて有機物生産を行う。また，水素酸化細菌およびイオウ酸化細菌は微好気環境（酸素がわずかにしか存在しない環境）に生息し，それぞれ，水素およびイオウ化合物を酸化する過程で合成したATPを用いて有機物生産を行う。これらの一次生産者が深海熱水域の豊富な生物生産を支えているのである。このように深海熱水域における生態系は地球内部のエネルギーに支えられている点で，［ 4 ］を行う生物が一次生産者となっている地上や海洋表層の生態系とは異なっている。

210 変　異　B　　愛知教育大

同じ種に属する個体であっても，個体ごとに少しずつ違いのあることを変異という。変異には，その個体のもっているDNAのセットが他の個体のものとごくわずかに違っている［1］変異と，［1］構成が同じでも，成体に見られる表現形質に差が生じる［2］変異がある。ヨハンセンのインゲンマメの研究は，［2］変異が遺伝しないことと，選択と［3］を繰り返すことによって［1］に均一な［4］の集団を得ることを明らかにした。

親や祖先に見られなかった形質が子に現れる変異を［5］変異という。そのうち［6］の本体であるDNAに変化が起こる変異を［6］［5］変異という。また，ド・フリースが見い出したオオマツヨイグサの［7］の構造や数の変化による変異を［7］［5］変異という。

［7］の構造の変化には，欠失・逆位・［8］・［9］などがある。また，［7］には種によって定まった基本数があり，体細胞の［7］数が［10］関係にあるものを［10］体，数本増減したものを［11］体と呼ぶ。自然に［10］体を生じることもあるが，人為的に［10］体をつくることもできる。例えば，［12］を用いてつくる種なしの［13］や，［14］処理を施してつくられるアユなどがある。

211 遺伝学史(1)　B　　独協医大

遺伝学の発展はその研究の対象とする生物と密接な関係がある。遺伝学を最初に統計学的に解析したのはオーストリアの［1］であり，［2］を材料として3つの中心的理論を組み立てた。彼の説は当時受け入れられず，1900年になって3人の学者によって認められた。これを遺伝学上［3］と呼んでいる。3人の学者のうちの1人，オランダの［4］は［5］を材料として，変異を研究し［6］説をうちたてた。遺伝の実験に［7］が使われるようになると［2］などを材料とする場合より，同じ時期に何回も実験ができるため，ずっと能率が上がり，モーガンらは［8］を作成し，［9］上に遺伝子が存在することを明らかにした。さらに，スタンレーらによって［10］ウイルスが結晶化され，ビードルとテータムは子のう菌の1種である［11］を使って［12］説を提唱した。また，エイヴリーらが［13］をハツカネズミに注射する一連の研究で遺伝子の本体がDNAであることを明らかにしたことなどから，分子遺伝学は急速に発展した。この新しい分野は細菌やウイルスの研究から出発している。ハーシーとチェイスは放射性同位元素の ^{32}P と ^{35}S を含んだ培地で大腸菌を培養し，これに［14］を感染させる実験で，子孫に伝わるのは［15］でありタンパク質ではないことを証明した。

212 遺伝学史(2)　A　　広島大

1953年，[1]と[2]は，DNA の二重らせんモデルを提唱し，その構造をもとにDNA は[3]複製をすることを予想した。DNA の複製のしくみは，1958年に[4]と[5]により大腸菌を用いた実験によって示された。二重らせんの概念が明らかになると，遺伝子とタンパク質の対応関係が考察されるようになった。1961年，[6]らは，合成したポリU(塩基にUだけをもつ人工RNA)を大腸菌のリボソームを含む細胞抽出液に加えたところポリ[7]が合成されることを示した。その後，コラーナらも遺伝暗号の解読に加わり，1966年，ついに遺伝暗号が完全に解読された。

213 研究者名　B　　和歌山大

(1) イギリスの[1]は1628年に「動物の心臓ならびに血液の運動に関する解剖学的研究」という論文を発刊した。様々な実験手法を巧みに使って，われわれの体を流れる血液は体内を循環すること，また，この循環には[2]循環と[3]循環が存在することを明らかにした。なお，脊椎動物の中では[4]類はこのような2つの循環系をもたない。

(2) フランスの生理学者[5]は1865年頃，ヒトのような動物にとっては2つの環境が存在することを指摘し，「[6]環境の恒常性は自由な生活の必要条件である」と説いた。そして，この自由を得るためには，[6]環境中の水，酸素，温度，栄養物(塩類，糖，脂肪など)が常に一定に保たれる必要性があることを強調した。まず，水とそれに溶けている塩がどのように一定に保たれているかを見てみよう。発汗，下痢などで水分とともに塩分が失われると，[7]の中枢に情報が伝えられて大脳が口渇(渇き)を覚えると共に，脳下垂体[8]より分泌される[9]が腎臓での水の再吸収を促進して尿量を減少させる。一方，[10]から[11]が分泌され，これが腎臓に働いてナトリウムなどの塩分の再吸収を促し，血液の塩分濃度が一定に保たれるように調節される。

(3) 1859年に[12]は「種の起源」という本を著した。この中では生物進化がどのようにして引き起こされるか，そのしくみに関する説が展開されている。[12]はこのような進化に関する研究以外にも生物に関して数多くの研究成果を残している。その1つに，イネ科，クサヨシの幼葉鞘の光屈性について，幼葉鞘の[13]に光を感受する部位が存在し，それによって屈性が起こるとした有名な研究がある。そして，[12]の研究から48年後の1928年にオランダのウェントによって，[13]で合成される[14]が関係して屈性が生じることが明らかとなった。

(4) 昔から細菌などの微生物は無機物から自然につくられる，すなわち，自然発生すると信じられてきた。しかし，微生物のような生物でも自然発生せず，生物はすべて生物からしかつくられないことを，1862年に[15]は巧みな実験により証明した。[15]によるこの証明以来，地球上の生命はどのように生まれたのかという新たな疑問が出てきた。現在でも，この疑問は完全には解かれていないが，1936年に［ 16 ］により提唱されたコアセルベート説が有名である。

(5) アメリカの［ 17 ］は1962年「沈黙の春」を著し，その中でDDTなど殺虫剤の多量の使用が昆虫，鳥などの野生生物の生存に深刻な影響を与え，また，それが食物連鎖を通じて人類の健康・生存にも大きな影響を与えると警告した。1996年に入って，やはりアメリカの女性科学者コルボーンはDDTやダイオキシン，さらにはプラスチックなどに含まれる物質が［ 18 ］として作用し，人を含む広範な動物の生殖機能に極めて深刻な影響を与えていることを指摘した。これら2人の女性科学者はともに人類が自己の利便性だけを追求してつくった様々な物質が様々な環境に生息する多様な動物に重大な影響を与えていることを強く訴えている。

(6) 発生初期の胚の細胞には［ 19 ］があり，どのような細胞にも分化する能力をもっている。しかし，発生が進み，細胞が筋肉や神経など特定の細胞に分化すると［ 19 ］は消失する。1968年イギリスの［ 20 ］は，紫外線で核を破壊したカエルの未受精卵にオタマジャクシの腸の細胞から取った核を移植したところ，オタマジャクシにまで発生するものがいることを発見した。

13920

河合塾
SERIES

生物用語の完全制覇

河合塾講師
汐津美文・大島えみし＝共著

解答・解説編

河合塾
SERIES

生物用語の完全制覇

河合塾講師
汐津美文・大島えみし＝共著

解答・解説編

第1章　細胞・生体物質

1　顕微鏡操作(1)

a (ケ)	b (イ)	c (ア)	d (ス)	e (ウ)	f (ス)	g (タ)	h (イ)
i (チ)	j (ア)	k (イ)	l (ツ)	m (キ)	n (コ)	o (ク)	

顕微鏡の構造図と各部位の名称を下に示す。本問の顕微鏡の場合は，鏡筒を上下させて焦点を合わせるもの(左図)ではなく，ステージを上下させて焦点を合わせるもの(右図)であることに注意する。問題文と図を見ながら操作を理解しよう。

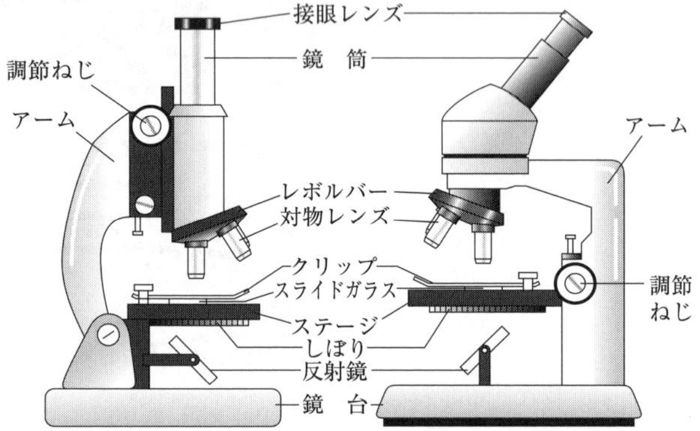

2　顕微鏡操作(2)

a (ウ)	b (シ)	c (エ)	d (カ)	e (イ)	f (キ)	g (コ)	h (キ)
i (ク)							

この顕微鏡では，鏡筒が固定されていてステージが上下に動くので，ステージをゆっくり下げて焦点を合わせる。ステージが固定されていて鏡筒が上下に動く顕微鏡の場合は，対物レンズとプレパラートの距離を遠ざけるように，鏡筒をゆっくりと上げる。

3　ミクロメーター

1 一致	2・3 $b \cdot x$	4 a	5 2.5	6 20	7 50	8 4	
9 10	10 原形質流動						

5　$a=20$，$b=5$ より，$y=\dfrac{5\times10}{20}=2.5$

4 細胞観察の手順

1 発根　2 エタノール　3 固定　4 塩酸　5 解離
6 スライド　7 分裂組織　8 染色　9 カバー　10 円(正方)

3 **固定**とは，細胞を構成する物質を変性・凝固させて細胞が腐敗するのを防ぎ，細胞構造が変化するのを止める処理である。

10 円形に近い細胞は分裂組織の細胞で，体細胞分裂を行っている。分裂を停止すると，細胞は伸長成長を行い細長くなる。

5 細胞説

a (ウ)　b (オ)　c (イ)　d (ア)　e (カ)

6 細胞の構造(1)

1 原形質　2 後形質　3 細胞質　4 電子線　5 真核細胞
6 中心体　7 ミトコンドリア　8 葉緑体　9 べん毛　10 共生説

7 細胞の構造(2)

1 原核細胞　2 真核細胞　3 核小体　4 染色体　5 核型
6 ミトコンドリア　7 ゴルジ体　8 中心体　9 細胞質基質
10 細胞壁　11 原形質連絡　12 液胞　13 アントシアン
14 葉緑体　15 チラコイド　16 ストロマ

5 **核型**とは，ある個体または細胞の全染色体構成をいい，細胞分裂中期の染色体(数と形)で表す。

11 となり合う植物細胞どうしは，直径40～50nmの細胞膜に囲まれた糸状原形質によって連絡している。これを**原形質連絡**と呼び，原形質連絡を使って様々な物質の細胞間移動が行われている。

8 遠心分画法(1)

1 核　2 ミトコンドリア　3 小胞体　4 リボソーム　5 DNA
6 ATP　7 RNA　8 葉緑体　9 二酸化炭素　10 光合成

9 遠心分画法(2)

1 オルセイン　2 染色質　3 核小体　4 二　5 mRNA
6 細胞質　7 D　8 リボソーム　9 原核生物　10 C
11 クエン酸　12 二酸化炭素　13 マトリックス　14 E
15 解糖系　16 内　17 酸素　18 水　19 B　20 葉緑体
21 チラコイド　22 クロロフィル　23 光化学反応　24 ATP
25 カルビン・ベンソン回路　26 ストロマ

10 細胞を構成するタンパク質

1 細胞骨格　2 アクチン　3 チューブリン　4 モーター
5 キネシン　6 ミオシン　7 グリセリン　8 チャネル
9 ポンプ

細胞骨格のうち，**微小管**はべん毛の働きや細胞分裂のときの染色体の移動，細胞小器官の移動に関係し，**中間径フィラメント**は細胞の形や核の形を保つのに役立ち，**アクチンフィラメント**は原形質流動や細胞質分裂に関係する。

11 細胞への水の出入り(1)

1 全透膜　2 拡散　3 半透膜　4 低下する　5 上昇し
6 浸透　7 浸透圧　8 水　9 細胞膜　10 エネルギー

12 細胞への水の出入り(2)

a (イ)　b (ク)　c (ケ)　d (カ)　e (キ)　f (ウ)　g (カ)　h (ア)
i (コ)　j (ケ)　k (ク)　l (キ)　m (エ)　n (ウ)　o (コ)　p (オ)
q (オ)　r (ク)　s (ア)　t (イ)　u (カ)　v (キ)

a 細胞膜の厚さは 8 ～10 nm である。

13 細胞膜の構造

1 細胞小器官　2 リン脂質　3 タンパク質　4 親水性
5 疎水性　6 二重層　7 流動モザイク　8 選択的透過性
9 受容体　10 輸送体　11 チャネル　12 酵素　13 基質特異性

14 共役輸送

a (サ)　b (ケ)　c (ア)　d (セ)　e (オ)　f (エ)　g (ク)　h (イ)
i (セ)

15 生体構成元素

1〜3 水素・炭素・酸素　4 水　5 核酸　6 炭水化物　7 脂質
8 20　9 アミノ酸　10 ペプチド結合　11 酵素　12 ヌクレオチド
13 スクロース，ラクトース，マルトースなどから1つ　14 多糖類
15 リン脂質　16・17 モノグリセリド・脂肪酸　18 生体膜　19 鉄
20 マグネシウム

16 単細胞から多細胞へ

1 緑藻　2 細胞群体　3 結合　4 神経　5 細胞壁
6 細胞間物質

2 パンドリナやオオヒゲマワリのように，単細胞生物が2個体以上集まって1つの個体のように生活している生物を**細胞群体**と呼ぶ。これに対し，サンゴやホヤ類など多細胞の個体がくっつきあって生活しているものを**群体**と呼ぶ。

17 植物の組織(1)

1 分化した(永久)　2 頂端分裂組織　3 基本組織　4 孔辺
5 クチクラ　6 シダ　7 リグニン　8 師板　9・10 皮層・髄

18 植物の組織(2)

1・2 葉・根　3 維管束　4 木部　5 師部　6 形成層
7 道管　8 師管　9 伴細胞　10 柔細胞　11 年輪

11 形成層は細胞分裂により外側に師部を，内側に木部をつくる。このようにしてできた木部を材(木材)という。春から夏にかけてつくられた春材には木部繊維が少なく，夏から秋にかけてつくられた秋材には木部繊維が多いので，春材から秋材に移るところには境界がみられる。これが**年輪**である。

19 動物の組織

1 上皮　2 腺　3 内　4 中　5 結合　6 細胞間　7 繊維
8 繊維芽　9 コラーゲン(膠原繊維)　10 硬骨(骨)
11 リン酸カルシウム　12 ハーバース　13 血液　14 血球　15 骨髄
16 神経　17 興奮　18 外　19 グリア(神経膠)　20 器官

下図に代表的な結合組織の模式図を示す。

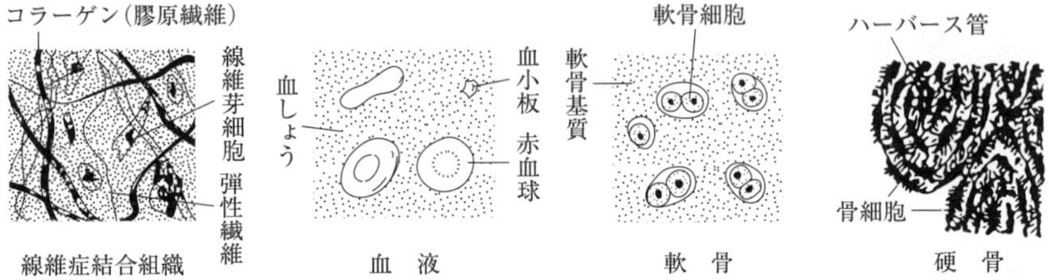

[19] 神経組織は，興奮を生じる神経細胞(ニューロン)と，興奮しないが神経細胞を保護し栄養を与える神経膠細胞(グリア細胞)からなる。

20 器官系

1 分化　2 呼吸　3 循環　4 排出　5 内分泌　6 運動
7・8 分節・ぜん動　9 自律神経　a (オ)　b (ア)

[7]・[8] 小腸は**ぜん動運動**と**分節運動**を行う。ぜん動運動は食物を移動させるための運動で，分節運動は小腸がくびれたり膨らんだりして多数の節に分かれるようにして食物と消化液を混ぜ合わせるための運動である。

[a]・[b] **ヒトゲノム**の DNA は30億塩基対からなるので，二倍体である体細胞は60億塩基対の DNA をもつ。

21 タンパク質の構造(1)

a (コ)　b (オ)　c (イ)　d (タ)　e (エ)　f (ア)　g (イ)　h (ス)
i (オ)　j (ク)

[e] 硫黄を含むアミノ酸はシステインとメチオニンで，これらのアミノ酸どうしは**ジスルフィド結合(S–S 結合)**によりタンパク質の立体構造の保持に役立っている。

[g] タンパク質の構造として，**一次構造**はアミノ酸の配列順序，**二次構造**は部分的な構造で α ヘリックス構造(らせん構造)と β シート構造(ジグザグ構造)，**三次構造**

はジスルフィド結合などがはたらく立体構造，**四次構造**はいくつかのサブユニット(三次構造をもつポリペプチド)が集まってできた立体構造をそれぞれさす。

h　**ニンヒドリン反応**は，アミノ酸の検出に用いられる反応で紫色を呈する。

j　ヒツジの病気であるスクレイピーやウシのBSE(**牛海綿状脳症**)などのプリオン病の原因物質は，DNAやRNAなどの核酸ではないにもかかわらず感染性や増殖性を示す。これは生体内にもともと存在する**プリオン**と呼ばれるタンパク質が異常な立体構造をとるようになり(異常型プリオン)，大量に蓄積することによって発症すると考えられている。異常型プリオンはタンパク質分解酵素によっても分解されにくく，体内に取り込まれると正常型のプリオンを次々に異常型プリオンに変えていく。その結果，プリオンが多く存在する神経細胞が細胞死を起こし，隙間の多い海綿状(スポンジ状)の脳組織になるので海綿状脳症と呼ばれる。このプリオン説を発表したプルシュナーは1997年にノーベル医学生理学賞を受賞した。

22 タンパク質の構造(2)

1　ポリペプチド鎖　2　20　3　側鎖　4　シャペロン
5　変性(熱変性)　6　免疫グロブリン　7　カドヘリン　8　カルシウム

4　ポリペプチド鎖が立体構造をつくるとき，正しく折りたたまれるように補助するタンパク質を**シャペロン**という。シャペロンは折りたたみが不完全なタンパク質や誤って折りたたまれたタンパク質を認識して，正しい折りたたみができるように働く。

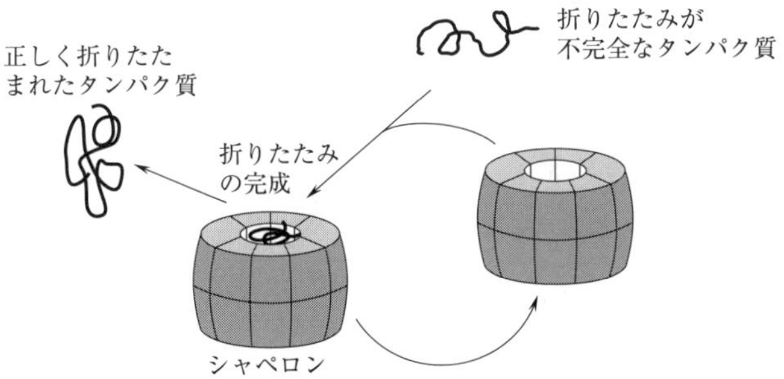

第2章 代 謝

23 酵素(1)

1 基質　2 生成物　3 基質特異性　4 増加　5 最大値(一定)
6 最大反応速度　7 十分(過剰)　8 補酵素　9 競争的阻害剤
10 最適温度　11 pH(水素イオン濃度)　12 ペプシン　13 アミラーゼ
14 最適 pH

24 酵素(2)

1 触媒　2 低下　3 ペプチド結合　4 基質
5 活性部位(活性中心)　6 特異的　7 基質特異性　8 競争的
9 酸性　10 弱アルカリ性　11 ビタミン　12 酸化　13 還元
14 加水分解　15 酸化還元

12・13　$C_3H_6O_3$（乳酸） + X（酸化型補酵素） ⇔ $C_3H_4O_3$（ピルビン酸） + XH_2（還元型補酵素） より，
乳酸は酸化されてピルビン酸となり，補酵素は還元される。

25 生命活動

1 代謝　2 同化　3 エネルギー　4 異化　5 光合成　6 気孔
7 二酸化炭素　8 水　9・10 脂肪・タンパク質

26 呼吸の経路(1)

1 アルコール発酵　2 乳酸発酵　3 ピルビン酸　4 解糖系
5 4　6 2　7 クエン酸回路　8 ミトコンドリア　9 クエン酸
10 水素　11 2　12 電子伝達系　13 内膜(クリステ)
14 水素イオン　15 電子　16 シトクロムオキシターゼ
17 ATP 合成酵素　18 34　19 38

27 呼吸の経路(2)

1 2　2 酸素　3 細胞質基質　4 2　5 2
6 ミトコンドリア　7 アセチル CoA(活性酢酸)　8 クエン酸
9 シトクロム　10 電子　11 34　12 89

11　グルコース1モルあたり，解糖系とクエン酸回路で生成される XH_2 は 2 ×

5＝10モル，ZH_2は2×1＝2モルなので，合成されるATPは，3×10＋2×2＝34(モル)となる。

12 $\frac{34}{38} \times 100 \fallingdotseq 89.4$(%)

28 発　酵

1 乳酸　2 解糖　3 ピルビン酸　4 解糖系　5 脱水素酵素
6 水素　7 脱炭酸酵素　8 エタノール

アルコール発酵の経路を図に表すと，次のようになる。

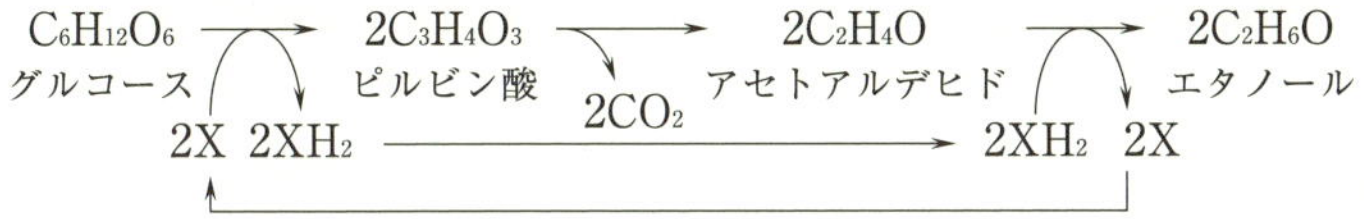

29 呼吸商

1・2 $C_6H_{12}O_6$・$6O_2$　3・4 $6CO_2$・$6H_2O$　5 1.0　6 $72.5O_2$
7・8 $51CO_2$・$49H_2O$　9 0.7　10 アミノ酸　11 アミノ基
12 有機酸　13 脂肪

6 ～ 8 $C_{51}H_{98}O_6 + x\,O_2 \rightarrow y\,CO_2 + z\,6H_2O$とおくと，C：51＝y，H：98＝2z，O：6＋2x＝2y＋zより，z＝49，x＝72.5となる。

13 容器Aでは，発生したCO_2は水酸化カリウム溶液に吸収されるため，体積の減少量は消費したO_2の体積となる。20分後のその値は，$(5.0-1.0)\times 10 = 40(\mu L)$。容器Bでの体積の減少量は，消費した$O_2$の体積と発生した$CO_2$の体積の差である。したがって，容器Bと容器Aの差が発生したCO_2の体積となる。20分後のその値は，$\{(5.0-1.0)-(5.0-3.8)\}\times 10 = 28(\mu L)$。よって，呼吸商$\left(\frac{CO_2}{O_2}\right) = \frac{28}{40} = 0.7$となり，呼吸基質は脂肪である。

30 呼吸の実験

1 上　2 呼吸　3 二酸化炭素　4 KOH　5 吸収
6 二酸化炭素　7 酸　8 ツンベルク　9 青　10 無　11 水素
12 還元

実験②のBTB溶液(ブロモチモール溶液)は，酸性では黄色，中性では緑色，アルカリ性では青色を呈する。

実験③では，ダイズのろ液に含まれているコハク酸脱水素酵素により，下の反応が起こり，メチレンブルーは酸化型から還元型に変化し，青色から無色となる。

コハク酸($C_4H_6O_4$)＋酸化型メチレンブルー(Mb)

→フマル酸($C_4H_4O_4$)＋還元型メチレンブルー(MbH_2)

このとき，酸素が存在すると還元型メチレンブルーは再び酸化されて酸化型となり，色の変化がわからないので，ツンベルク管を用いてあらかじめ排気して酸素をなくした条件で実験する。

31 筋収縮

1　筋繊維　2　筋原繊維　3　筋節(サルコメア)　4　ミオシン
5　アクチン　6　横紋筋　7　ATP　8　高エネルギーリン酸
9　リン酸　10　ADP　11　カルシウム　12　シナプス小胞
13　アセチルコリン　14　ナトリウムチャネル　15　ナトリウム
16　活動電位　17　筋小胞体　18　すべり

32 発光・発電

1　アクチン　2　ミオシン　3　乳酸　4・5　二酸化炭素・水
6　グリコーゲン　7　ルシフェラーゼ　8　酸化　9　発電板
10　発電器官

33 光合成色素

1　ペーパー　2　クロロフィル　3　カロテノイド　4　アントシアン
5　液胞

34 光合成曲線

1　吸収　2　放出(発生)　3　補償点　4　光飽和点　5　陰生植物
6　陽生植物　7・8　温度・二酸化炭素濃度　9　限定要因

35 光合成の経路

1 チラコイド　2 ストロマ　3 グラナ　4 クロロフィル a
5・6 青(青紫)・赤　7 明反応　8 暗反応　9 温度　10 水
11 NADPH　12・13 ADP・リン酸　14 電子伝達系　15 光
16 カルビン・ベンソン

36 C_4 植物・CAM 植物

1 水　2 有機物(グルコース)　3 葉緑体　4 師管　5 転流
6 カルビン・ベンソン　7 PGA(ホスホグリセリン酸)　8 維管束鞘細胞
9・10 オキサロ酢酸・リンゴ酸　11 気孔
a・b (ウ)・(カ)　c・d (ア)・(エ)　e・f (イ)・(オ)

C_3 植物・C_4 植物・CAM 植物の比較を下の表に示す。

	CO_2 固定の初期産物	CO_2 固定	CO_2 同化	適　応	植物の例
C_3 植物	ホスホグリセリン酸(炭素数 3)	葉肉細胞(昼)			イネ・コムギ・ダイズ
C_4 植物	オキサロ酢酸など(炭素数 4)	葉肉細胞(昼)	維管束鞘細胞(昼)	強光・高温・低 CO_2 濃度	サトウキビ・トウモロコシ
CAM 植物	オキサロ酢酸など(炭素数 4)	葉肉細胞(夜)	葉肉細胞(昼)	乾燥	ベンケイソウ・パイナップル

37 プロトンポンプ

1 内膜(クリステ)　2 マトリックス　3 チラコイド　4 水
5 酸素　a (イ)　b (ア)

葉緑体では，電子が電子伝達系を流れる際に生じるエネルギーで，水素イオンがストロマからチラコイド内に能動的に輸送される。チラコイド内に集積した水素イオンは，濃度勾配に従って ATP 合成酵素を通じてチラコイド内からストロマ側に戻るとき，ATP が合成される。このように光エネルギーなどを利用して水素イオン(プロトン)を能動輸送し，生体膜の内外に水素イオンの濃度差をつくりだす機能を**プロトンポンプ**と呼ぶ。

38 エンゲルマンの実験

1　酸素　2・3　透過・反射　4　吸収　5　吸収率　6　吸収スペクトル
7　作用スペクトル　a　(ウ)

39 ヒルの実験・ルーベンの実験

1　葉緑体　2　二酸化炭素　3　水素　4　^{18}O　5　水

ルーベンの実験は次のような化学反応式で表すことができる。

$6C^{16}O_2 + 12H_2{}^{18}O \longrightarrow C_6H_{12}O_6 + \boxed{6{}^{18}O_2} + 6H_2O$

$6C^{18}O_2 + 12H_2{}^{16}O \longrightarrow C_6H_{12}O_6 + \boxed{6{}^{16}O_2} + 6H_2O$

ヒルやルーベンの実験から，光合成で発生する酸素は水に由来し，二酸化炭素には由来しないことが示された。

40 炭酸同化と窒素同化

1　バクテリオクロロフィル　2　水素　3　水　4　化学合成
5　アンモニア　6　亜硝酸　7　硝酸　8　硝化　9　ATP
10　二酸化炭素　11　アンモニウム　12　ケトグルタル　13　グルタミン
14　アミノ基転移酵素(トランスアミナーゼ)　15　窒素同化　16　窒素固定
17　根粒　18　共生(相利共生)　19　独立栄養　20　従属栄養

無機物から有機物を合成することを同化と呼ぶ。二酸化炭素から有機物を合成することは炭酸同化であり，光エネルギーを用いて行う炭酸同化を光合成，化学エネルギーを用いて行う炭酸同化を**化学合成**と呼ぶ。光合成細菌は硫化水素(H_2S)を用いて次のような光合成を行うので，酸素が発生せず硫黄が析出する。

$6CO_2 + 12H_2S \longrightarrow C_6H_{12}O_6 + 12S + 6H_2O$

アンモニウムイオンなどの無機窒素化合物から，アミノ酸などの有機窒素化合物をつくる働きを**窒素同化**と呼ぶ。したがって，空気中の窒素(N_2)から無機物のアンモニア(NH_3)をつくる働きは窒素同化ではなく，この働きを**窒素固定**と呼ぶ。

41 窒素同化

a (ス)　b (セ)　c (イ)　d (ソ)　e (オ)　f (ウ)　g (ア)　h (ケ)
i (サ)　j (タ)　k (エ)

植物における窒素同化の模式図を下に示す。

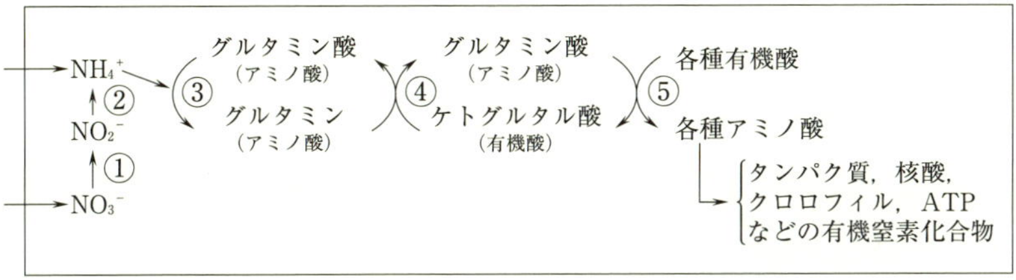

①硝酸還元酵素　②亜硝酸還元酵素　③グルタミン合成酵素
④グルタミン酸合成酵素　⑤アミノ基転移酵素(トランスアミナーゼ)

第3章　遺伝子

42 遺伝子の本体

a (イ)　b (ア)　c (イ)　d (ア)　e (イ)　f (イ)　g (ア)
h (エ)　i (イ)　j (ク)

アベリーの実験。この実験によってR型菌をS型菌に**形質転換**する物質はDNAであり，DNAが遺伝子の本体であることが示された。

43 ファージの増殖

1　ウイルス　2　アミノ酸　3　イオウ　4　デオキシリボース
5　塩基　6　リン酸　7　リン

ハーシィとチェイスの実験。この実験によって大腸菌の細胞に入ったのは，T_2のリン(^{32}P)で標識されたDNAのみであり，イオウ(^{35}S)で標識されたタンパク質は大腸菌の細胞に入らなかったので，遺伝子の本体はタンパク質ではなくDNAであることが証明された。

44 DNAの構造

1　デオキシリボース　2　二重らせん　3　アデニン　4　チミン
5　グアニン　6　相補　7　リボース　8　ウラシル

［3］～［5］ DNAの塩基には相補性があり，アデニンとチミン，グアニンとシトシンが結合している。したがって，図より［5］はグアニンである。また，プリン塩基(アデニンとグアニン)は大きく，ピリミジン塩基(チミンとシトシン)は小さい。したがって，［3］がアデニン，［4］がチミンである。

45 DNAの複製(1)

1・2　ワトソン・クリック　3　二重らせん　4　グアニン　5　チミン
6　半保存的　7・8　メセルソン・スタール　9　塩化アンモニウム
10　塩基　11　密度

46 DNA の複製(2)

1・2・3 デオキシリボース・リン酸・塩基　**4** 半保存的　**5** 0
6 100　**7** 0　**8** 0　**9** 50　**10** 50　**11** 0
12 $\frac{2}{2^n}\times 100$　**13** $\frac{2^n-2}{2^n}\times 100$

1回目，2回目，3回目，… n 回目の分裂終了後のDNAは，それぞれ次のようになる。

	^{15}N だけのもの	^{15}N と ^{14}N を含むもの	^{14}N だけのもの	全体
1回目終了後	0	2	0	$2=2^1$
2回目終了後	0	2	2	$4=2^2$
3回目終了後	0	2	6	$8=2^3$
n 回目終了後	0	2	2^n-2	2^n

47 セントラルドグマ

1・2 ワトソン・クリック　**3** DNA　**4** 二重らせん　**5** 2
6 塩基　**7** 半保存的複製　**8** 複製　**9** 転写　**10** 翻訳
11 リボソーム　**12** mRNA(伝令RNA)　**13** tRNA(転移RNA，運搬RNA)

クリックは，遺伝情報はDNA→RNA→タンパク質のように一方向に流れると述べ，これを**セントラルドグマ**(中心教義，中心命題)と呼んだ。その後，エイズウイルスなどのようにRNAを遺伝子としてもつある種のRNAウイルスから，RNAの遺伝情報をもとにDNAを合成する酵素(**逆転写酵素**)をもち，RNAからDNAを合成するものが見つかった。この現象は**逆転写**と呼ばれ，セントラルドグマにあてはまらない現象である。

48 遺伝暗号(1)

1・2 tRNA・アミノ酸　**3** mRNA　**4** 3　**5** トリプレット
6 20　**7** 64　**8** 61　**9** 開始コドン　**10** 終止コドン

8 開始コドンはAUGでメチオニンを指定する。終止コドンはUAA，UAG，UGAの3種類あり，アミノ酸を指定しない。したがって，アミノ酸を指定するコドンは64－3＝61種類である。

49 遺伝暗号(2)

1 リボソーム　2 25　3 5　4 5　5 フェニルアラニン
6 ロイシン　7 プロリン

U:C＝5：1であるから，コドンがCCCとなる確率を$1^3=1$とすると，それに対してUUUは$5^3=125$(倍)存在する。同様に，UUC，UCU，CUUはそれぞれ$5^2\times 1=25$，UCC，CUC，CCUは$5\times 1^2=5$となることが予想される。合成されたアミノ酸の中ではフェニルアラニンが最も多いので，UUUはフェニルアラニンのコドンであり，1番目と2番目の塩基だけでアミノ酸が決定されるので，UUCもフェニルアラニンのコドンとわかる。よって，フェニルアラニンの量は125＋25＝150である。問題文よりUCUとUCCはセリンでその量は25＋5＝30であるので，これとほぼ同量のロイシンのコドンはCUUとCUCであり，その量は25＋5＝30である。残ったCCUとCCCがプロリンのコドンで，その量は5＋1＝6である。フェニルアラニン：セリン：ロイシン：プロリンの量比は，150：30：30：6＝25：5：5：1となる。

50 タンパク質合成

1・2 デオキシリボース・リン酸　3・4・5・6 アデニン(A)・チミン(T)・グアニン(G)・シトシン(C)　7 水素　8 二重らせん
9 RNAポリメラーゼ(RNA合成酵素)　10 mRNA(伝令RNA)　11 転写
12 リボソーム　13 tRNA(転移RNA，運搬RNA)　14 アミノ酸
15 コドン　16 ペプチド　17 翻訳

51 鎌状赤血球貧血症

1 アミノ酸　2 突然変異　3 核　4 DNA
5 mRNA(伝令RNA)　6 細胞質　7 リボソーム
8 tRNA(転移RNA，運搬RNA)　9 A　10 U　11 T　12 A

突然変異は起こりにくいので，塩基が置換するのは1か所のみと考える。これは，グルタミン酸を指定するコドンGAAあるいはGAGから，バリンを指定するコドンGUAあるいはGUGへの変化である。したがって，mRNAではコドンの第2塩基がAからUに置き換わっており，DNAではTからAに置き換わったことがわかる。

52 真核生物の mRNA

1 ヌクレオチド　2 エキソン　3 イントロン　4 RNA ポリメラーゼ
5 スプライシング

53 原核生物の転写調節

1 リプレッサー　2 オペレーター　3 誘導物質
4 RNA ポリメラーゼ　5 プロモーター　6・7 ジャコブ・モノー
8 オペロン

54 真核生物の転写調節

1 調節タンパク質　2 転写調節　3 プロモーター　4 基本転写因子

55 クローニング

1 クローン　2 プラスミド　3 PCR(ポリメラーゼ連鎖反応)
4 相補　5 プライマー　6 塩基　7 最適温度　8 鋳型

7 PCR 法で用いられる DNA ポリメラーゼは，温泉のような高温環境で生育する好熱細菌から取り出したもので，90℃程度の高温でも失活しないので，高温のままで連続して実験を行うことができる。

56 遺伝子組換え (1)

1 DNA　2 ゲノム　3 組換え　4 プラスミド　5 制限
6 DNA リガーゼ　7 PCR(ポリメラーゼ連鎖反応)　8 高温
a (イ)　b (エ)

a・b 精子は n，精原細胞は $2n$ である。

57 遺伝子組換え (2)

1 GFP(緑色蛍光タンパク質)　2 逆転写酵素　3 DNA ポリメラーゼ
4 PCR(ポリメラーゼ連鎖反応)　5 制限酵素　6 DNA リガーゼ

1 **GFP** は励起光(紫外線)を当てると，酵素など他の分子がなくても蛍光を発するので，GFP 遺伝子をある遺伝子につなげることによって，ある遺伝子が発現しているかどうかを容易に判別することができる。このような遺伝子を一般に**レポーター遺伝子**と呼ぶ。レポーター遺伝子の産物としては，細胞毒性がないことや活性の測定が容易であること(発現の有無だけでなく，発現の強さを測定できることが望ましい)が条件となる。

2 RNA を鋳型にして相補的な DNA 鎖を合成する酵素で，**逆転写酵素**をもつウイルスをレトロウイルスと呼ぶ。

58 発生と遺伝情報の発現

1 だ腺(だ液腺)　2 酢酸オルセイン(酢酸カーミン)　3 パフ
4 相同　5 対合　6 63E　7 細胞質　8 核　9 DNA
10 mRNA　11 核膜孔　12 リボソーム　13 tRNA

59 クローン動物

a (ト)　b (ヌ)　c (セ)　d (タ)　e (ネ)　f (ニ)　g (コ)　h (ク)
i・j (イ)・(ソ)

60 バイオテクノロジー(1)

1 核　2 クローン　3 ミトコンドリア　4 ES 細胞(胚性幹細胞)
5 胚盤胞　6 再生医療　7 MHC(遺伝子型，ゲノム DNA)
8 拒絶反応

人工的に遺伝子を導入することで，ES 細胞と同様に様々な細胞に分化する能力(多分化能)をもつようになった体細胞を **iPS 細胞**(人工多能性幹細胞)と呼ぶ。2007年，山中伸弥らは，4 種類の遺伝子をヒトの皮膚の細胞に導入することによって，細胞の初期化(未分化な状態に戻すこと)に成功し，2012年にノーベル医学生理学賞を受賞した。

61 バイオテクノロジー(2)

1 トランスジェニック　2 増殖能　3 全能性　4 組換え
5 キメラ　6 50　7 25

6・7 変異を起こした遺伝子を a とすると，ES 細胞の遺伝子型は Aa なので，遺伝子 a は50%の確率で子孫に伝えられる。ヘテロ接合体型マウス Aa どうしの交配では，AA：Aa：aa = 1 ： 2 ： 1 より，変異遺伝子をホモにもつマウス aa は25%の確率で生じる。

第4章　生殖・発生

62 細胞周期

1・2　卵・精子(胞子・配偶子)　3　減数　4　ヒストン　5　染色体
6　2　7　相同染色体　8　46　9　M　10　間期　11　G_1
12　S　13　G_2

1 ・ 2 減数分裂は植物では胞子形成時，動物では配偶子形成時に起こる。動物の配偶子は卵と精子である。

63 体細胞分裂

1　核分裂　2　前期　3　核小体　4　中期　5　赤道面　6　後期
7　終期

64 生殖法(1)

1　無性　2　有性　3・4・5　分裂・出芽・栄養生殖　6　遺伝
7　配偶子　8　接合　9　接合子　10　卵　11　精子　12　減数
13　姉妹　14　相同　15　対合　16　二価　17　乗換え　18　組換え
19　極体　20　4

65 生殖法(2)

1　生殖　2　無性生殖　3　単細胞　4　出芽　5　栄養生殖
6　胞子　7　生殖細胞　8　胞子生殖　9　べん毛　10　配偶子
11　接合　12　接合子　13　有性生殖　14　卵　15　精子　16　受精
17　卵巣　18　精巣　19　遺伝　20　突然変異

66 動物の配偶子形成

1　卵原細胞　2　精原細胞　3　体細胞分裂　4　卵黄
5　一次卵母細胞　6　二次卵母細胞　7　第一極体　8　第二極体
9　一次精母細胞　10　二次精母細胞　11　精細胞　12　先体
13　核　14　中心体　15　ミトコンドリア　16　べん毛　17　頭部
18　中片部(中片)　19　尾部

67 配偶子の多様性

1　減数分裂　2　乗換え　3　相同染色体　4　配偶子　5　遺伝子
6　塩基配列　7　異数体　8・9・10・11　欠失・逆位・重複・転座
a　(ケ)　b　(イ)　c　(オ)　d　(カ)　e　(エ)

b　配偶子には2本の相同染色体のうちどちらか一方が入るが，ショウジョウバエではこの相同染色体が4組あるので，その組み合わせは2^4となる。

d　1組の相同染色体の間で1回の組換えが起こると，4種類の染色体ができることになる(下図)。ヒトでは相同染色体は23組あるので，その組み合わせは$4^{23}=2^{46}$となる。

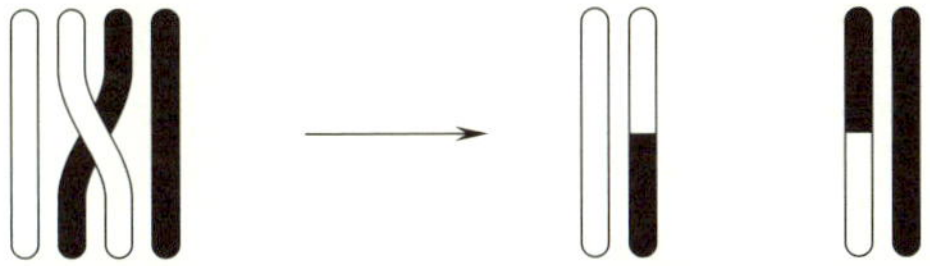

e　4組の相同染色体のうち3組が1回の組換えを起こすとき，その組み合わせは，$4^3\times 2=2^6\times 2=2^7$となる。

68 倍数体作成

1　紡錘糸(紡錘体)　2　中　3　染色体　4　二　5　三
6　減数分裂　7　種子　8　二　9　三　10　第二極体　11　単為
12　二　13　雄　14　0　15　0

14　雌の性染色体構成はXXなので，二倍体である卵(XX)が単為発生してできた仔魚の性染色体構成はすべてXXである。

15　雌に雄性ホルモン処理をして作出された雄の性染色体構成はXXである。これがつくる精子の染色体構成はすべてXなので，正常な雌との交配で生じる個体の性染色体構成はXXのみとなる。

69 ウニの受精

1　精子　2　体外　3　べん毛　4　卵　5　先体　6　受精膜
7　多精受精(多精)　8　核　9　体内

70 初期発生

1	体細胞分裂	2	等黄	3	等	4	端黄	5	不等	6	盤
7	中央	8	心黄	9	表	10	胞胚腔	11	胞胚	12	外胚葉
13	内胚葉	14	原腸胚	15	原腸	16	植物	17	原口	18	肛門
19	変態										

14 動物の幼生が形態を大きく変化させて成体になるとき，その過程を**変態**と呼ぶ。幼生と成体で生活様式が異なっているときにみられる。

71 ウニの発生

1	胞胚腔	2	植物極	3	原腸胚	4	陥入	5	中胚葉
6	外胚葉	7	内胚葉	8	原口	9	骨片		

72 ウニとカエルの発生

1	植物極	2	動物極	3	桑実胚	4	動物極	5	植物極				
6	内胚葉	7	原腸	8	中胚葉	9	口	10	プリズム				
11	プルテウス	12	中胚葉	13	内胚葉	a	(イ)	b	(ウ)				

73 両生類の器官形成

1	神経管	2	表皮	3	体節	4	腎節	5	側板	6	骨格
7	腎臓	8	肝臓								

74 哺乳類の発生

1 第二分裂中　2 第二極体　3 着床　4 調節卵　5 羊膜
6 しょう膜　7 胎盤

5 ～ 7 脊椎動物のうち，陸上で発生するハ虫類・鳥類・哺乳類は下図に示すような**胚膜**をもつ。ハ虫類・鳥類・哺乳類は，まとめて**有羊膜類**と呼ばれる。

羊膜(外・中胚葉由来)は一番内側の膜で，羊水を蓄え，胚を乾燥や衝撃から保護する。**尿のう**(内・中胚葉由来)は老廃物を貯蔵する。**卵黄のう**(内・中胚葉由来)は発生のための栄養分である卵黄を含むが，哺乳類では退化している。**しょう膜**(外・中胚葉由来)は一番外側の膜で，全体を保護する。ハ虫類・鳥類では尿膜とともに**しょう尿膜**となり，呼吸に働く。哺乳類のしょう尿膜は，子宮壁とともに**胎盤**を形成する。

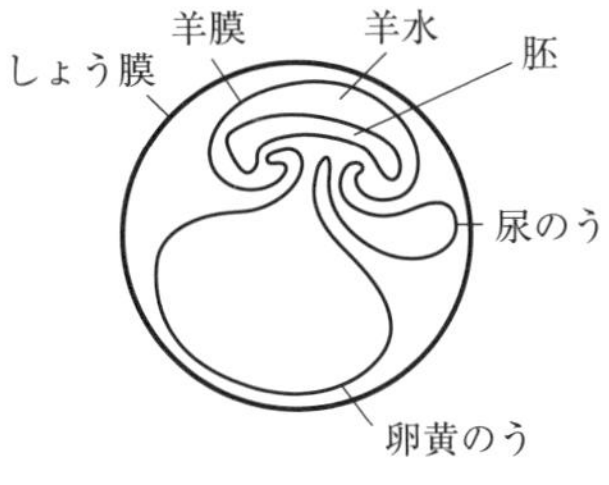

鳥類の胚膜（縦断図）

75 発生のしくみ(1)

1 4　2 モザイク卵　3 調節卵

76 発生のしくみ(2)

1 前成　2 後成　3 ウニ　4 フォークト　5 局所生体染色法
6 原基分布(予定運命)　7 胞胚腔　8 二次胚　9 形成体
10 誘導

77 眼の発生・再生

1 神経管　2 眼胞　3 眼杯　4 水晶体　5 角膜
6 誘導の連鎖　7 虹彩　8 分化転換

78 キメラ

1 トリプシン(タンパク質分解酵素)　2 神経　3 細胞選別　4 割
5 調節

79 ショウジョウバエの形態形成

1　翻訳　2　濃度勾配　3　表現　4　体節　5　ホメオティック
6　ホメオボックス

5　**ホメオティック遺伝子**は体節ごとに決まった構造をつくる遺伝子群で，この遺伝子の1つが突然変異を起こすと，アンテナペディア(下図左)と呼ばれる触角が肢に変化したものや，バイソラックス(下図右)と呼ばれる翅を2対4枚(双翅目の昆虫の翅は1対2枚)もつものがみられる。

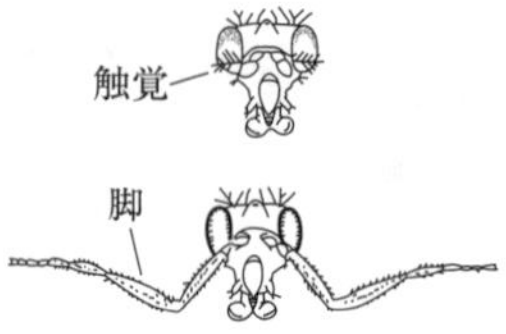

アンテナペディア

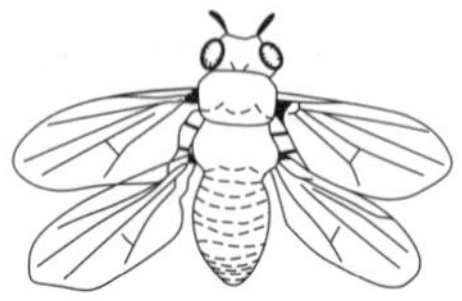
バイソラックス

80 被子植物の配偶子形成

1　花　2　雄しべ　3　花粉母　4　4　5　胚珠　6　胚のう
7　8　8　3　9　2　10　1　11　卵細胞　12　花粉管細胞
13　花粉管　14　2　15　精細胞　16　受精卵　17　重複　18　胚乳

81 裸子植物と被子植物の受精

1　胚珠　2　子房　3　精子　4　雄原細胞　5　精細胞　6　極核
7　中央細胞　8　重複受精

82 植物の胚発生

1　卵細胞　2　重複受精　3　極核　4　胚のう細胞　5　2n
6　3n　7　子葉　8　幼根　9　種皮　10　無胚乳　11　有胚乳

10・11　**無胚乳種子**の例としては，クリ，エンドウ，ダイズ，ナズナなどがあり，**有胚乳種子**の例としては，イネ，ムギ，トウモロコシ，カキなどがある。

第5章　遺　伝

83 メンデルの法則

1　減数分裂　2　優性の法則　3　自家受精　4　分離の法則
5　ホモ接合体　6　ヘテロ接合体　7　表現型　8　9　9　3
10　3　11　1

84 遺伝子の相互作用

1　紫　2　9：7　3　補足　4　白　5　13：3　6　抑制
7　1：1　8　2：1　9　劣性致死

85 血液型の遺伝

1　常　2　対立遺伝子　3　優劣　4　表現型　5　遺伝子型
6　ホモ接合体　7　ヘテロ接合体　8　複対立遺伝子　9　劣性　10　A
11　B　12　AB　13　O

86 性染色体

1　常染色体　2　性染色体　3　X染色体　4　Y染色体　5　Z染色体
6　W染色体

雄ヘテロ型のうち，XY型の生物は，ショウジョウバエ，ヒト，ネズミなどであり，XO型(雄がY染色体をもたず，性染色体はX染色体1本のみ)の生物は，バッタ，トンボなどである。雌ヘテロ型のうち，ZW型の生物は，ニワトリ，カイコガなどであり，ZO型(雌がW染色体をもたず，性染色体はZ染色体1本のみ)の生物は，ミノガ，トビケラなどである。

87 性決定様式

1　44　2　2　3　XX　4　XY　5　伴性遺伝　6　Y　7　男
8　女

88 伴性遺伝

1　雄ヘテロ　2　a　3　雌　4　雄　5　1：1　6　赤眼
7　雌　8　雄　9　1：1

89 だ液腺染色体

1 間　2 相同　3 半数　4 染色体　5 欠失　6 逆位
7 染色体地図(細胞学的地図)　8 パフ　9 mRNA　10 タンパク質

90 染色体と遺伝子(1)

1 相同染色体　2 対合　3 二価染色体　4 連鎖　5 独立
6 乗換え　7 組換え　8 BbLl　9 紫色・長花粉　10 8　11 1
12 1　13 8　14 11.1　15 モーガン

14 $\dfrac{1+1}{8+1+1+8}\times 100 \fallingdotseq 11.1(\%)$

15 組換え価1%を1センチモーガンという単位で表している。

91 染色体と遺伝子(2)

1 独立　2 連鎖　3 減数分裂第一分裂　4 組換え　5 組換え価
6 ACB(BCA)　7 三点交雑　8 染色体地図(連鎖地図, 遺伝学的地図)

6 A, B, Cの遺伝子の染色体上の位置は下図のようになる。

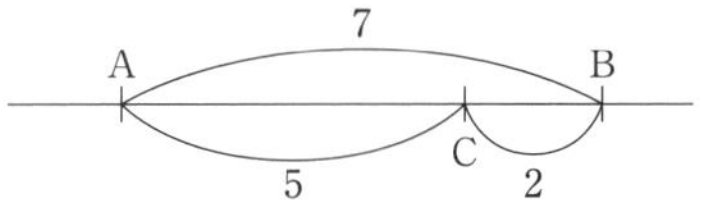

92 種皮と胚乳の遺伝

1 卵細胞　2 中央細胞　3 A　4 a　5 Aa　6 AAa
7 AA

7 種皮は母植物の珠皮から生じたものであるので, 種皮の遺伝子型は母植物と同じAAになる。

93 細胞質遺伝

1 細胞小器官　2 DNA　3 細胞分裂　4 紡錘糸(紡錘体)
5 染色体　6 卵細胞　7 精細胞

94 遅滞遺伝

a (イ)　b (カ)　c (ス)　d (オ)　e (イ)　f (ケ)

下図の左は(i)の交配を，右は(ii)の交配を示す。右巻きの遺伝子をA，左巻きの遺伝子をaとすると，(ii)で得られたF_1の貝では，遺伝子型はAaであるが，表現型は母親の遺伝子型(aa)によるので，すべて左巻きとなる。F_1を交配させたF_2の遺伝子型はAA：Aa：aa ＝ 1 ： 2 ： 1であるが，表現型は母親の遺伝子型(Aa)によるので，すべて右巻きとなる。このように，モノアラガイの殻の巻き方の遺伝は，それ自身の遺伝子型ではなく母親の遺伝子型により決定されるので，**母性遺伝**と呼ばれる。また，メンデルの法則が見かけ上1世代遅れて現れるので，**遅滞遺伝**とも呼ばれる。

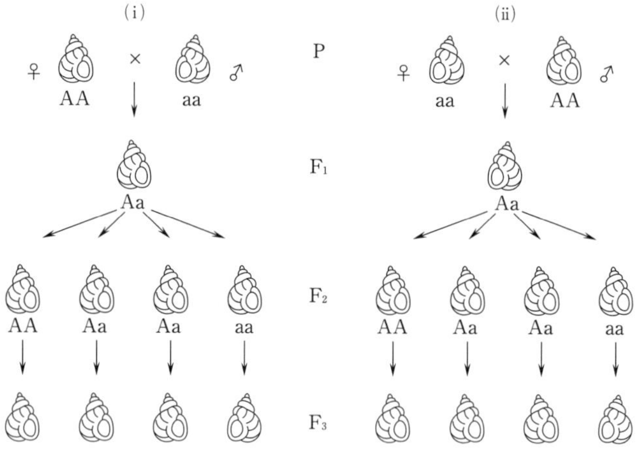

95 花形成の ABC モデル

1　めしべ　2　ホメオティック突然変異　3　おしべ　4　おしべとめしべ
5　bbcc　6　1 ： 1 ： 1 ： 1　7　30

ア〜エの各領域で形成される構造は順に，変異体Aでは，めしべ，おしべ，おしべ，めしべ，変異体Bでは，がく，がく，めしべ，めしべ，変異体Cでは，がく，花弁，花弁，がくである。遺伝子型がBbCCの植物と遺伝子型がBBCcの植物の交配により得られた［6］の植物のうち自家受粉させてbbccを生じるものはBbCcのみであるので全体の$\frac{1}{4}$であり，その自家受粉により得られる次世代のうちbbccになるのは

$\frac{1}{9+3+3+1}=\frac{1}{16}$である。よって，$1920\times\frac{1}{4}\times\frac{1}{16}=30$(粒)となる。

第6章　動物の体内環境

96 血　液

1　血しょう　2　血小板　3　赤血球　4　白血球　5・6　ひ臓・肝臓
7　骨髄　8　造血幹細胞　9・10・11　好中球・好酸球・好塩基球
12　マクロファージ　13　B細胞　14　胸腺　15　T細胞

97 血液循環(1)

1　循環系　2　2　3　2　4　動脈血　5　静脈血　6　動脈血
7　静脈血　8　静脈血　9　動脈血　10　自動性　11　洞房結節
12　心房　13　房室結節　14　心室　15　刺激伝導系

15 **刺激伝導系**とは，ペースメーカーが発するインパルスの伝導経路を構成する特殊な心筋細胞からなる系で，哺乳類の心臓では，ペースメーカーである**洞房結節**，**房室結節**，および**ヒス束**，**プルキンエ繊維**から構成される。

98 血液循環(2)

1　左心室　2　右心室　3　肺　4　血液　5　増加

全身に血液を送り出す左心室の血圧の方が，肺だけに血液を送り出す右心室の血圧よりも高いので，血液の一部は心室中隔の穴を通って左心室から右心室に流入し，肺へ送られる。

99 酸素の運搬(1)

1　酸素解離曲線　2　酸素　3　二酸化炭素　4　95　5　45
6　53(52.6)　7　胎盤　8　高い

6 ヘモグロビンと結合した状態の酸素を100%としたとき，組織で解離した酸素が何%となるかが問われているので，$(95-45)\div95\times100\fallingdotseq52.6(\%)$となる。

8 胎児のヘモグロビンは，酸素分圧の低い胎盤で母体のヘモグロビンが解離した酸素と結合する必要があるので，酸素との親和性が高い(酸素ヘモグロビンの割合が高い)。

100 酸素の運搬(2)

1　2　2　鉄　3　酸素解離曲線　4　低下　5　1.5(1.46)　6　c
7　39(38.7)

1 ヘモグロビンは，α 鎖2本と β 鎖2本の合計4本のペプチド鎖からなる4量体である。

5 血液100mL中のヘモグロビンの量は，$100 \times 0.4 \times 0.34 = 13.6$(g)であるから，酸素結合量は，$13.6 \times 1.34 \times (0.98 - 0.9) \fallingdotseq 1.46$(mL)減少する。

6 $(98 - 60) \div 98 \times 100 \fallingdotseq 38.7$(%)

101 呼吸色素

1 外呼吸　2 ミオグロビン　3 ヘム　4 突然変異
5 鎌状赤血球貧血症(鎌状赤血球症)　6 ミトコンドリア
7 ヘモシアニン　8 銅

1 **外呼吸**に対し，細胞における異化を**内呼吸**と呼ぶ。

7 脊椎動物のヘモグロビンが赤血球に含まれるのに対して，軟体動物やエビ・カニなど甲殻類の**ヘモシアニン**は血しょう中に含まれており，**青色**をしている。

102 二酸化炭素の運搬

1 赤血球　2 炭酸脱水　3 炭酸　4 水素イオン(H^+)
5 炭酸水素イオン(HCO_3^-)　6 炭酸水素ナトリウム($NaHCO_3$)

4 水素イオンが生じるとpHが低下するが，pHが低いほどヘモグロビンの酸素解離度は大きくなる。

103 無脊椎動物の体液濃度の調節

1 高い　2 収縮胞　3 少なく　4 少なく　5 いない

104 魚類の体液濃度の調節

a (ウ)　b (エ)　c (ス)　d (サ)　e (エ)　f (カ)　g (ア)　h (カ)
i (エ)　j (チ)　k (ケ)　l (エ)　m (カ)

105 腎　臓

1　腎小体(マルピーギ小体)　2　糸球体　3　ボーマンのう　4　原尿
5　細尿管(腎細管)　6　グルコース　7　能動輸送
8　鉱質コルチコイド　9　浸透圧差　10　高張　11　バソプレシン
12　低張

106 窒素排出物

1　濃度(浸透圧)　2　脂肪　3・4　二酸化炭素・水　5　タンパク質
6　アンモニア　7　尿酸　8　尿素

107 肝　臓

1　腹腔　2　横隔膜　3　1000(～2000)　4　恒常性　5　酵素
6　骨格筋　7　肝門脈　8　グリコーゲン　9　尿素　10　解毒
11　胆汁(胆液)　12　胆のう　13　十二指腸　14　肝静脈

3　文章中にある「肝臓の重量が体重の２～３％」から計算によって求められる。

108 血液凝固

1　血小板　2　血しょう　3　カルシウム　4　プロトロンビン
5　トロンビン　6　フィブリノーゲン　7　フィブリン　8　血餅

109 ホルモンの発見

1　セクレチン　2　内分泌　3　標的　4　外分泌　a　(イ)

1　パブロフはイヌを用いて動物の行動(古典的条件付け)の研究を行ったロシアの生理学者であり，コッホは血清療法などを開発したドイツの細菌学者。クレブスはイギリスの生化学者で，尿素生成がオルニチン回路によって行われることを発見し，また，呼吸におけるクエン酸回路の考えの基礎をつくった。サンガーはイギリスの生化学者で，インスリンのアミノ酸配列を決定し，さらにDNAのヌクレオチド配列順序の決定法(サンガー法)を考案した。

110 ホルモン(1)

1 外分泌腺　2 標的器官　3 フィードバック　4 内分泌腺
5 間脳視床下部　6 神経分泌　7 放出ホルモン
8 放出抑制ホルモン(抑制ホルモン)

111 ホルモン(2)

1 内分泌　2 自律神経　3 恒常性(ホメオスタシス)　4 間脳
5 視床下部　6 前葉　7 チロキシン　8 フィードバック

112 血糖量調節(1)

1 自律　2 ホルモン　3 副交感(迷走)　4 ランゲルハンス島
5 B　6 インスリン　7・8 肝臓・筋肉　9 グリコーゲン
10 交感　11 副腎髄質　12 副腎皮質刺激ホルモン　13 糖質コルチコイド
14 A　15 グルカゴン　16 タンパク質　17 チロキシン

113 血糖量調節(2)

a (オ)　b (ウ)　c (キ)　d (ク)　e (ク)　f (オ)　g (ウ)　h (ウ)
i (キ)　j (ケ)　k (ケ)

[実験Ⅰ] すい臓は血液中の血糖量を直接感知することができ，低血糖を感知すると血糖量を上昇させるグルカゴンを分泌し，高血糖を感知すると血糖量を低下させるインスリンを分泌する。

[実験Ⅱ] イヌAの体にインスリンを注射すると，血糖量が減少し，イヌAのすい臓からは血糖量を増加させるグルカゴンが分泌される。グルカゴンは連結されたチューブによりイヌBの体内に流入するので，イヌBの血糖量は増加する。

[実験Ⅲ] 延髄への刺激によって交感神経が興奮し，副腎髄質からアドレナリンが分泌されると，グリコーゲンからのグルコースの生成量が増加する。その結果，血糖量が増加し，尿中に糖が排出される。グリコーゲンの量が減っていたり，副腎に入る交感神経が切断されていると，上記のことが起こらないので，血糖量は変化しない。

114 体温調節

1 恒常性(ホメオスタシス) 2 間脳視床下部 3 興奮(活動電位)
4 促進 5 拡張 6 交感神経 7 立毛筋 8 収縮
9 副腎髄質 10 脳下垂体前葉 11 副腎皮質 12 甲状腺
13・14 肝臓・筋肉 15 代謝

115 ストレスとホルモン

1 交感 2 副腎髄質 3 アドレナリン 4 脳下垂体前葉
5 糖質コルチコイド 6 肝臓 7 グリコーゲン
8・9・10 グルカゴン・成長ホルモン・チロキシン 11 インスリン 12 B

116 体色変化

1 色素胞 2 ノルアドレナリン 3 明るく(白く) 4 中葉
5 インテルメジン

[4]・[5] 魚類の体色変化は，神経による場合とホルモンによる場合の両方がある。両生類やハ虫類では，**脳下垂体中葉**からの**インテルメジン**の分泌によって体色が暗色化する。

117 自律神経系

1 間脳視床下部 2 自律神経 3 脳下垂体前葉 4 交感神経
5 副交感神経 6 ノルアドレナリン 7 アセチルコリン 8 瞳孔
9 気管支 10 上昇 11 拡大 12 分泌抑制 13 拍動促進
14 抑制 15 低下 16 分泌促進 17 収縮 18 拍動抑制

[4]・[5] 表の胃腸運動の促進から [5] が副交感神経とわかるので，[4] は交感神経とわかる。

118 レーウィの実験

1 リンガー液(生理的食塩水) 2 副交感神経(迷走神経) 3 交感神経
4 大きく速くなる 5 延髄 6 アセチルコリン 7 脊髄
8 ノルアドレナリン

[5] 心臓拍動の中枢は延髄にあるが，交感神経は脊髄から出ている。この実験

の実際の目的は，シナプスにおける情報伝達が化学的なものか電気的なものかを明らかにすることであった。レーウィーは，上流側の心臓１につながる副交感神経を刺激すると，下流側の心臓２のはく動も抑制されたことから，情報伝達は化学物質によることを初めて明らかにしたのである。

119 免　疫

1　上皮　2　繊毛　3　リゾチーム　4　自然　5　樹状　6　獲得
7　B　8　体液　9　キラーT　10　細胞　11　抗体産生
12　一次応答　13　記憶　14　二次応答　15　予防接種　16　ワクチン

120 抗体の多様性

1　抗原　2　抗体　3　免疫グロブリン　4　体液性免疫
5　細胞性免疫　6　リンパ球　7　B細胞　8　T細胞　9　骨髄
10・11　ひ臓・リンパ節　12　胸腺　13　立体構造

121 エイズ

1　免疫不全　2　後天性免疫不全症候群　3　ヘルパーT細胞　4　RNA
5　逆転写　6　ワクチン　7　日和見感染

122 自己免疫疾患

1　脳下垂体前葉　2　チロキシン　3　インスリン
4　ランゲルハンス島B　5　グリコーゲン　6　糖尿
7　アデノシンデアミナーゼ(ADA)

［6］このようにランゲルハンス島のB細胞が破壊されて，インスリン分泌が極度に低下する場合を**Ⅰ型糖尿病**という。これに対して，生活習慣によりインスリンの標的細胞の反応性が低下することが原因となっている場合を**Ⅱ型糖尿病**という。

［7］**遺伝子治療**は，遺伝子病を発症した患者の細胞に正常な遺伝子を組み込んで病気を治療するもの。ADA 欠損症の場合には，患者のリンパ球を分離して試験管内でウイルスを用いて健常なヒト由来の ADA 遺伝子を導入し，それを患者の体内に戻して治療を行った。

123 花粉症

1 アレルギー　2 抗原　3 抗体　4 T　5 マスト(肥満)
6 ヒスタミン　7 アレルゲン

124 皮膚移植

1 自己　2 非自己　3 T
4 主要組織適合抗原(主要組織適合性複合体，MHC)　5 ホモ接合体

4 ヒトの主要組織適合抗原(MHC)はHLAとも呼ばれる。HLAは第6染色体にある接近した6つの遺伝子群によって決まる。それぞれの遺伝子群には多くの対立遺伝子(複対立遺伝子)が存在するため，HLAの型が個体間で一致する確率は非常に低くなる。6つの遺伝子群の距離は極めて近いので，組換えがほとんど起こらない。そのため，子のHLA遺伝子の組み合わせは最大で4通りであり，兄弟間でHLAが一致する確率は25%である。

第7章　動物の反応と行動

125 動物の視覚器

1　眼点　2　杯状眼　3　複眼　4　カメラ眼　5　レンズ　6　形

126 ヒトの眼(1)

1　角膜　2　虹彩　3　瞳孔　4　水晶体(レンズ)　5　ガラス体
6　網膜　7　黄斑　8　視神経　9　盲斑　10　毛様体　11　チン小帯

127 ヒトの眼(2)

1　錐体細胞　2　桿体細胞(かん体細胞)　3　黄斑　4　盲斑
5　水晶体(レンズ)　6　ガラス体　7　ロドプシン　8　レチナール
9　A　10　夜盲症

128 ヒトの耳

1　聴　2　内耳　3　うずまき管　4　鼓膜　5　耳小骨
6　リンパ液　7　うずまき細管　8　基底　9　感覚毛　10　前庭
11　卵円　12　鼓室　13　正円　14　20　15　20000

ヒトの耳の構造を下図に示す。空気の振動は，耳殻→外耳道→鼓膜→耳小骨→うずまき管のリンパ液→基底膜→コルチ器の聴細胞→聴神経→大脳　の順に伝わる。

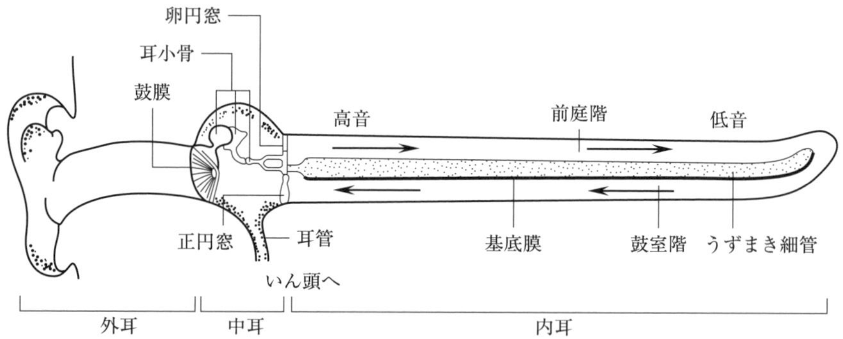

129 平衡覚

1　前庭　2　半規管　3　感覚毛　4　感覚細胞（有毛細胞）
5　平衡石（平衡砂，耳石）　6　リンパ液

前庭と半規管のふくらんだ部分の断面の構造を下図に示す。

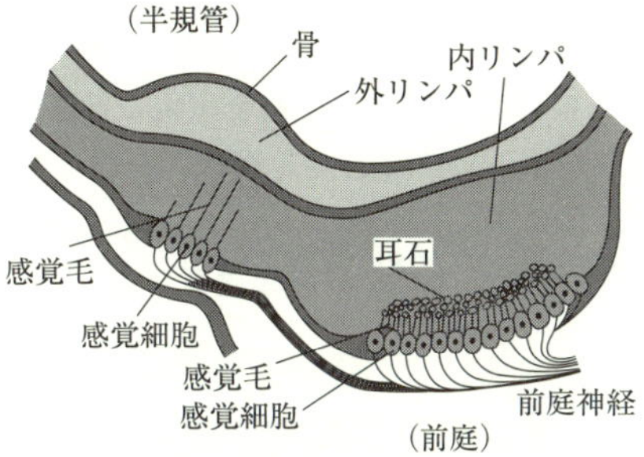

130 嗅覚・味覚

1　適　2　化学　3　嗅　4　繊毛　5　塩（辛）　6　酸
7　うま　8　甘　9　苦　10　味蕾（みらい）　11　味孔

嗅上皮と味蕾の構造を下図に示す。

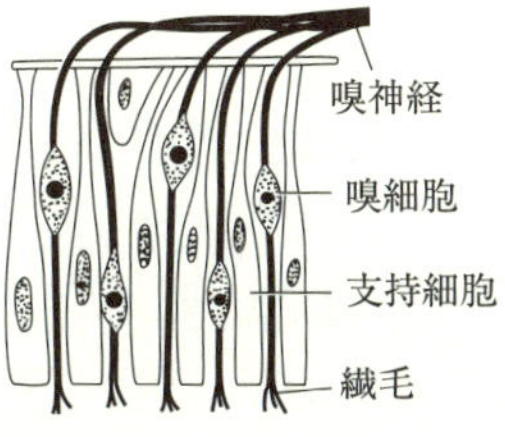

嗅上皮

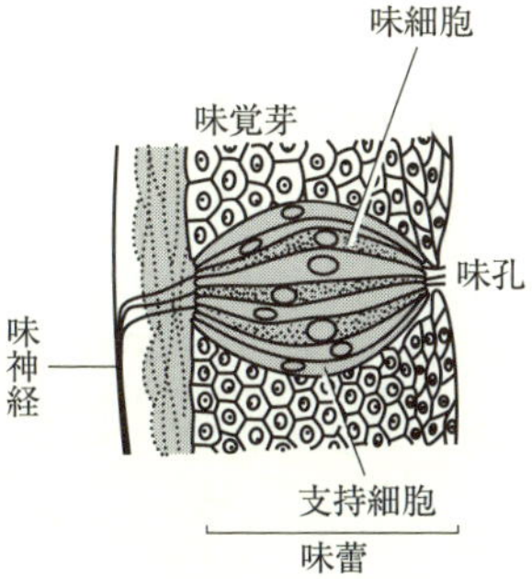

味蕾

131 神経系

1　受容器(感覚器)　2　効果器　3　単細胞　4　多細胞　5　散在
6　中枢　7　末梢　8　集中　9　かご形　10　はしご形　11　管状
12　脊髄　13　脳　14・15　求心(求心性)・遠心(遠心性)
16・17・18・19　間脳・中脳・小脳・延髄　20　灰白質　21　新皮質
22　辺縁皮質

14・15　末梢部から中枢に情報を伝える神経を**求心神経**と呼び，感覚神経が該当する。中枢から末梢部に情報を伝える神経を**遠心神経**と呼び，運動神経，交感神経，副交感神経が該当する。

22　古皮質と原皮質を合わせて**辺縁皮質**と呼ぶ。

132 ヒトの神経系

1　中枢神経　2　末梢神経　3　脳　4　脊髄　5　脳神経
6　体性神経　7　自律神経　8　交感神経　9　副交感神経　10　縮小

6　運動神経と感覚神経を合わせて**体性神経**と呼び，これらはすべて脊髄から出る。

7　自律神経のうち，交感神経はすべて脊髄から出るが，副交感神経には脊髄から出るものだけでなく，中脳や延髄から出るものもある。

133 興奮の伝導と伝達

1　ニューロン　2　細胞体　3　軸索　4　樹状突起
5　神経鞘細胞(シュワン細胞)　6　ナトリウム　7　カリウム
8　能動輸送　9　正(+)　10　負(−)　11　静止電位　12　活動電位
13　閾値　14　全か無かの法則　15　シナプス　16　シナプス間隙
17　シナプス小胞　18　アセチルコリン　19　ノルアドレナリン　20　酵素
21　回収　22　一方向

5　神経系にはニューロン以外に，ニューロンを保護したり栄養分を供給したりする働きをもつ細胞があり，これを**グリア細胞**(**神経膠細胞**)と呼ぶ。グリア細胞のうち末梢神経系にあるものを神経鞘細胞(シュワン細胞)と呼ぶ。

21　軸索末端から分泌された神経伝達物質のうち，アセチルコリンは分解されるが，ノルアドレナリンの大部分は交感神経の軸索末端に回収される。

134 反　射

1　細胞体　2　軸索　3　感覚　4　背根　5　シナプス　6　運動
7　腹根　8　随意　9　反射弓

135 しつがい腱反射

1　筋紡錘　2　受容器(張力受容器)　3　感覚神経　4　脊髄
5　運動神経　6　効果器　7　介在神経

7　この介在神経は，その興奮によって接続する運動神経の興奮を抑えるように働くので，**抑制性ニューロン**と呼ばれる。

136 動物の行動

1　学習　2　本能　3　鍵刺激(信号刺激)　4　刷込み　5　受容器
6　効果器　7　神経系　8　円形　9　8の字

137 フェロモン

1　警報フェロモン　2　道しるべフェロモン　3　集合フェロモン
4　性フェロモン　5　走性　6　化学走性　7　触角　8　嗅

138 ミツバチのダンス

1　生得的　2　習得的　3　社会性昆虫　4　直進　5　重力
6　餌場　7　太陽　8　距離　9　速度　10　2 km

139 日周行動

1　昼行性　2　夜行性　3　24　4　概日(サーカディアン)　5　環境
6　生物時計　7　視床下部(視交叉上核)

7　哺乳類では，生物時計は視床下部の**視交叉上核**に存在する。視交叉上核は網膜から日長の情報を受け取り，松果体からのメラトニンの分泌を促す。その結果，体内のメラトニンの濃度は，夜間に高くなり昼間低くなる。

第8章　植物と環境

140 植物の反応

1　極性移動　2　頂芽優勢　3　抑制　4　屈性　5　正　6　根冠
7　傾性　8　温度傾性　9　光傾性

8　温度傾性による花の開閉は，花弁の基部における内側と外側の成長の違いによって起こる。温度が高いときは，内側の成長速度が外側の成長速度より大きいため花が開き，温度が低いときは，外側の成長速度が内側の成長速度より大きいため花が閉じる。

9　光傾性による花の開閉のしくみもこれと同様であり，光があたると，内側の成長速度が外側の成長速度より大きいため花が開き，光があたらないと，外側の成長速度が内側の成長速度より大きくなるため花が閉じる。

141 植物ホルモン

1　オーキシン　2　サイトカイニン　3　DNA　4　ジベレリン
5　馬鹿苗病菌　6　アブシシン酸　7　休眠
8　フロリゲン(花成ホルモン)　9　エチレン　10　離層

8　長日植物のシロイヌナズナでは，長日条件下で葉でFTタンパク質がつくられ，これが師管を移動して茎頂分裂組織に運ばれて花芽の分化を誘導する。短日植物のイネでは，短日条件下でFTタンパク質に相当するHd3aタンパク質がつくられて同じく花芽の分化を誘導する。これらのことから，フロリゲンの実体はタンパク質であることが明らかとなった。

142 花芽形成

1　光合成　2　光周性　3　長く　4　春　5　初夏　6　短く
7　夏　8　秋　9　短く　10　短く　11　長く　12　葉

7　夏至を越えると日長時間はしだいに短くなるので，短日植物のうちで限界暗期の短い植物では，夏に花芽形成が行われて開花する。このような植物には，アサガオやイネがある。

143 種子発芽

1 水分　2 ジベレリン　3 糊粉層　4 アミラーゼ　5 デンプン
6 糖(グルコース)　7 光発芽種子　8 暗発芽種子　9 フィトクロム
10 赤色

[7] 光発芽種子としては，レタス，タバコ，マツヨイグサなどがあり，種子の中に貯えられている栄養分が少ないので，種子は小さい。これらの種子は光合成が行える光環境でのみ発芽する。

[8] 暗発芽種子としては，カボチャ，キュウリなどがあり，種子は大きい。

144 水の移動

1 根毛　2 表皮　3 維管束　4 道管　5 蒸散　6 根圧
7 凝集力

145 気孔の開閉

1 厚　2 薄　3 膨圧　4 反対　5 カリウム　6 浸透圧
7 青色　8 フォトトロピン　9 サイトカイニン　10 アブシシン酸

[8] フォトトロピンは光屈性にも関与する色素タンパク質である。

146 種なしブドウ

1 馬鹿苗病　2 カビ(菌類)　3 ジベレリン　4 植物ホルモン
5 子房　6 単為結実(単為結果)

147 組織培養

1・2 セルラーゼ・ペクチナーゼ　3 プロトプラスト　4 未分化
5 組織培養　6 全能性(全形成能)　7 オーキシン
8 サイトカイニン　9 オレタチ　10 頂端分裂組織

[9] オレンジ＋カラタチ＝オレタチ。このようにして命名された細胞融合植物としては，ジャガイモ(ポテト)＋トマト＝ポマト，ハクサイ＋キャベツ(カンラン)＝ハクラン，ダイコン＋ニンジン＝ダイジンなどがある。このうちハクランは商品化されている。

148 葯培養

1 花粉細胞　2 受精　3 葯培養　4 減数分裂
5 染色体数(核相)　6 紡錘糸　7 コルヒチン　8 遺伝子
9 純系

149 細胞融合

1 プロトプラスト　2 カルス　3 再分化　4 38　5 19　6 28

4 キャベツの体細胞(染色体数18)とハクサイの体細胞(染色体数20)を細胞融合しているので，この体細胞雑種の染色体数は18＋20＝38である。

5 · 6 キャベツの卵細胞(染色体数 9)とハクサイの精細胞(染色体数10)から生じる胚の染色体数は 9 ＋10＝19であり，キャベツの 2 個の極核(染色体数 9)とハクサイの精細胞から生じる胚乳の染色体数は 9 ＋ 9 ＋10＝28である。

第9章　生態と環境

150 個体群(1)

1 食物　2 生活空間　3 排出物　4 環境抵抗　5 回遊
6 渡り　7 縄張り　8 順位制　9 リーダー制　10 すみわけ
11 くいわけ

151 個体群(2)

1 孤独　2 群生　3 緑　4 長く　5 炭水化物　6 脂肪
7 集合　8 生得(先天)　9 相変異

トノサマバッタの孤独相と群生相の比較を下表に示す。孤独相は生育場所に留まって増殖するのに適しており，群生相は生育場所から移動するのに適している。

	幼虫の生息環境		成虫の形態と特性					
相	密度	環境条件	前翅	後肢	体色	集合性	産卵数	特性
孤独相	低い	良い	短い	長い	緑色	ない	多い	増殖
群生相	高い	悪い	長い	短い	黒褐色	強い	少ない	移動

152 生存曲線

1 個体群　2 生物群集　3 生命表　4 Ⅲ　5 保護　6 少なく
7 少ない　8 Ⅱ　9 死亡率　10 Ⅰ　11 多く　12 多い

9　生存数の割合が対数目盛であるので，タイプⅡの生物は各年齢において死亡率が一定となる。死亡数ではなく死亡率であることに注意する。

153 個体数推定法

1 個体群　2 個体群密度　3 S　4 区画　5 標識再捕
6 0.1

6　調査地域内の全個体数をN，捕獲して標識をつけた個体数をmとし，次に捕獲したときの捕獲数をC，そのうちの標識のある個体数をrとすると，$\frac{m}{N}=\frac{r}{C}$より，$N=\frac{m\times C}{r}$が成り立つ。よって，この池における推定個体数は，$100\times150\div15=1000$(匹)。個体群密度は，$1000\div10000=0.1$(匹/m^2)。

154 種間関係

a (カ)　b (コ)　c (サ)　d (シ)　e (イ)　f (ア)　g (エ)　h (ク)
i (ソ)　j (ケ)

155 種内関係・種間関係

1 縄張り　2 行動圏　3 生態的地位(ニッチ)　4 競争
5 相利共生　6 片利共生　7 被食者　8 宿主　9 寄生者

156 植物プランクトンの季節変動

a (イ)　b (コ)　c (ケ)　d (キ)　e (エ)

157 ミクロコスム

1 独立栄養生物　2 従属栄養生物　3 無機物　4 有機物
5 生産者　6 消費者　7 食物連鎖　8 バクテリア　9 ペプトン
10 ゾウリムシ　11 クロレラ　12 シアノバクテリア　13 ワムシ
14 多細胞

ペプトンは有機物で，まず，分解者であるバクテリアがこれを利用して増殖する。次に，増殖したバクテリアを捕食するゾウリムシが増殖する。この生態系では有機物が大量に存在するため，(有機物→)分解者→消費者の食物連鎖が成り立つ。これを**腐食連鎖**と呼ぶ。その結果，無機物である栄養塩類が増加するので，生産者であるクロレラやシアノバクテリアが増加する。

158 バイオーム

1 熱帯多雨林　2 照葉樹林　3 夏緑樹林　4 針葉樹林
5 サバンナ　6 ステップ　7 砂漠　8 ツンドラ
9 年平均気温(気温)　10 垂直分布　11 森林限界　a (エ)　b (オ)
c (ア)　d (イ)

159 日本のバイオーム

1 水平分布 2 垂直分布 3 針葉 4 夏緑 5 照葉
6 亜熱帯多雨 7 高山 8 亜高山 9 山地 10 丘陵(低地)

図の北緯20°～28°付近は沖縄・奄美地方であり，ソテツやビロウ，木本のシダであるヘゴなどからなるEの亜熱帯多雨林が見られる。北緯32°～38°は九州・四国・本州の西南部で，丘陵帯(低地帯)には，シイ類，カシ類，タブノキ，クスノキなどからなるDの照葉樹林が見られる。北緯38°～43°は東北地方と北海道西南部で，丘陵帯にはブナやミズナラ，カエデなどからなるCの夏緑樹林が見られ，北海道の北緯43°より高緯度ではBのエゾマツやトドマツからなる針葉樹林が見られる。

160 植生の時間的変化

1 遷移 2 土壌 3 一次遷移 4 二次遷移 5 地衣類
6 一年生草本(一年生植物) 7 多年生草本(多年生植物) 8 陽樹
9 陰樹 10 極相

161 ギャップ更新

1 二次(雑木) 2 極相 3 林冠 4 カミキリムシ 5 埋土種子

5 陽樹は補償点が高く，照度が低い林床では発芽すると枯死してしまうので，ギャップが形成されて林床の照度が高くなるまで種子の状態で待機している。

162 森林の構造と光合成曲線

1 高木 2 亜高木 3 低木 4 草本 5 階層構造
6 カラマツ 7 シラビソ 8 呼吸量 9 低い 10 吸収量
11 放出量 12 高い 13 陰生植物 14 陽生植物

163 植物群集の物質生産

1 高さ 2 層別刈り取り法 3 光合成器官(同化器官)
4 非光合成器官(非同化器官) 5 照度 6 相対照度 7 生産構造
8 広葉樹 9 針葉樹

164 ラウンケルの生活形

a (オ)　b (コ)　c (ト)　d (ケ)　e (ツ)　f (シ)　g (チ)　h (ス)
i (キ)

ラウンケルによる生活形の分類を下図に示す。

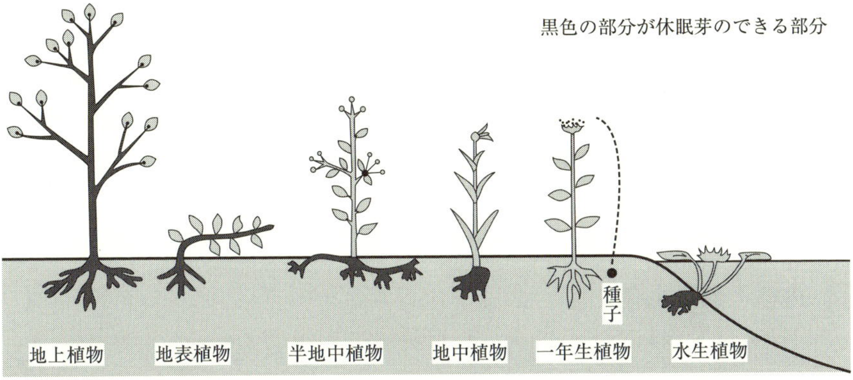

165 生態系の構造

1　非生物的環境(環境)　2　物質　3　エネルギー　4　熱エネルギー
5　生産者　6　消費者　7　分解者　8　一次消費者　9　二次消費者
10　高次消費者　11　食物連鎖

166 炭素と窒素の循環

1　窒素固定　2　アンモニア　3　アンモニウム　4　硝酸
5　窒素同化　6　脱窒　7　炭酸同化　8　光合成細菌
9・10　硫化水素・水素　11　亜硝酸　12　化学合成

[1] **窒素固定**とは，窒素ガス(N_2)に水素を付加してアンモニア(NH_3)にすることである。

[5] **窒素同化**とは，無機窒素化合物から有機窒素化合物をつくることをいう。

[12] **化学合成**とは，無機物を酸化することで生じる化学エネルギーを用いて二酸化炭素からグルコースなどの有機物をつくることをいう。

167 生態系の物質生産

1 非生物的環境(環境)　2 分解者　3 無機物　4 独立　5 従属
6 生産者　7 排出物　8 現存量(生物量)　9 生態ピラミッド
10 総生産量　11 呼吸量　12 純生産量　13 枯死量
14 被食量　15 不消化排出量　16 死亡量(死滅量)
17・18 タンパク質・核酸　19・20 アンモニウムイオン・硝酸イオン
21 光　22 化学　23 熱　24 エネルギー効率

(7) 総生産量＝成長量＋被食量＋枯死量＋呼吸量，純生産量＝総生産量－呼吸量
(8) 同化量＝捕食量－不消化排出量＝成長量＋被食量＋死亡量＋呼吸量
(10) エネルギー効率(％)＝$\frac{\text{ある栄養段階の同化量}}{\text{すぐ下の栄養段階の同化量}} \times 100$

168 遷移と物質生産

1 純生産　2 成長　3 分解者　4 呼吸　5 総生産　6 極相
7 生活様式(生態的地位)　8 食物連鎖　9 食物網

生態系全体では，**生態系の総生産量**(生産者)＝**生態系の成長量**(生産者＋消費者＋分解者)＋**生態系の呼吸量**(生産者＋消費者＋分解者)となる。極相では，生態系の成長量＝0なので，生態系の総生産量＝生態系の呼吸量 となる。

169 生物多様性

1 種　2 生物群集　3 非生物的環境(環境)　4 生態系
5 遺伝子　6 個体群　7 変異　8 進化　9 遺伝子資源

生物多様性を考える場合，**遺伝子の多様性**(遺伝的多様性)，**種の多様性**，**生態系の多様性**の3つの視点が重要である。

170 環境問題(1)

1 平衡(安定)　2 復元力　3 砂漠化　4 化石燃料
5 二酸化炭素　6 オキシダント　7 メタン　8 温室　9 温暖化
10 海面上昇　11 硝酸　12 硫酸　13 酸性雨　14 フロン
15 オゾンホール　16 皮膚がん

171 環境問題(2)

1 自然浄化(自浄作用) 2 酸素 3 嫌気的 4 富栄養化 5 赤潮
6 生産者 7 高次消費者 8 食物連鎖 9 生物濃縮

172 湖水生態系

a (ア) b (キ) c (オ) d (イ) e (ウ) f (エ) g (コ) h (ケ)
i (タ) j (ク) k (ソ) l (セ)

g 光合成量と呼吸量が等しい光の強さ(補償点)となる水深を**補償深度**という。水面から補償深度までの層は光合成量が呼吸量を上まわるので，**生産層**と呼ばれ，補償深度より深い層は**分解層**と呼ばれる。

173 河川生態系

1 亜硝酸菌 2 硝酸菌 3 藻類 4 自然浄化(自浄作用)
5 指標生物

5 ユスリカ，ミズムシ，イトミミズなどは汚れた水域に生息し，ヒラタカゲロウ，カワゲラ，トビケラなどは清流に生息する**指標生物**である。

第10章　進化・系統分類

174 生命の起源

1 自然発生　2 白鳥の首フラスコ　3 オパーリン　4 コアセルベート
5 化学　6 ミラー　7 放電

5 原始地球において，生物進化の前段階として，紫外線，雷，火山噴火などの作用によって，簡単な化学物質からアミノ酸などの生体構成物質が生成された過程を**化学進化**と呼ぶ。

6 ミラーは仮想原始大気の成分として，メタン・アンモニア・水素・水蒸気を用いたが，現在では，二酸化炭素・窒素・水蒸気が主成分であったと考えられている。

175 大気の変遷と生物の進化

1 従属栄養　2 独立栄養(化学合成)　3 シアノバクテリア(ラン藻)
4 光合成　5 硫化水素　6 鉄　7 酸化鉄　8 真核生物
9 ミトコンドリア　10 葉緑体　11 紫外線　12 オゾン　13 シダ植物
14 石炭　15 裸子植物　16 被子植物　17 両生　18 二心房一心室
19 二心房二心室　20 ハ虫

176 生物の陸上化

1 コケ　2 緑藻(車軸藻)　3 仮根　4 維管束　5 シダ
6 種子　7 イチョウ　8 精子　9 中生　10 石炭　11 昆虫
12 キチン質　13 両生　14 ひれ　15 シーラカンス(総鰭類)
16 アンモニア　17 尿素　18 オルニチン　19 胚膜(羊膜)　20 尿酸

3 コケ植物の根のように見えるものは**仮根**と呼ばれ，固着の機能をもつが，維管束が見られない。

15 シーラカンスのなかま(総鰭類)はひれ(鰭)の内部に骨格をもち，古代にはこのひれを用いて浅瀬で生活していたと考えられている。

19 陸上動物であるハ虫類・鳥類・哺乳類では，胚を乾燥から保護するために**胚膜**をもつ。胚膜は羊水に満たされて直接胚を保護する**羊膜**，卵黄を包む**卵黄のう**，老廃物を貯める**尿のう**，これら全体を包んでいる**しょう膜**からなる。

177 進化の証拠

1 新　2 エオヒップス(ヒラコテリウム)　3 エクウス　4 中
5 相同器官　6 相似器官　7 痕跡器官　8 環形　9 軟体
10 トロコフォア　11 輪形　12 有袋　13 単孔　14 適応放散
15 アンモニア　16 尿素　17 尿酸　18 魚類　19 両生類
20 ハ虫類

178 窒素排出物の変化

1 個体発生　2 系統発生　3 発生反復　4 アンモニア　5 尿素
6 尿酸　7 肝臓　8 オルニチン回路　9 軟骨　10 濃度(浸透圧)

179 ヒトの進化

1 旧　2 ネアンデルタール　3 旧石　4 ダーウィン　5 ジャワ
6 北京　7 直立二足　8 アフリカ　9 類人猿　10 新

最古の人類は700万年前に出現したと考えられており，**ラミダス猿人**を経て**アウストラロピテクス**が現れた。これらは猿人と総称されている。200万年前には原人(**ホモ・エレクトス**)が現れ，アフリカからアジアに広がった。現生のヒト，新人(**ホモ・サピエンス**)はアフリカでおよそ20万年前に現れたと考えられている。

180 ヒトの特徴

1 二足歩行　2 脊柱　3 大後頭孔　4 骨盤　5 犬歯
6 土踏まず

181 進化のしくみ

1 変異　2 自然選択　3 遺伝的浮動　4 遺伝子プール
5 遺伝子頻度　6 中立説　7 分子系統樹

182 ハーディ・ワインベルグの法則

a	(ス)	b	(イ)	c	(ア)	d	(オ)	e	(ク)	f	(カ)	g	(ケ)	h	(キ)
i	(シ)	j	(セ)	k	(ウ)	l	(タ)	m	(コ)						

183 集団遺伝(1)

1	個体数	2	突然変異	3	自然選択	4	ハーディ・ワインベルグ				
5	0.6	6	0.4	7	0.36	8	0.48	9	0.16	10	1.98

5 ～ 9 遺伝子Dと遺伝子dの頻度をそれぞれpとq（$p+q=1$）とすると，$(pD+qd)^2=p^2DD+2pqDd+q^2dd$。$Rh^-$型の割合が16%であるから，$q^2=0.16$となり，$q=0.4$。したがって，$p=1-q=0.6$。DDの遺伝子型頻度は，$p^2=0.6^2=0.36$，Ddの遺伝子型頻度は，$2pq=2\times0.6\times0.4=0.48$となる。

10 フェニルケトン尿症の遺伝子をa，この対立遺伝子をAとし，それぞれの遺伝子頻度をpとq($p+q=1$)とすると，$(pA+qa)^2=p^2AA+2pqAa+q^2aa$。フェニルケトン尿症は1万人に1人であるので，$q^2=0.0001$より，$q=0.01$となり，$p=1-0.01=0.99$。したがって，ヘテロの割合(%)は，$2pq\times100=2\times0.99\times0.01\times100=1.98$(%)となる。

184 集団遺伝(2)

1	X	2	劣性	3	q	4	q^2	5	高	6	0.0001
7	0.00000001	8	1億								

男性では，Aあるいはaが存在するX染色体を1本とY染色体を1本もつので，$(pX^A+qX^a)Y=pX^AY+qX^aY$より，血友病になる頻度は$q=0.0001$となる。女性では，Aあるいはaが存在するX染色体を2本もつので，$(pX^A+qX^a)^2=p^2X^AX^A+2pqX^AX^a+q^2X^aX^a$より，血友病になる頻度は$q^2=0.00000001$となる。

185 分子進化

1	チミン	2	グアニン	3	分子時計	4	20万	5	340万

4 $1:\frac{1}{10^8}=x:\frac{1}{500}$より　$x=\frac{1}{500}\times10^8=2\times10^5$(年)

5 実際には，様々な条件を考慮して補正され，500万年前と推定されている。

186 学　名

1　ラテン　2　二名法　3　属名　4　種小名　5　リンネ　6　目
7　綱　8　門

187 五界説

1　ATP　2　ミトコンドリア　3　葉緑体　4　多細胞　5　単細胞
6　真核細胞　7　原核細胞　8　細菌　9　シアノバクテリア(ラン藻)
10　植物　11　菌　12　動物　13　原生生物(プロチスタ)
14　原核生物(モネラ)

188 3ドメイン説

1　系統　2　系統樹　3　ウーズ　4　RNA(rRNA)
5　古細菌(アーキア)

界よりも上位の分類階級が**ドメイン**であり，生物は3つのドメインに分けられる。**真核生物**は**細菌**(バクテリア)よりも**古細菌**(アーキア)に近縁である。

189 動物の系統

1　海綿　2　刺胞　3　新口　4　脊索　5　口　6　旧口
7　環形　8　軟体　9　トロコフォア　10　閉鎖　11　開放　12　中

最近では，分子系統解析の結果から，旧口動物は**冠輪動物**と**脱皮動物**という大きな2群に分けることが提唱されている。冠輪動物には軟体動物と環形動物が含まれ，ともに発生の過程でトロコフォア幼生を経る。脱皮動物には線形動物(センチュウなど)と節足動物(昆虫やエビ・カニなど)が含まれ，ともに脱皮によって成長する。

190 光合成色素と藻類の分類

1　チラコイド　2　グラナ　3　褐藻　4　a　5　c　6　緑藻
7　b

陸上の植物(コケ・シダ・種子植物)は，緑藻類から造卵器をもつ**車軸藻類**を経て，進化したと考えられている。

191 植物の生活環

1 世代交代　2 胞子　3・4 雄性配偶子・雌性配偶子　5 配偶体
6 胞子体　7 子房　8 果実　9 種皮　10 精細胞
11 中央細胞(極核)　12 胚乳　13 卵細胞

1 生殖法の異なる世代が交互に現れることを**世代交代**という。植物では胞子を形成する無性世代と配偶子を形成する有性世代が繰り返される。

2 無性生殖細胞を胞子といい，胞子をつくる体を**胞子体**と呼ぶ。

5 配偶子(合体して次世代をつくる有性生殖細胞)をつくる体を**配偶体**と呼ぶ。種子植物の配偶体は**花粉**と**胚のう**であり，シダ植物の配偶体は**前葉体**である。

下図にコケ植物・シダ植物・種子植物の生活環を示す。

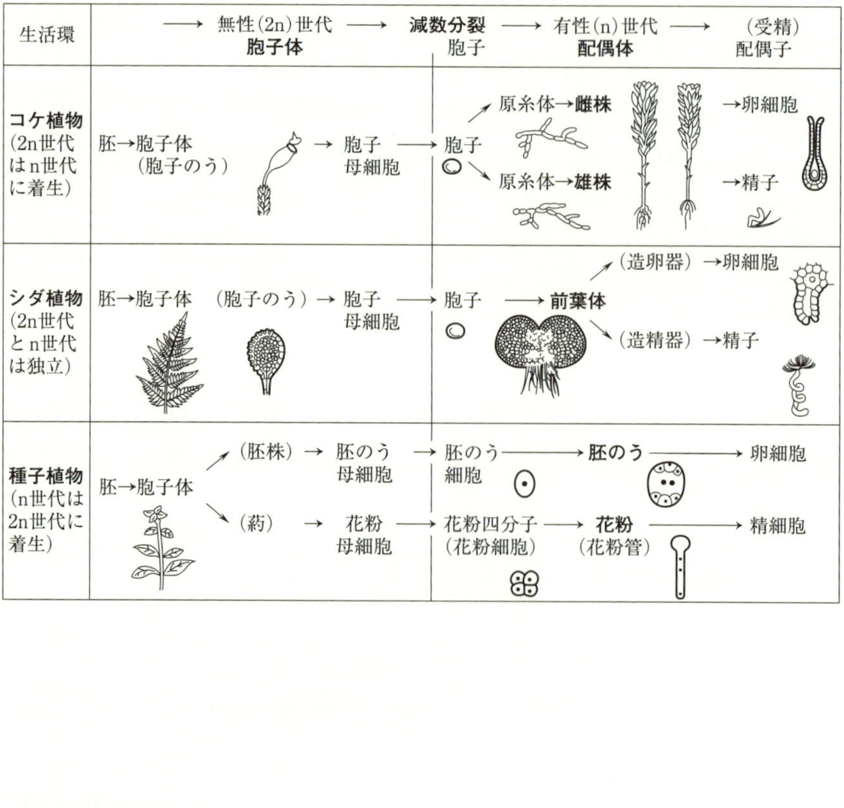

生活環
→ 無性(2n)世代 → 減数分裂 → 有性(n)世代 → (受精)
胞子体　胞子　配偶体　配偶子
コケ植物 (2n世代はn世代に着生)
胚→胞子体(胞子のう) → 胞子母細胞 → 胞子
原糸体→雌株 →卵細胞
原糸体→雄株 →精子
シダ植物 (2n世代とn世代は独立)
胚→胞子体 (胞子のう) → 胞子母細胞 → 胞子 → 前葉体
(造卵器) →卵細胞
(造精器) →精子
種子植物 (n世代は2n世代に着生)
胚→胞子体
(胚株) → 胚のう母細胞 → 胚のう細胞 → 胚のう → 卵細胞
(葯) → 花粉母細胞 → 花粉四分子(花粉細胞) → 花粉(花粉管) → 精細胞

第11章　トピックス

192　ウイルス

1　DNA　2　RNA　3　ベイジング　4　タンパク質　5　スタンレー
6　結晶　7　複製(自己複製)　8　リボソーム　9　アミノ酸

| 2 | タバコモザイクウイルスの遺伝子は，インフルエンザウイルスやエイズウイルス(HIV)と同様にRNAである。

193　インフルエンザ

1　細胞性免疫　2　体液性免疫　3　抗体　4　特異性　5　抗原
6　中和　7　記憶細胞(免疫記憶細胞)　8　RNA　9　突然変異
10　ワクチン

194　タマホコリカビ

1　発芽　2　分裂　3　分化　4　発生運命　5　脱分化

細胞性粘菌であるタマホコリカビの生活史を下図に示す。

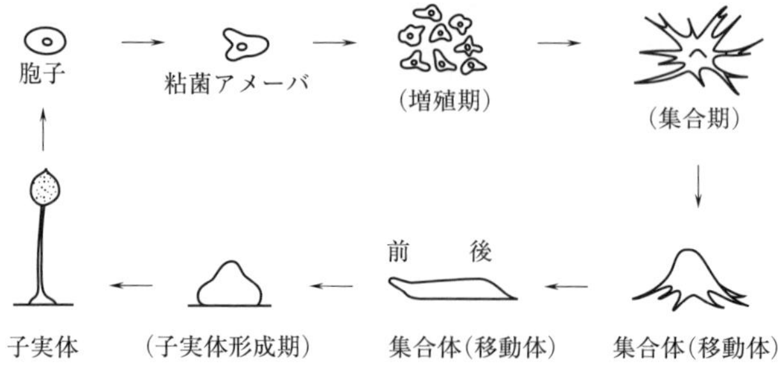

195　カサノリ

1　個体　2　形質発現　3　核　4　遺伝子　5　細胞質　6　形質

196　レグヘモグロビン

a　(セ)　b　(コ)　c　(マ)　d　(ハ)　e　(ウ)　f　(エ)　g　(ト)　h　(チ)
i　(ツ)　j　(ム)

窒素固定の反応では，N_2の三重結合を切る必要があるため，大量のエネルギーを必要とし，それは呼吸による多量の ATP 合成によってまかなわれている。また，この反応は**ニトロゲナーゼ**と呼ばれる酵素により行われているが，この酵素は酸素によって失活する。このため，マメ科植物の根粒には大量のレグヘモグロビンが含まれ，酸素の効率的な運搬を行って，ニトロゲナーゼの酸素による失活を防いでいる。

197 プログラム細胞死

1 炎症　2 染色体　3 白血球　4 アポトーシス　5 神経
6 T

198 フェニルケトン尿症

1 遺伝子B　2 アルカプトン　3 酵素b　4 酵素a
5 フェニルケトン　6 フェニルアラニン

199 放射線被曝

1 骨髄　2 白血球　3 リンパ球　4 血小板

200 インスリンの構造

1 ジスルフィド(S－S)　2 mRNA　3 逆転写酵素　4 2本鎖 DNA
5 制限酵素　6 プラスミド　7 DNA リガーゼ

201 ヒトゲノム・X 染色体不活性化

1 DNA　2 核　3 ミトコンドリア　4 常染色体　5 ヘテロ
6 ホモ　7 XY　8 ZW　9 伴性　10・11 赤緑色覚異常・血友病
12 まだら　13 しま　14 まだら：しま＝1：1　15 灰：しま＝1：1

12 ～ 15 灰色の遺伝子を A，しまの遺伝子を a とすると，しまの雌は X^aX^a，灰色の雄は X^AY となる。これらの交配による F_1では，雌は X^AX^aでまだらとなり，雄は X^aY でしまとなる。F_1の交配では，雌は X^AX^a：X^aX^a＝1：1で，まだら：しま＝1：1となり，雄は X^AY：X^aY＝1：1で，灰：しま＝1：1となる。

202 薄層クロマトグラフィー・ゲル電気泳動

a (ア)　b (セ)　c (カ)　d (シ)　e (ト)　f (チ)　g (ヌ)　h (キ)
i (タ)　j (ウ)　k (ハ)　l (テ)

203 光受容体

1 葉緑体　2 ストロマ　3 光合成色素　4 ロドプシン
5 ビタミンA　6 光発芽種子　7 フィトクロム　8 赤色
9 遠赤色　10 フォトトロピン　11 クリプトクロム

204 神経毒

1 ナトリウムイオン　2 ナトリウムチャネル
3 ナトリウムポンプ(Na^+-K^+ATP アーゼ)　4 カリウムイオン
5 高く　6 浸透圧　7 ベラトリジン　8 上昇

205 ミツバチ

1 キチン質(外骨格)　2 頭　3 3　4 2　5 胸　6 腹
7 1　8 ロイヤルゼリー　9 蜂蜜　10 未受精　11 単為
12 カメラ眼　13 個眼　14 複眼　15 赤色光　16 紫外線
17 偏光　18 太陽

10・11 ハチやアリの仲間では，雌は他の多くの動物と同様に2組のゲノムをもつ二倍体($2n$)であるが，雄は1組のゲノムしかもたない一倍体(n)である。雌は両親から遺伝子を受け取るが，雄は未受精卵から発生するので，母親のみから遺伝子を受け取る。このような生物を**半倍数体**と呼ぶ。

206 スポーツ飲料

1 ナトリウムイオン　2 ナトリウムポンプ　3 外　4 内　5 必須

5 **必須アミノ酸**とは，動物が必要なアミノ酸のうちで，体内で他のアミノ酸から合成できない(必要量を合成できない)アミノ酸をいう。ヒトでは，バリン，ロイシン，イソロイシン，トレオニン，メチオニン，フェニルアラニン，トリプトファン，リシン，ヒスチジンの9種類である。

207 消　化

1　アミラーゼ　2　ペプシン　3　塩酸　4　アルカリ　5　マルターゼ
6　ラクターゼ　7　ペプチダーゼ　8　胆汁(胆液)　9　胆のう
10　リパーゼ　11・12　トリプシン・キモトリプシン　13　柔突起(柔毛)
14　乳び管(リンパ管)　15　グリコーゲン　16　水

208 動物の地理分布

1　旧北　2　新北　3　オーストラリア　4　エチオピア　5　サハラ
6　アフリカ　7　ヒマラヤ　8　ユーラシア　9　北米
10　有胎盤類(真獣類)　11　単孔類　12　有袋類　a・b　(イ)・(コ)　c　(ス)
d　(オ)　e　(ク)　f　(ケ)　g　(ウ)

209 熱水噴出孔

1　硫酸　2　化学合成　3　二酸化炭素　4　光合成

210 変　異

1　遺伝的　2　環境　3　自家受精　4　純系　5　突然　6　遺伝子
7　染色体　8・9　重複・転座　10　倍数　11　異数　12　コルヒチン
13　スイカ　14　高圧(低温)

8・9　染色体の構造の変化のうち，**逆位**は染色体の一部が切れ，それが逆向きについた場合，**転座**は染色体の一部が切れて別の染色体に付着した場合である。

14　一般に哺乳類や魚類では，減数分裂第二分裂の中期に分裂が一時中止した状態にあり，受精刺激によって二次卵母細胞は第二極体を放出し，生じた卵の核と精子の核が合体して受精卵となる。**三倍体のアユ**は，受精時に高圧処理や低温処理を施すことによって第二極体の放出を阻害して作出する。

211 遺伝学史(1)

1 メンデル　2 エンドウ　3 メンデルの法則の再発見
4 ド・フリース　5 オオマツヨイグサ　6 突然変異
7 ショウジョウバエ　8 遺伝子地図　9 染色体　10 タバコモザイク
11 アカパンカビ　12 一遺伝子一酵素　13 肺炎双球菌
14 バクテリオファージ(T_2ファージ)　15 DNA

3・4 メンデルの法則の再発見は，ド・フリース，コレンス，チェルマックによって行われた。

212 遺伝学史(2)

1・2 ワトソン・クリック　3 半保存的　4・5 メセルソン・スタール
6 ニーレンバーグ　7 フェニルアラニン

213 研究者名

1 ハーベイ　2・3 体・肺　4 魚　5 ベルナール　6 体内(内部)
7 間脳視床下部　8 後葉　9 バソプレシン　10 副腎皮質
11 鉱質コルチコイド　12 ダーウィン　13 先端部　14 オーキシン
15 パスツール　16 オパーリン　17 カーソン
18 環境ホルモン(内分泌かく乱物質)　19 全能性(全形成能)
20 ガードン

18 環境中に存在して動物ホルモンの作用をかく乱する人工物質をさすが，**環境ホルモン**は俗称で，生物用語としては**内分泌かく乱物質**が使われる。ダイオキシンやDDTなどのように性ホルモンと化学構造が類似しており，また，生物体内で分解されにくく，排出もされにくい。

20 分化した細胞でも遺伝子は失われていないことを核移植実験により示し，細胞の初期化の研究に先鞭をつけた。この研究により，2012年 山中伸弥とともにノーベル医学生理学賞を受賞した。

13920

KAWAI PUBLISHING